# This Book Belongs To:

_____

_____

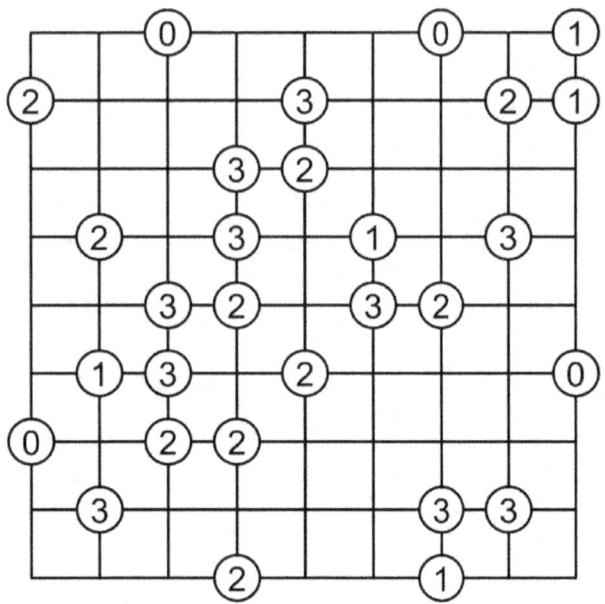

Puzzle (1)

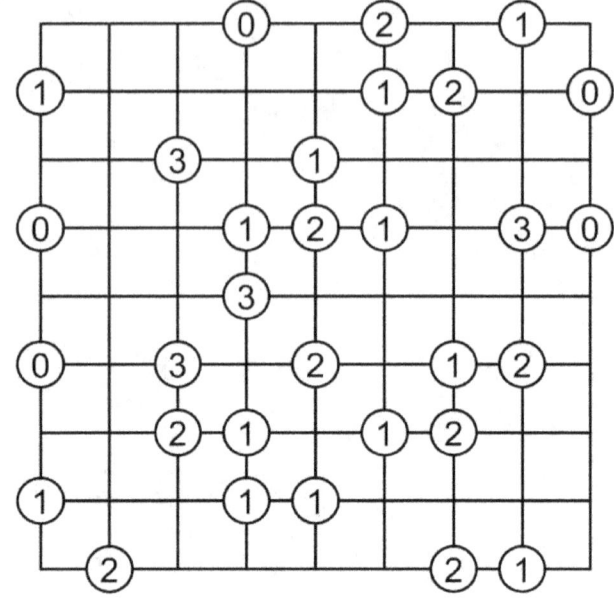

Puzzle (2)

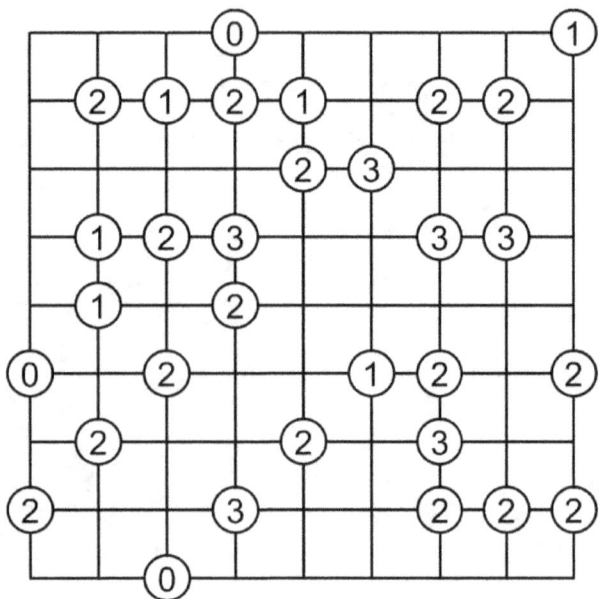

Puzzle (3)

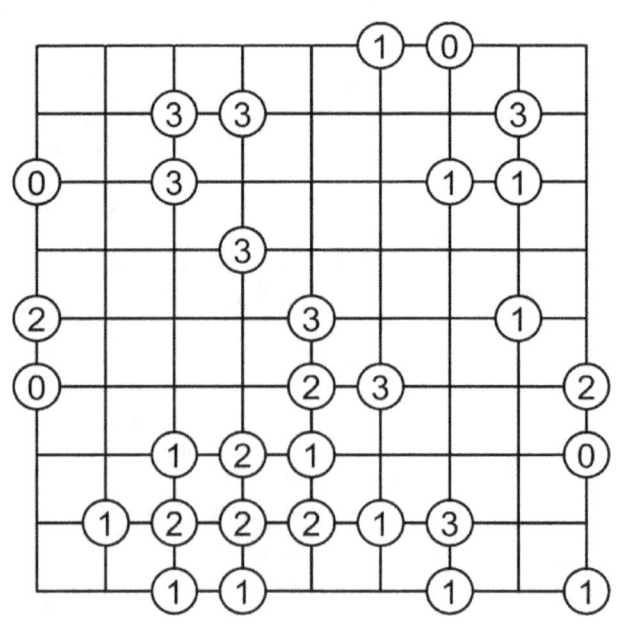

Puzzle (4)

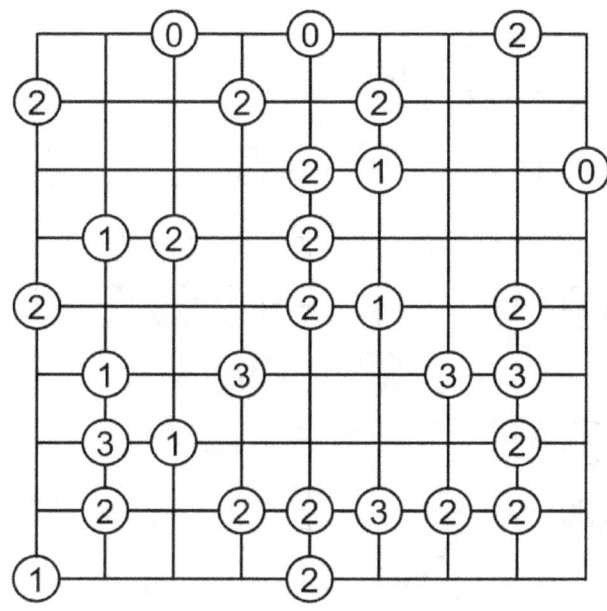

Puzzle (5)

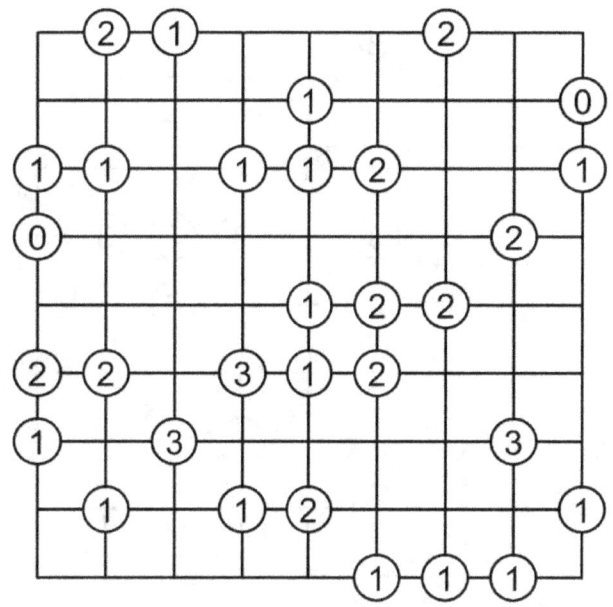

Puzzle (6)

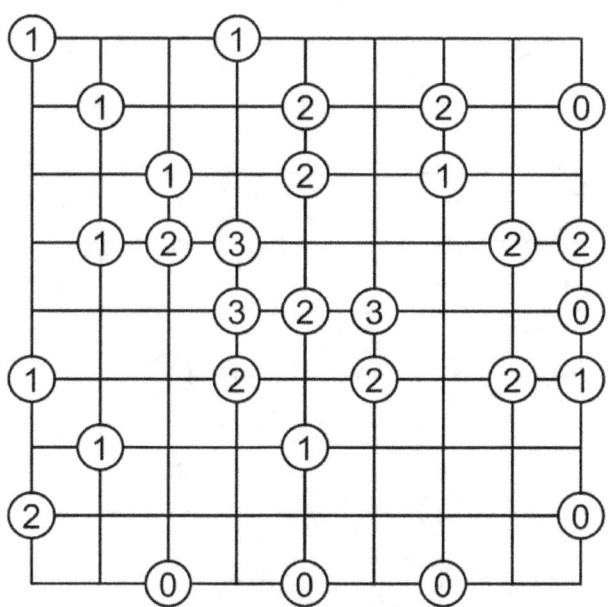

Puzzle (7)

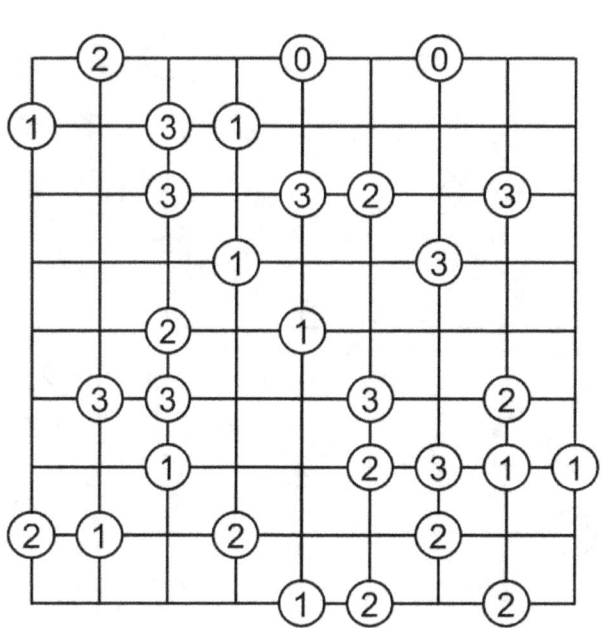

Puzzle (8)

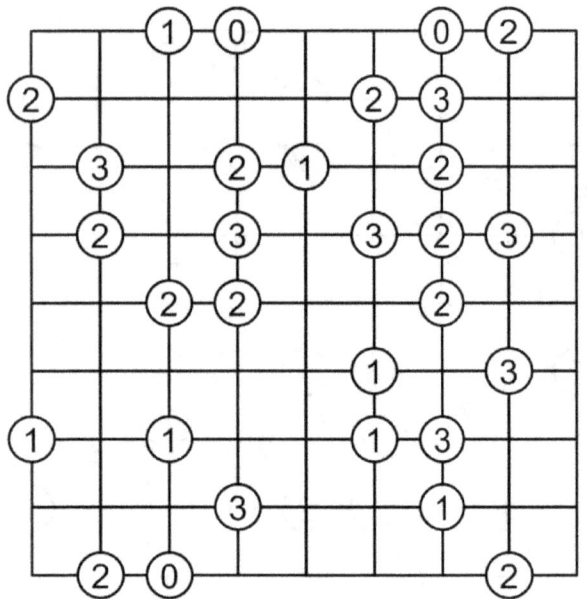

Puzzle (9)

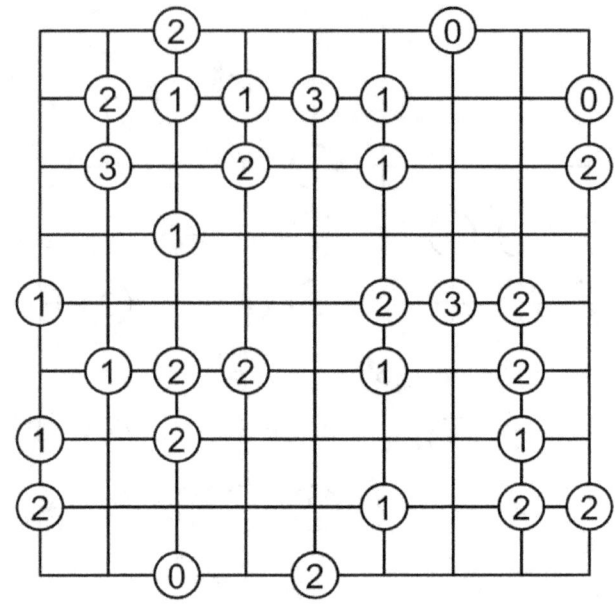

Puzzle (10)

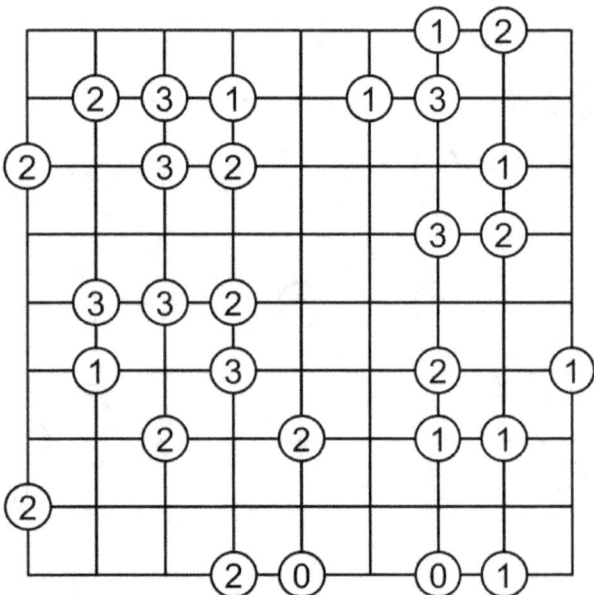

Puzzle (11)

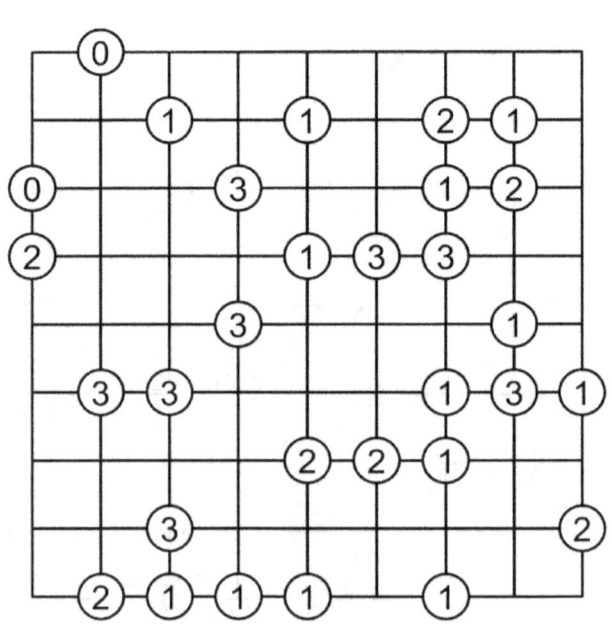

Puzzle (12)

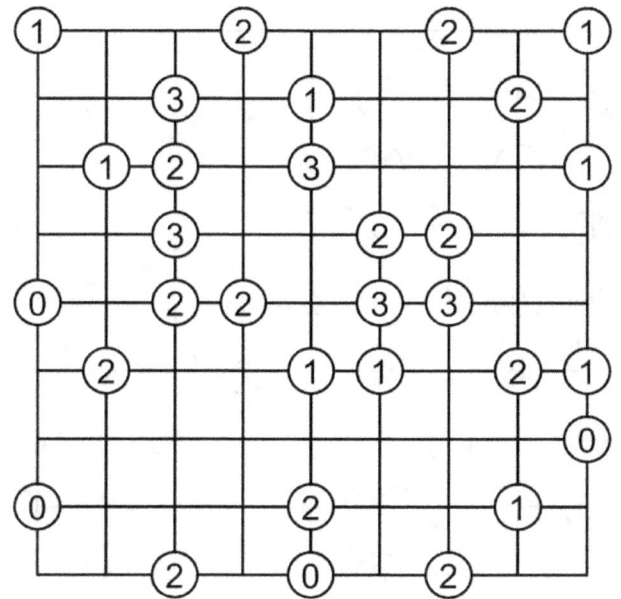

Puzzle (13)

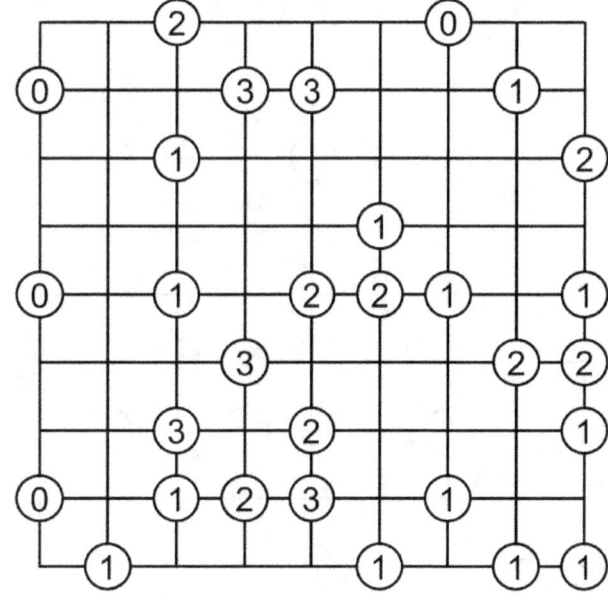

Puzzle (14)

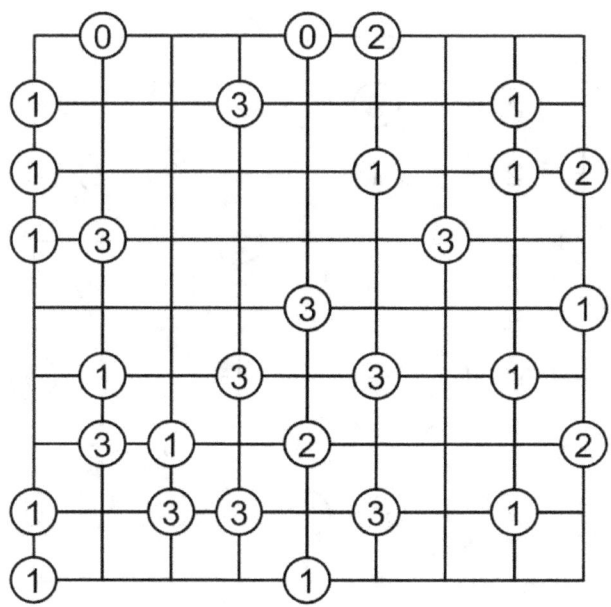

Puzzle (15)

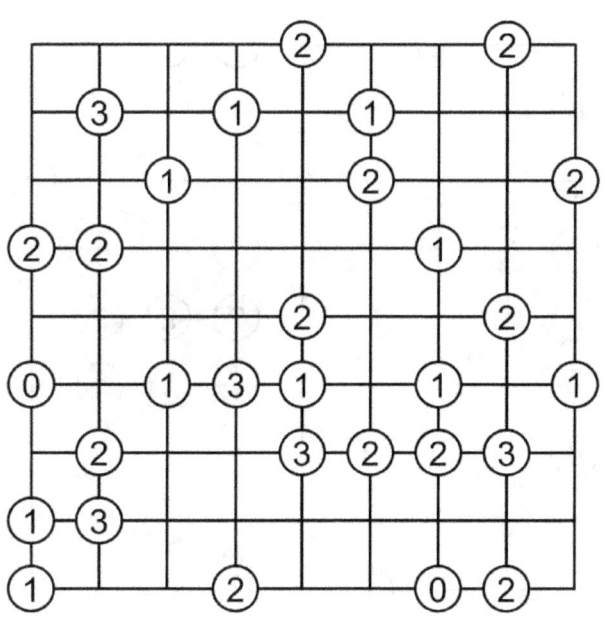

Puzzle (16)

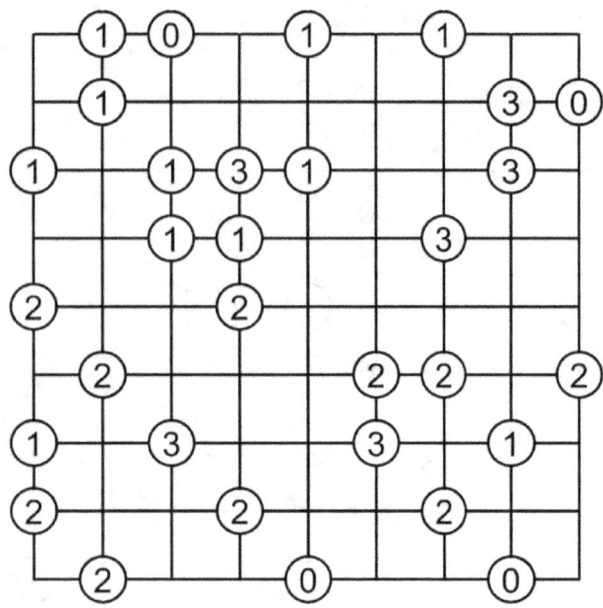

Puzzle (17)

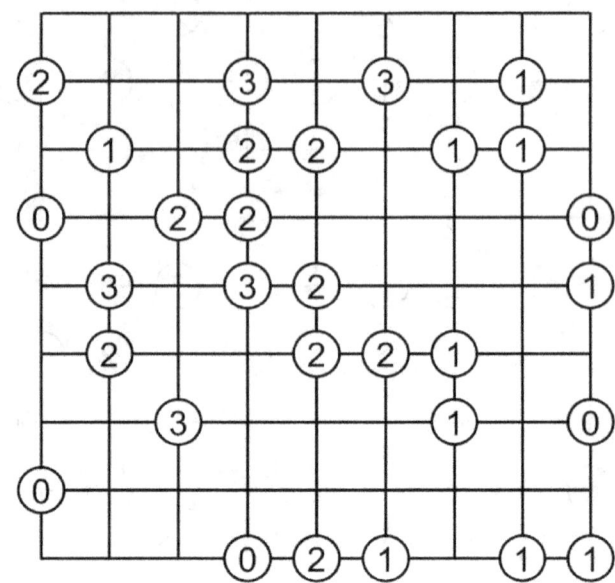

Puzzle (18)

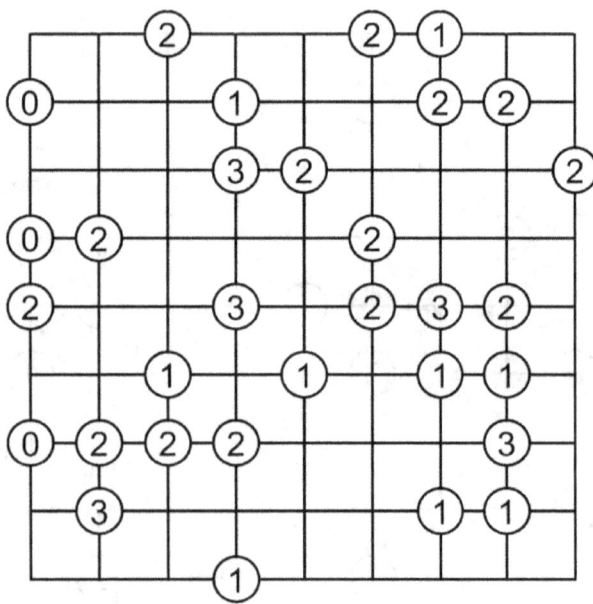

Puzzle (19)

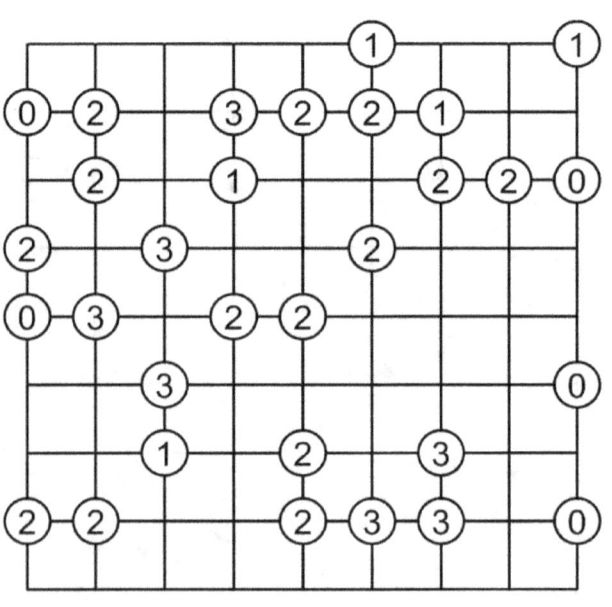

Puzzle (20)

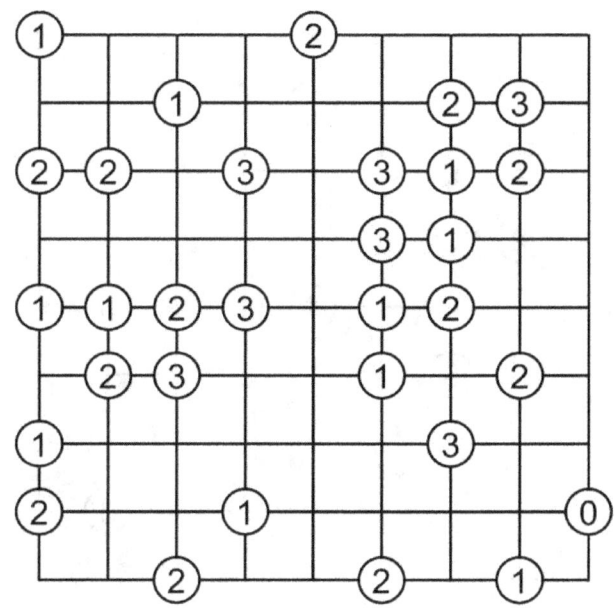

Puzzle (21)

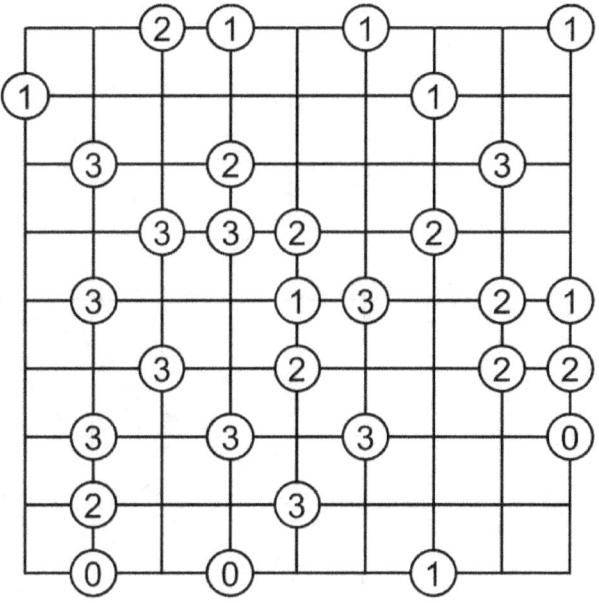

Puzzle (22)

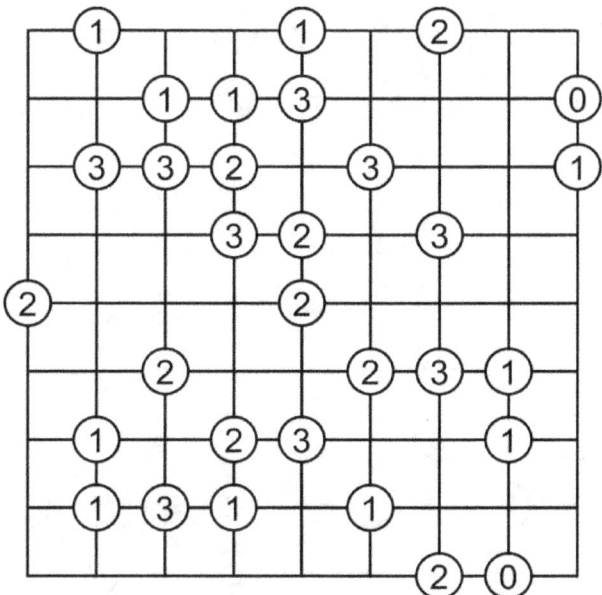

Puzzle (23)

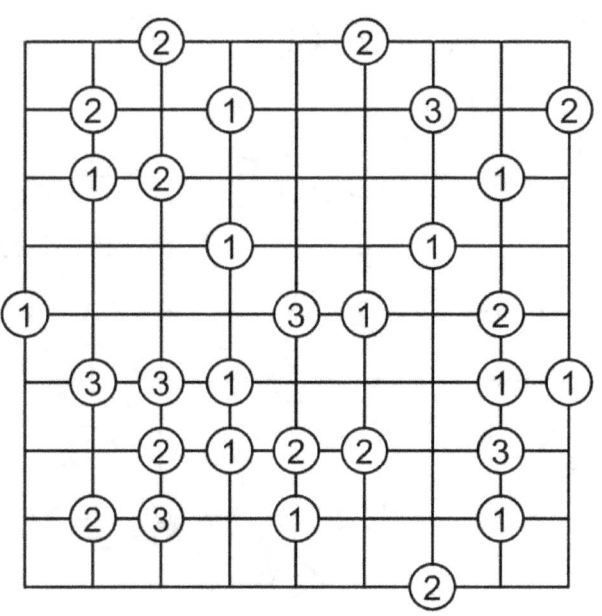

Puzzle (24)

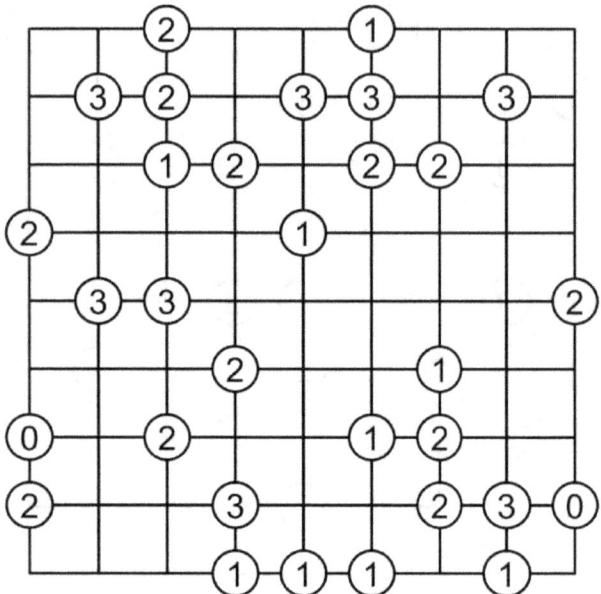

Puzzle (25)

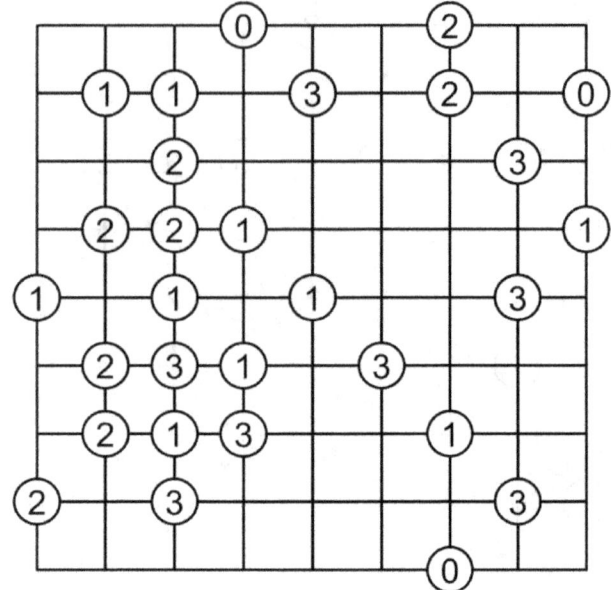

Puzzle (26)

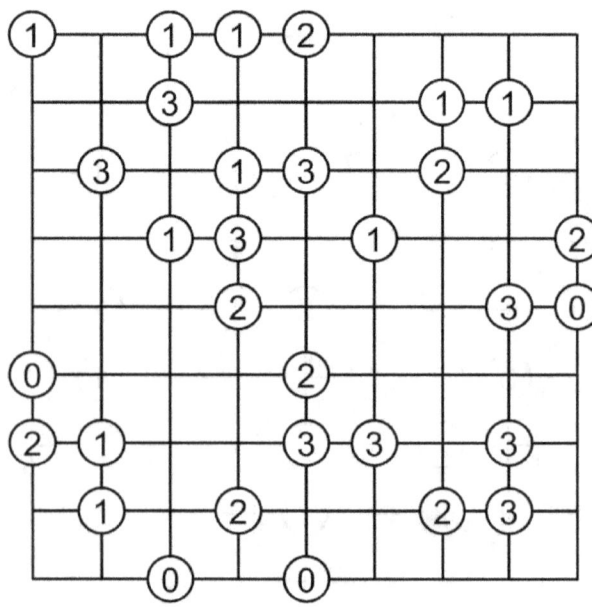

Puzzle (27)

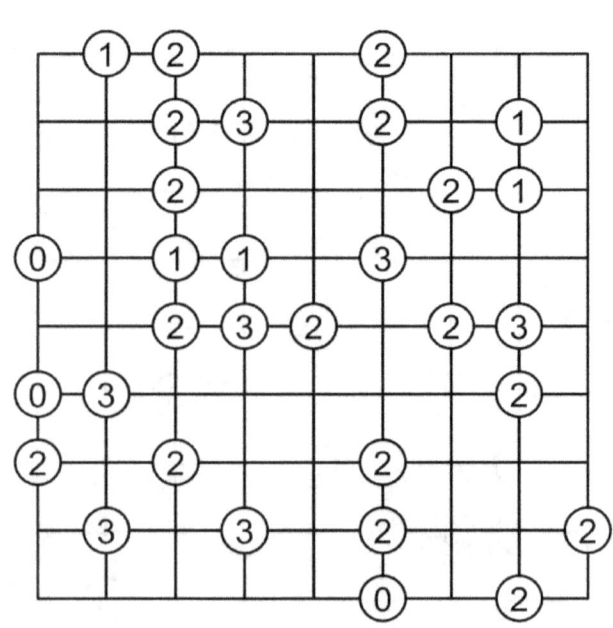

Puzzle (28)

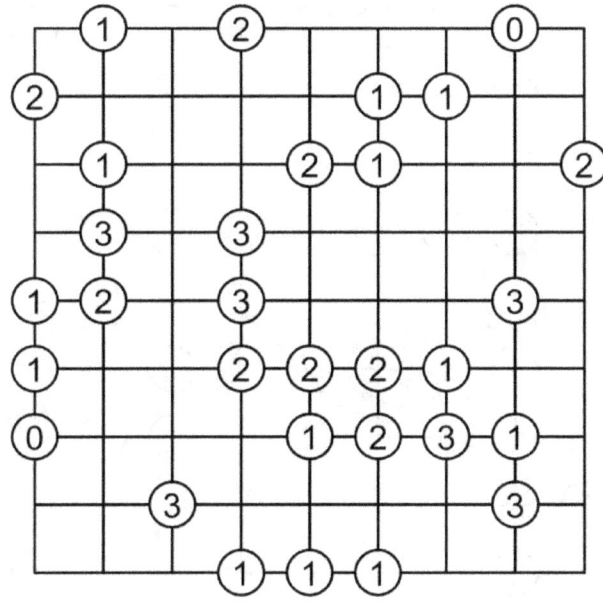

Puzzle (29)

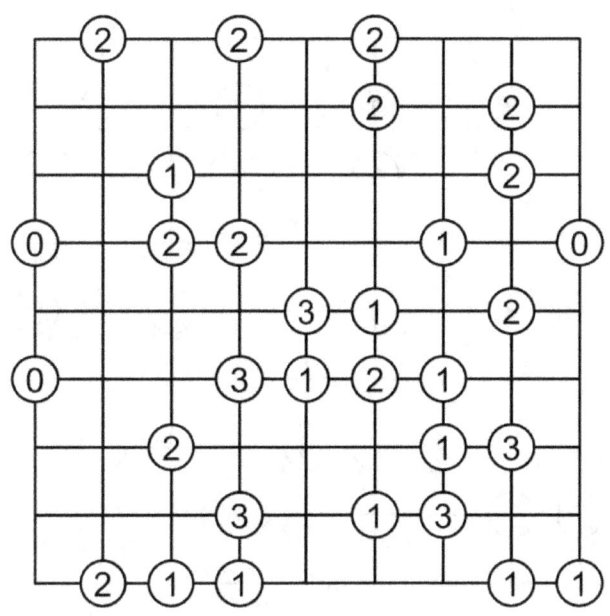

Puzzle (30)

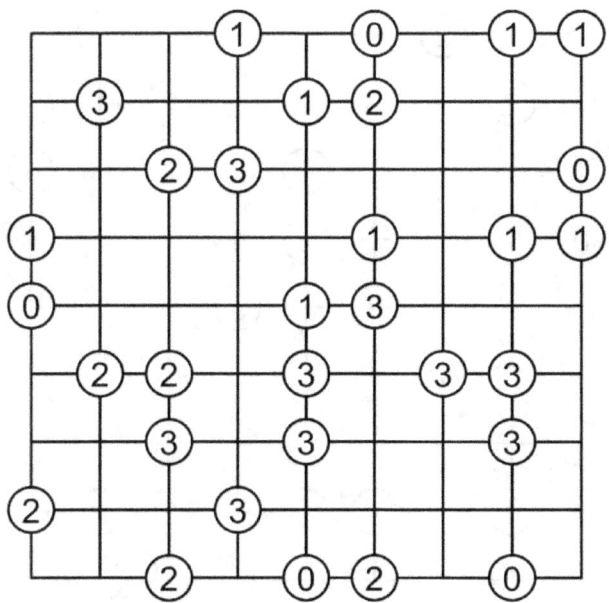

Puzzle (31)

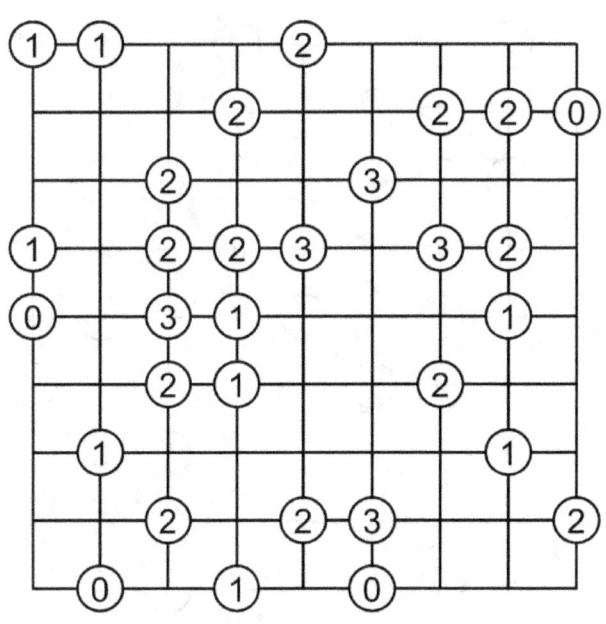

Puzzle (32)

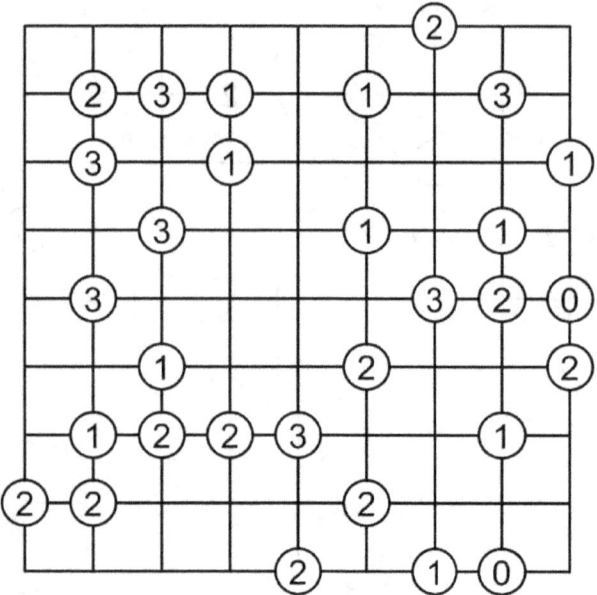

Puzzle (33)

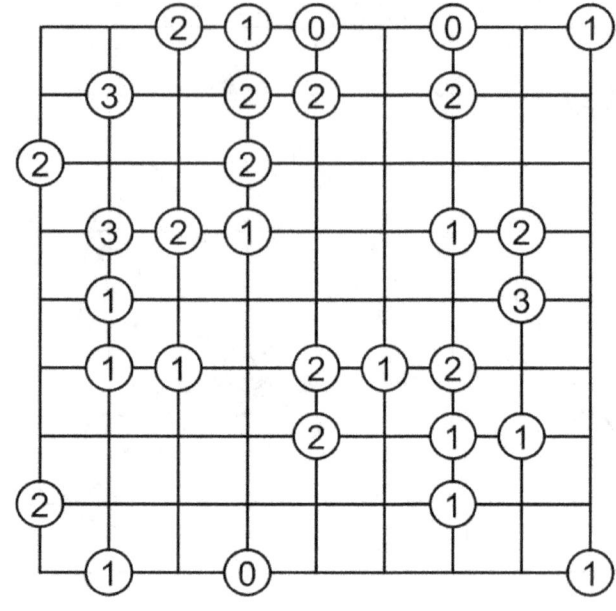

Puzzle (34)

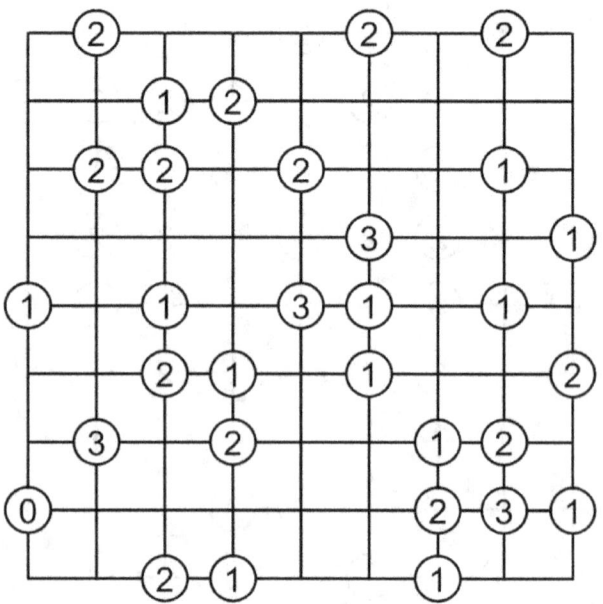

Puzzle (35)

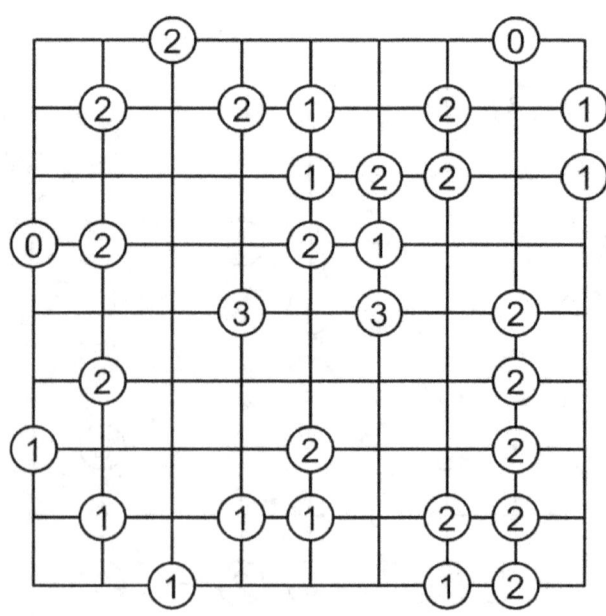

Puzzle (36)

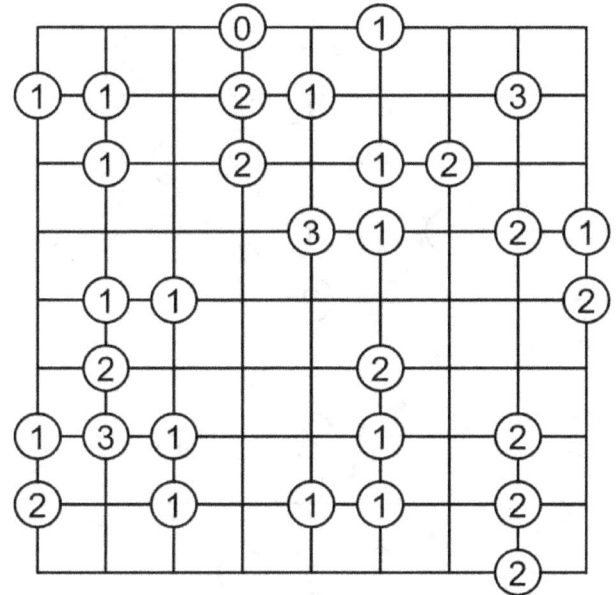

Puzzle (37)

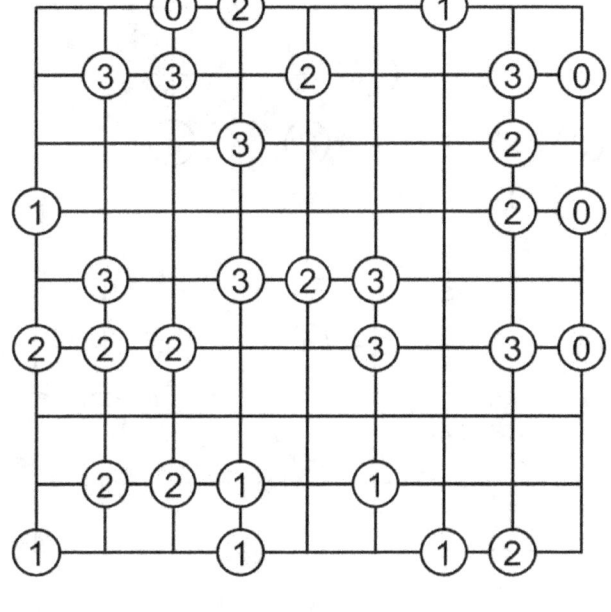

Puzzle (38)

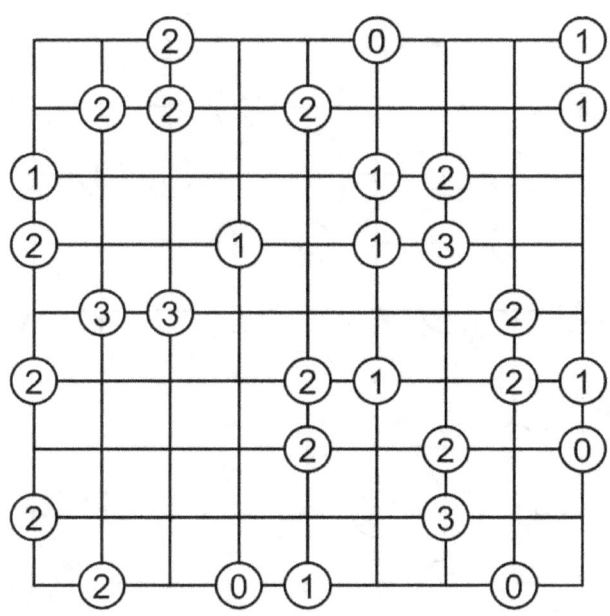

Puzzle (39)

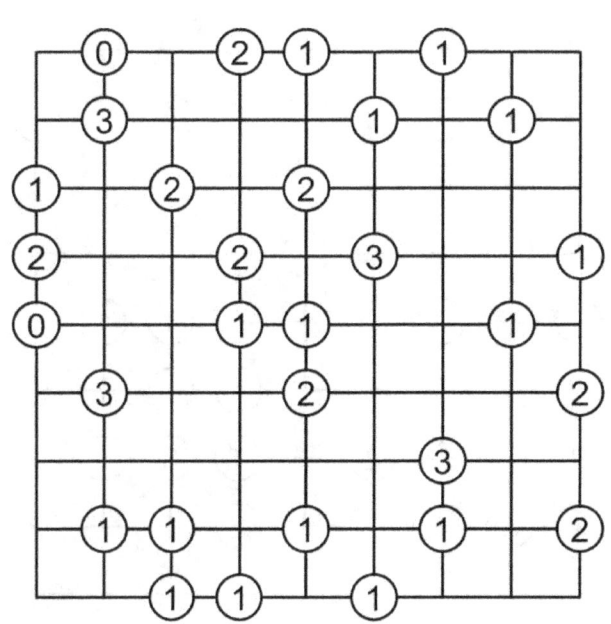

Puzzle (40)

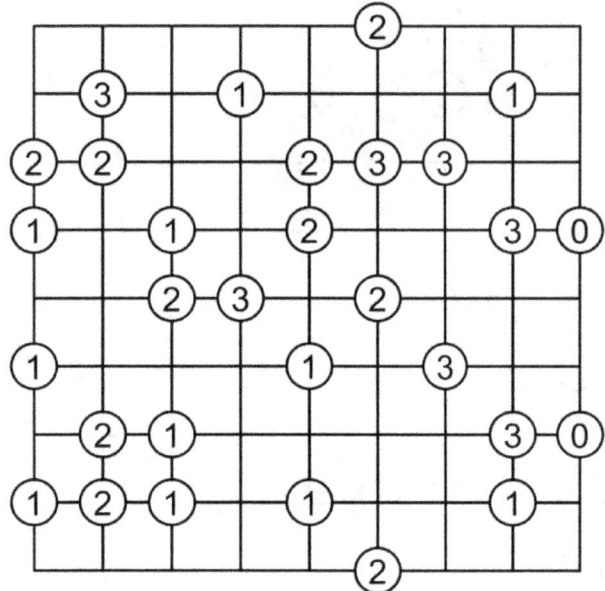

Puzzle (41)

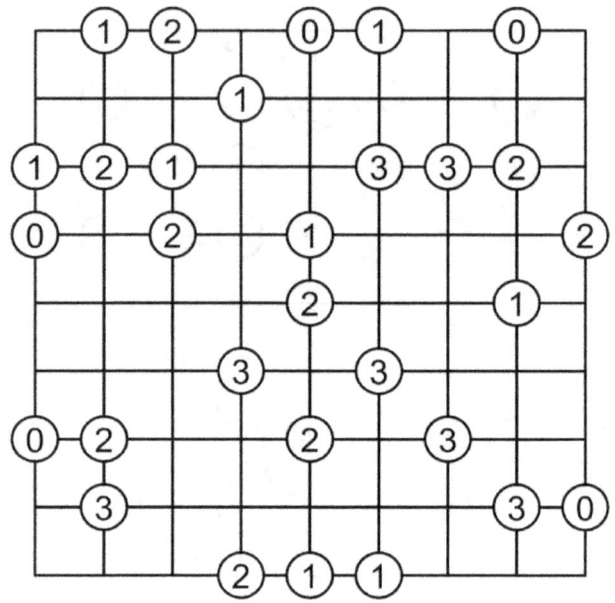

Puzzle (42)

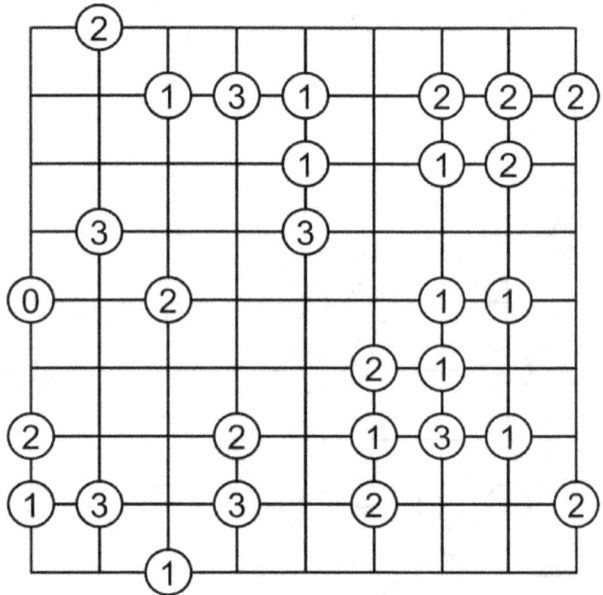

Puzzle (43)

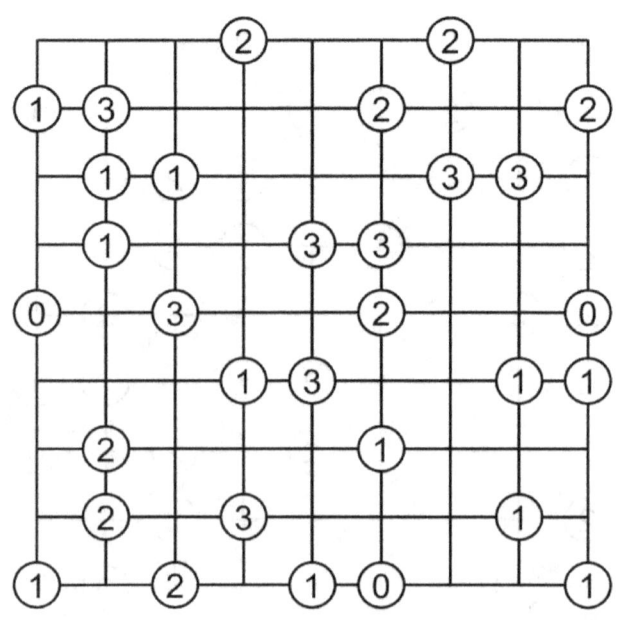

Puzzle (44)

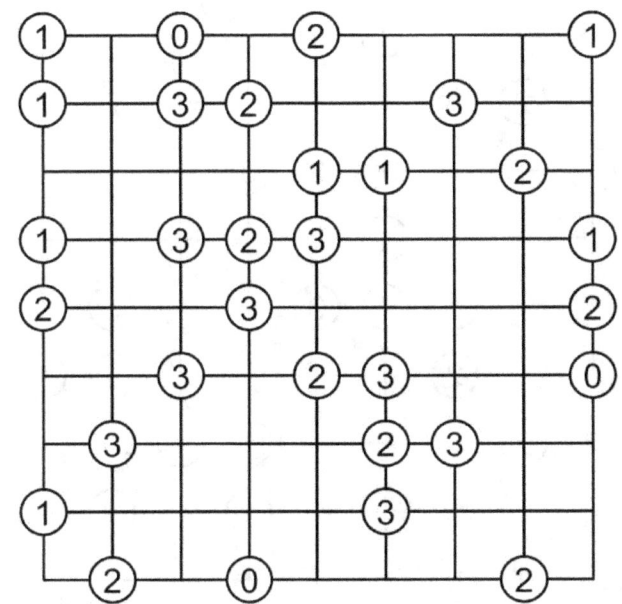

Puzzle (45)

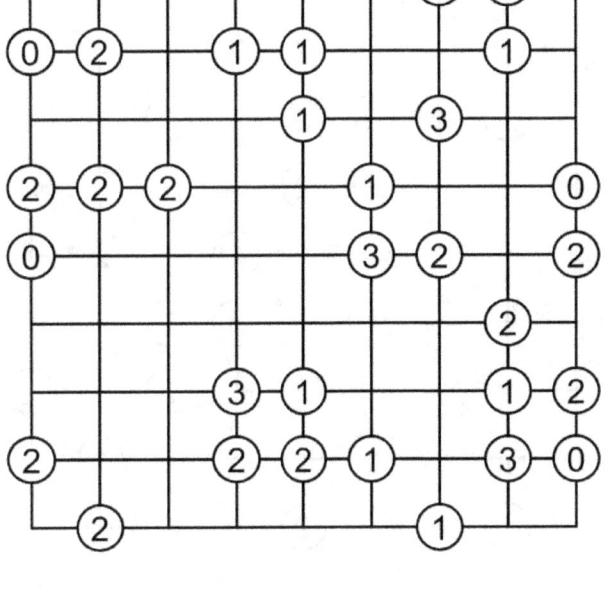

Puzzle (46)

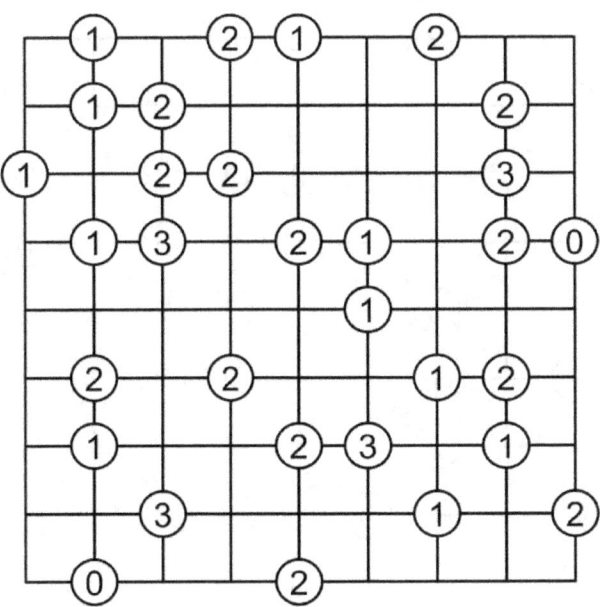

Puzzle (47)

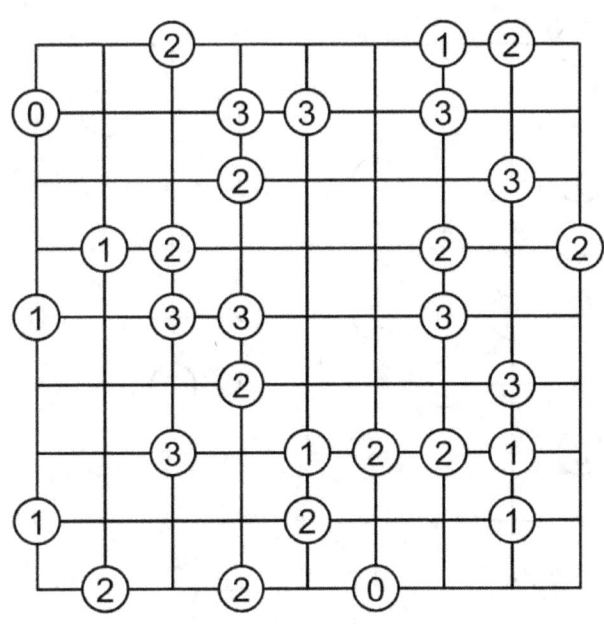

Puzzle (48)

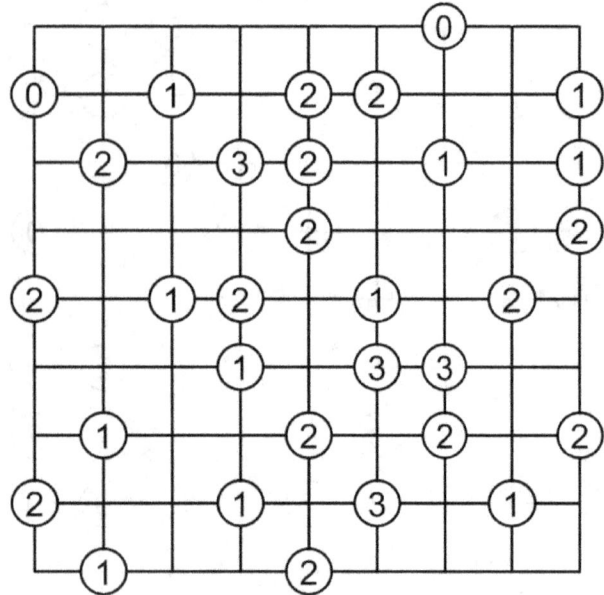

Puzzle (49)

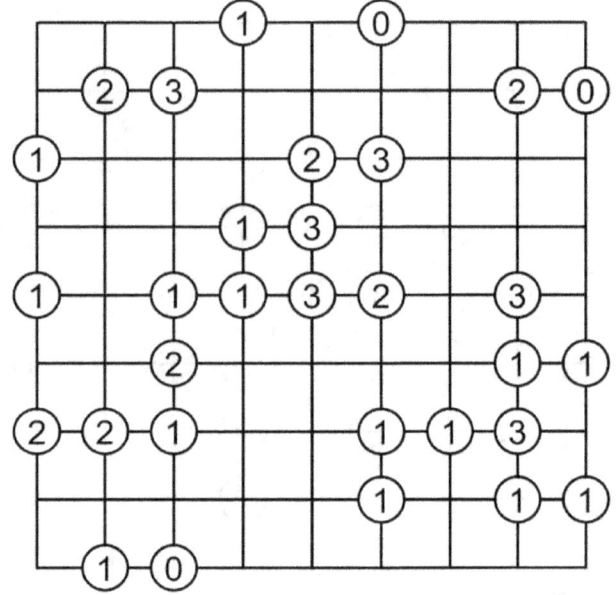

Puzzle (50)

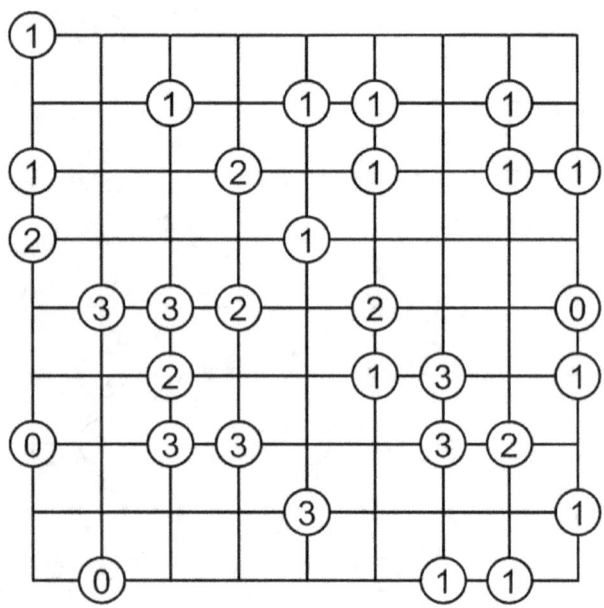

Puzzle (51)

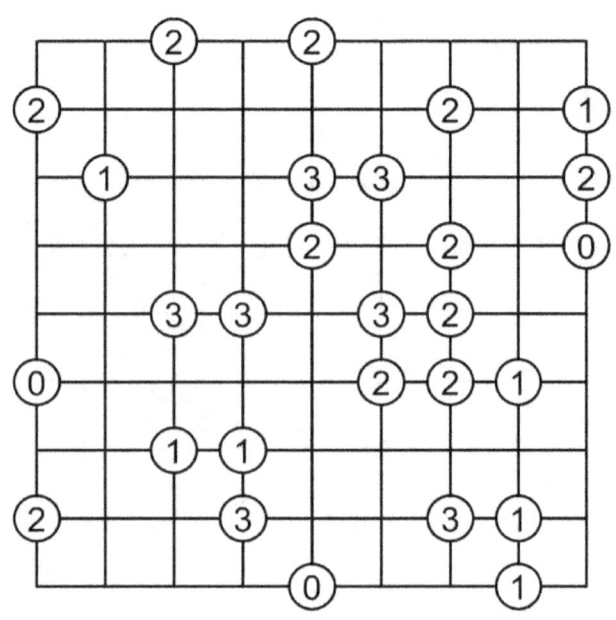

Puzzle (52)

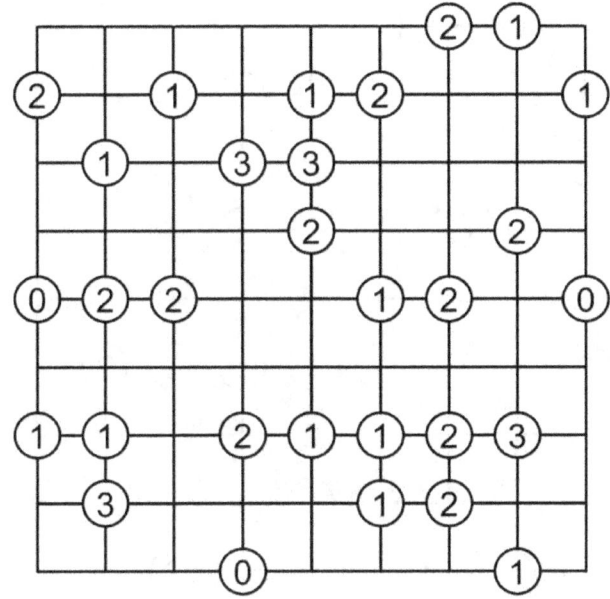

Puzzle (53)

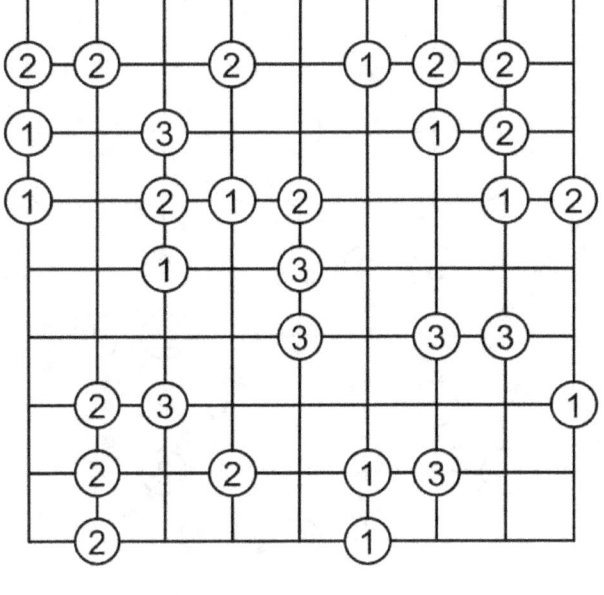

Puzzle (54)

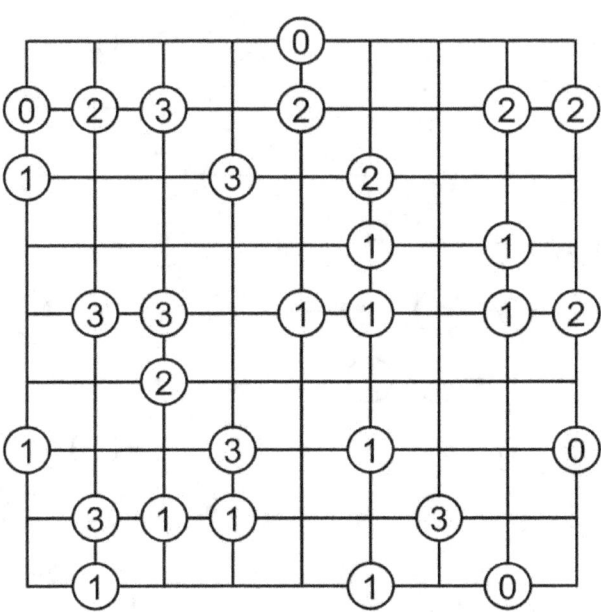

Puzzle (55)

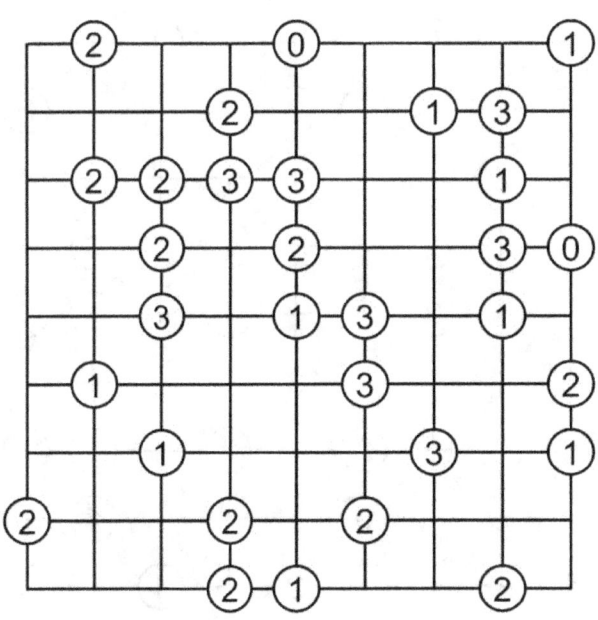

Puzzle (56)

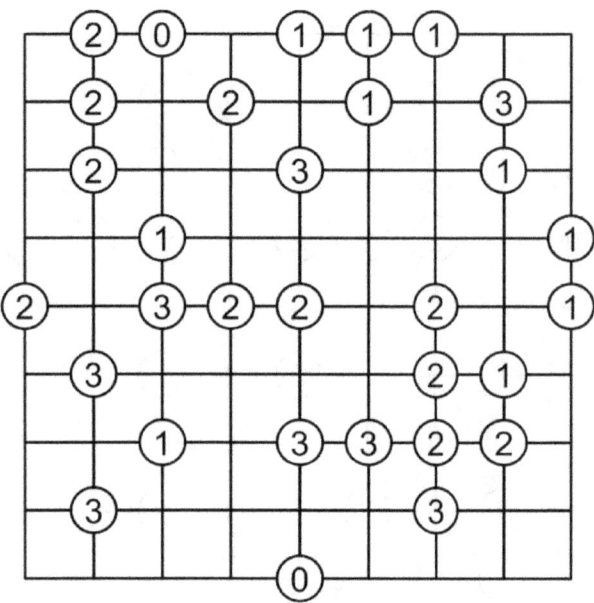

Puzzle (57)

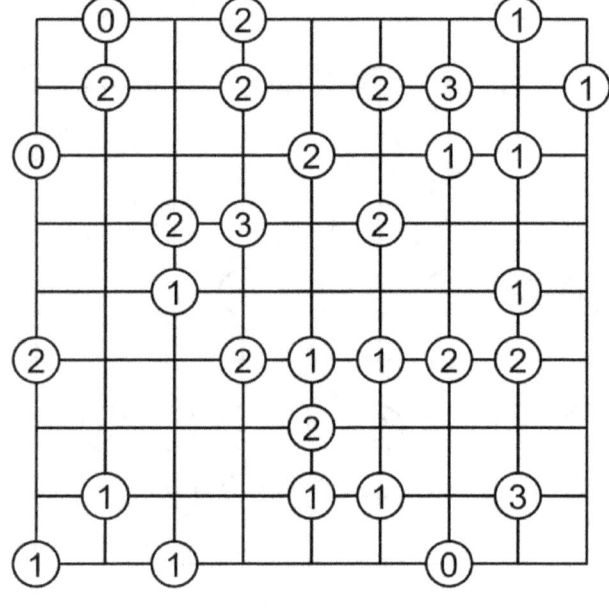

Puzzle (58)

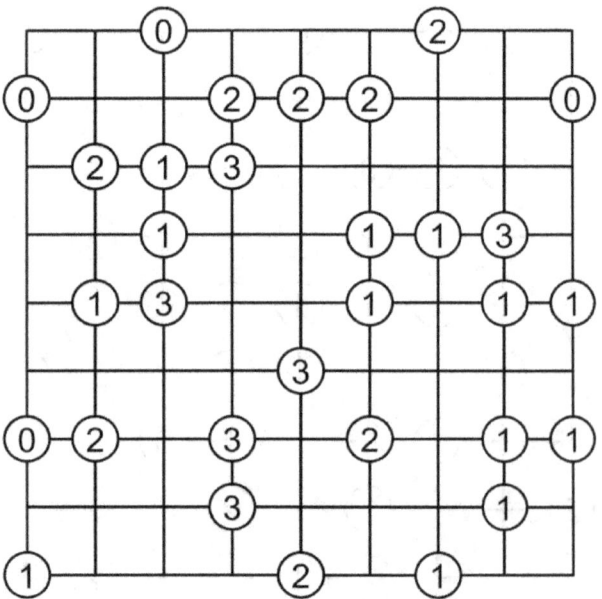

Puzzle (59)

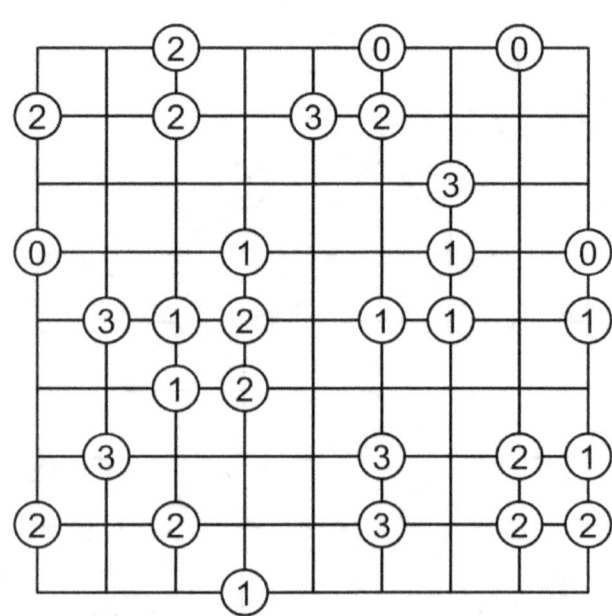

Puzzle (60)

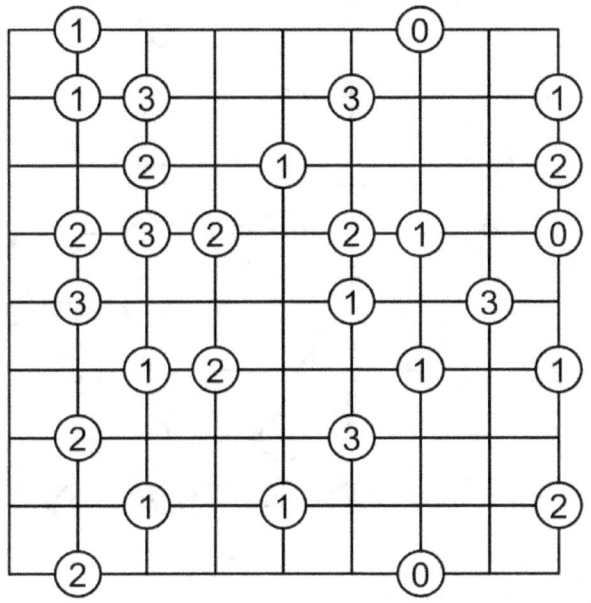

Puzzle (61)

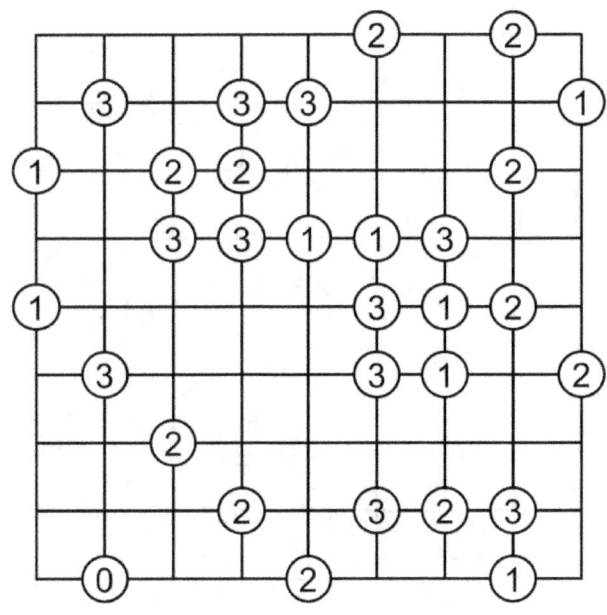

Puzzle (62)

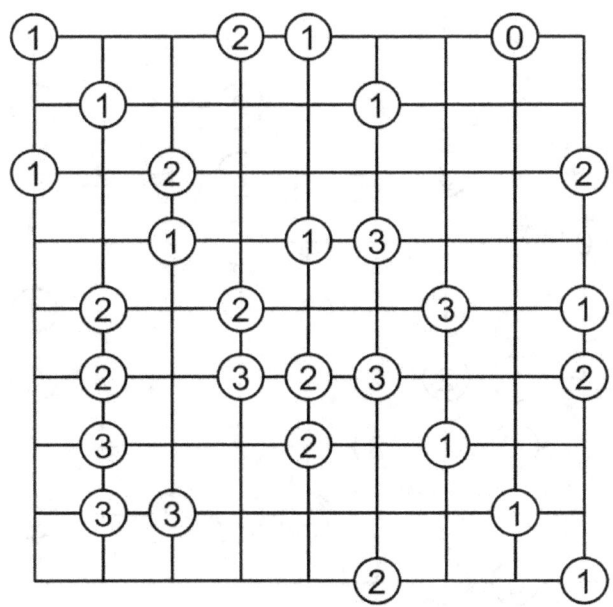

Puzzle (63)

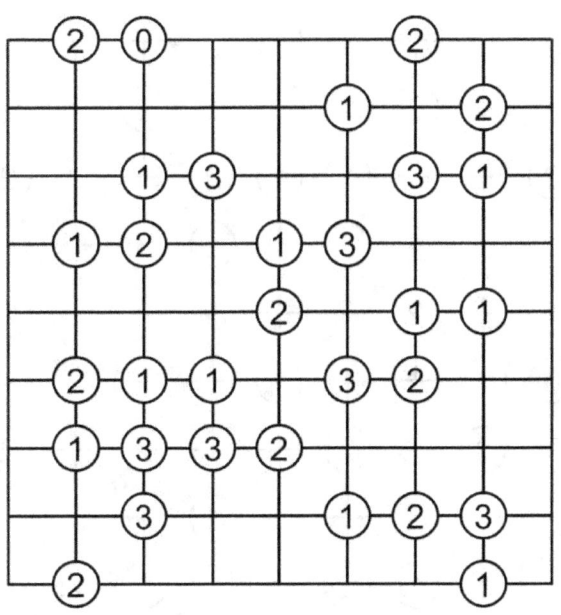

Puzzle (64)

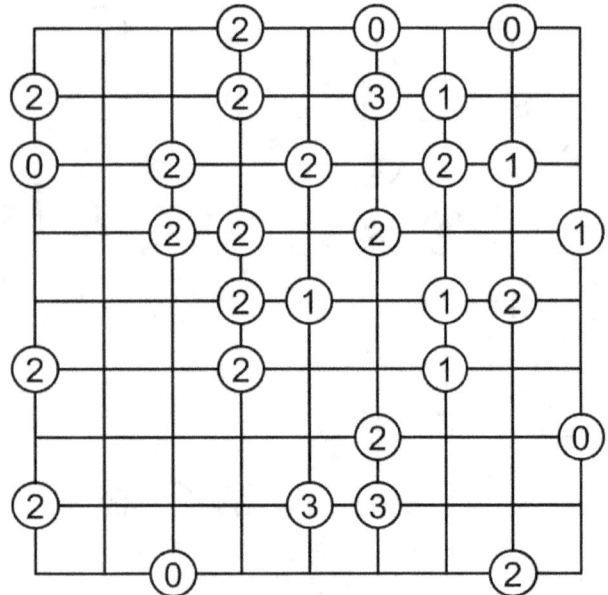

Puzzle (65)

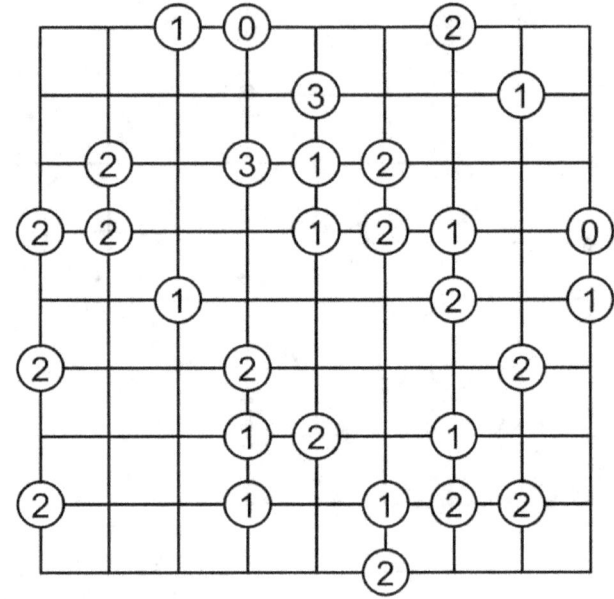

Puzzle (66)

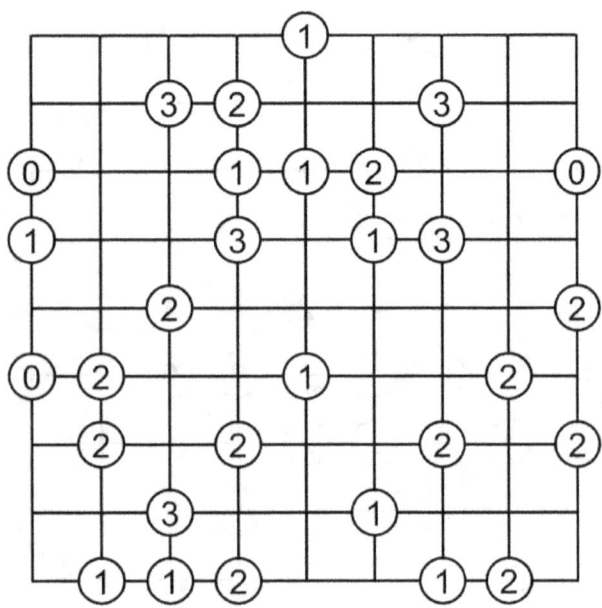

Puzzle (67)

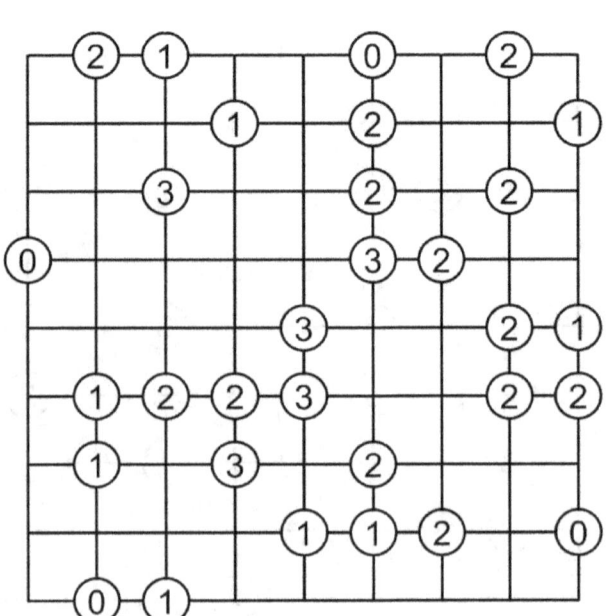

Puzzle (68)

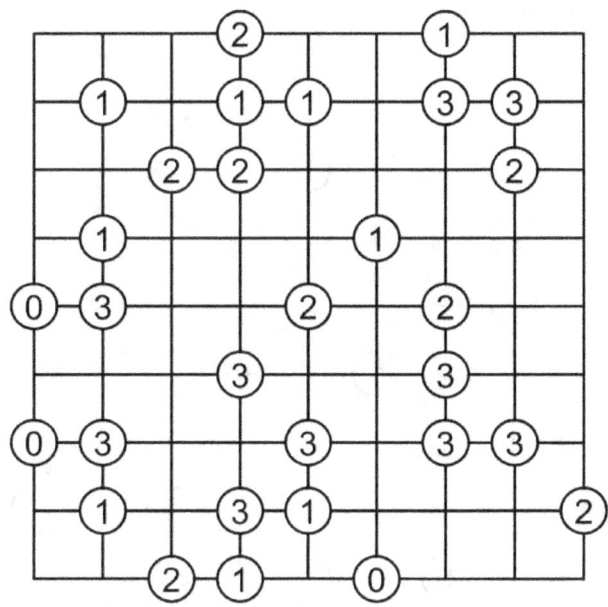

Puzzle (69)

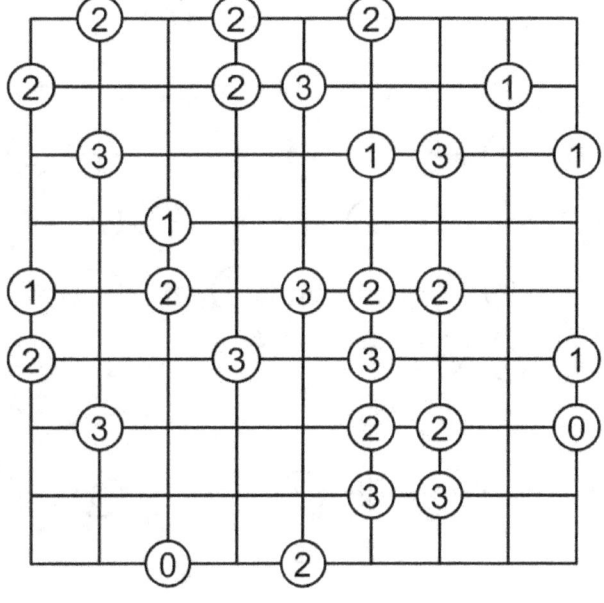

Puzzle (70)

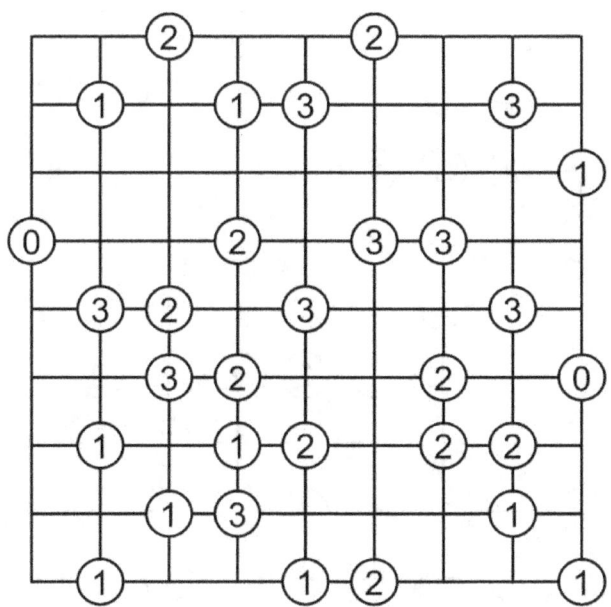

Puzzle (71)

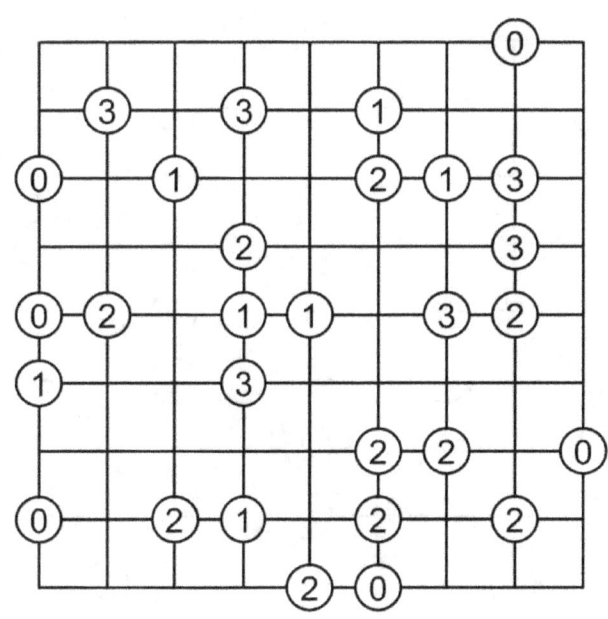

Puzzle (72)

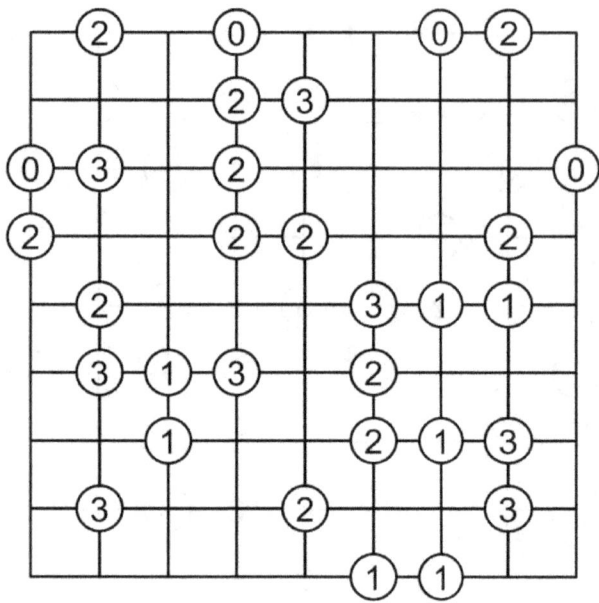

Puzzle (73)

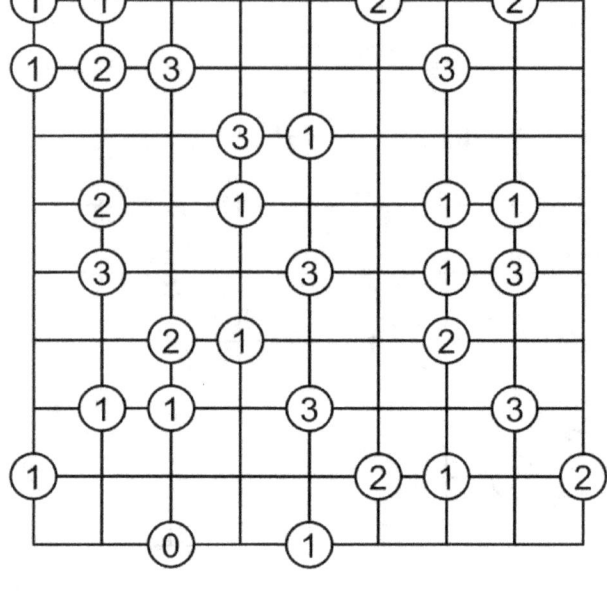

Puzzle (74)

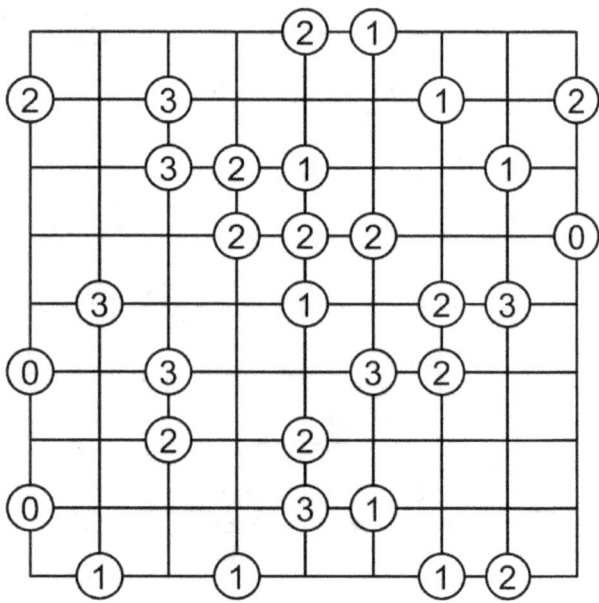

Puzzle (75)

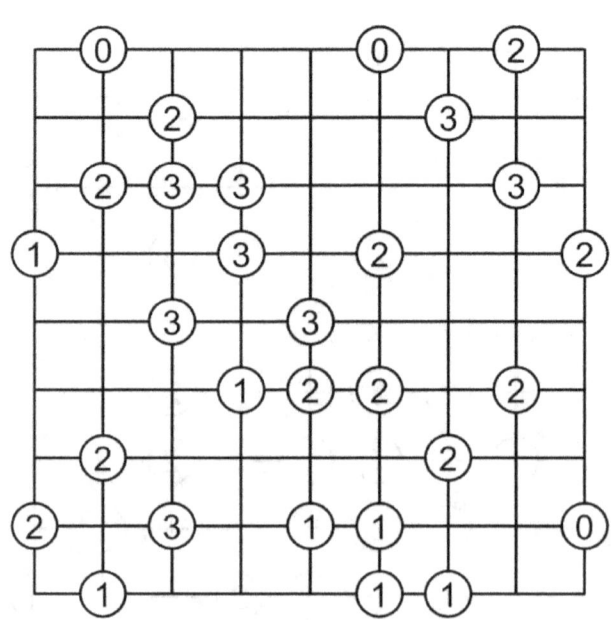

Puzzle (76)

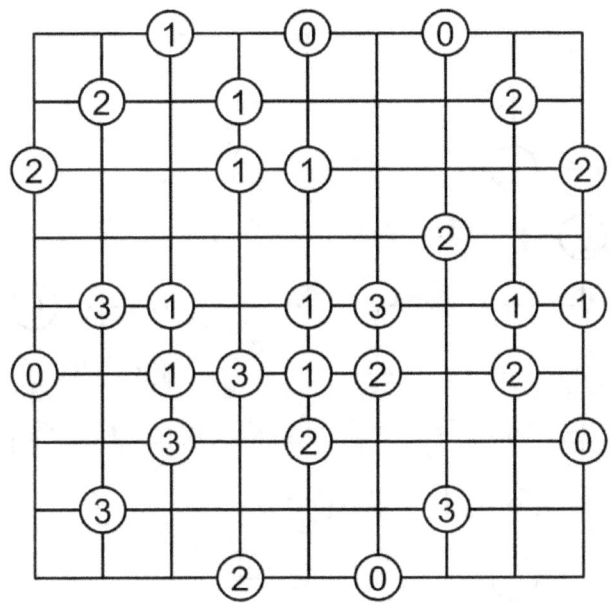

Puzzle (77)

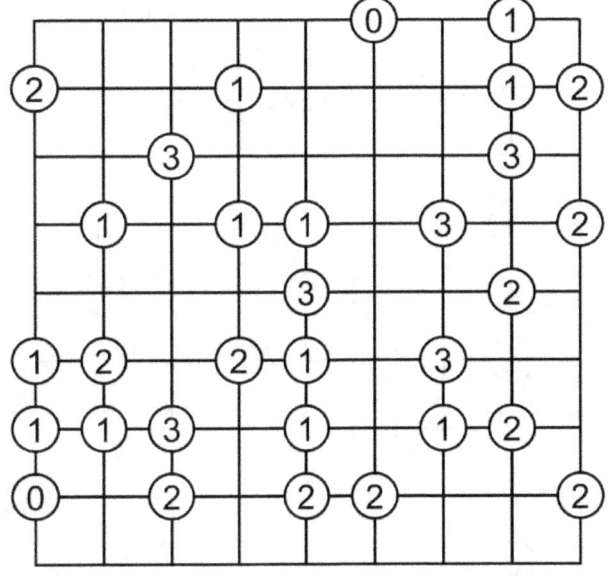

Puzzle (78)

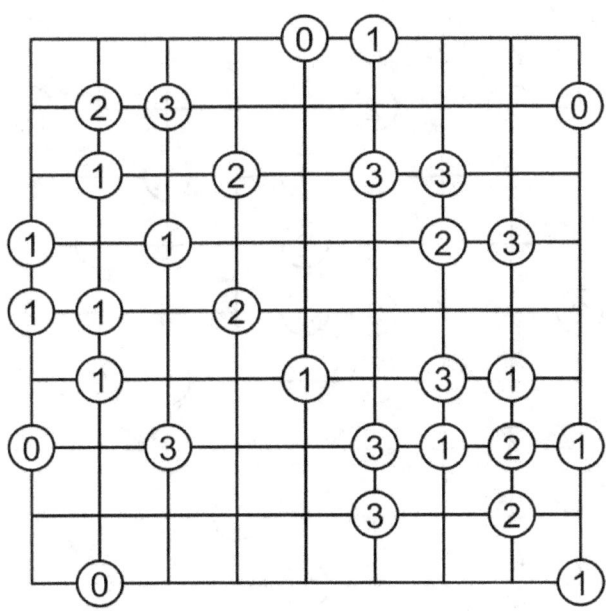

Puzzle (79)

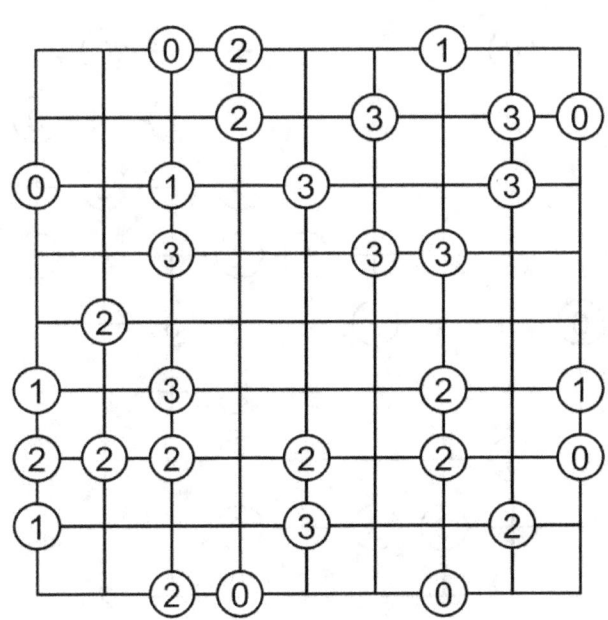

Puzzle (80)

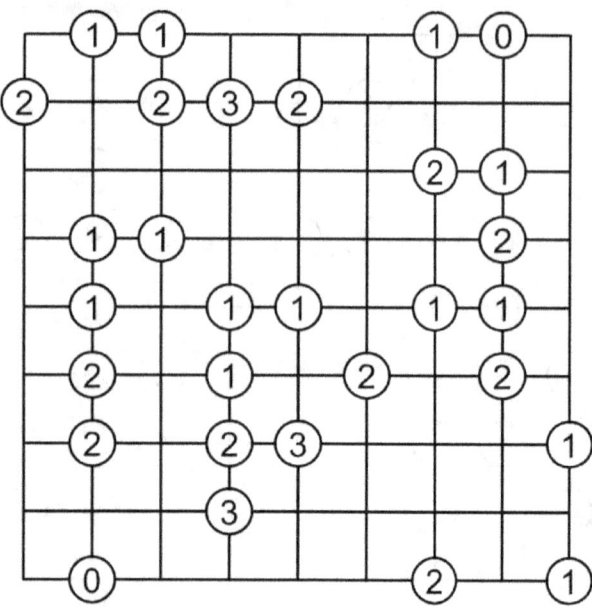

Puzzle (81)

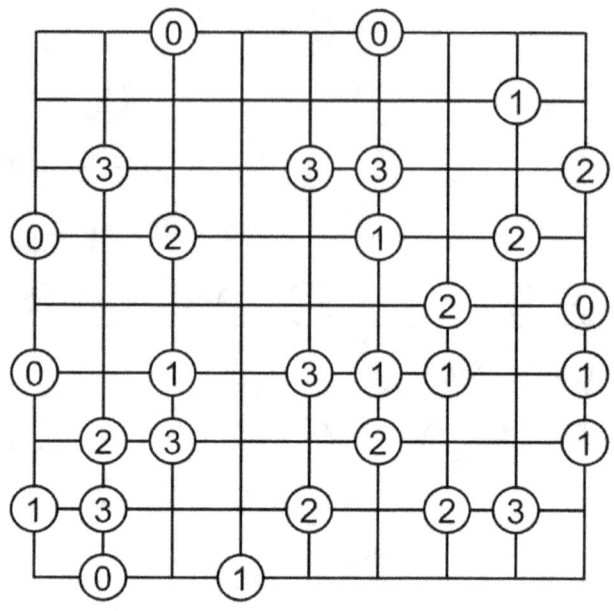

Puzzle (82)

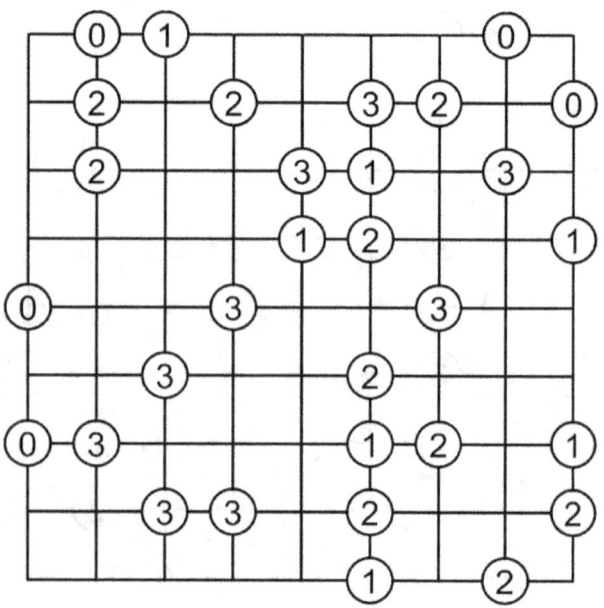

Puzzle (83)

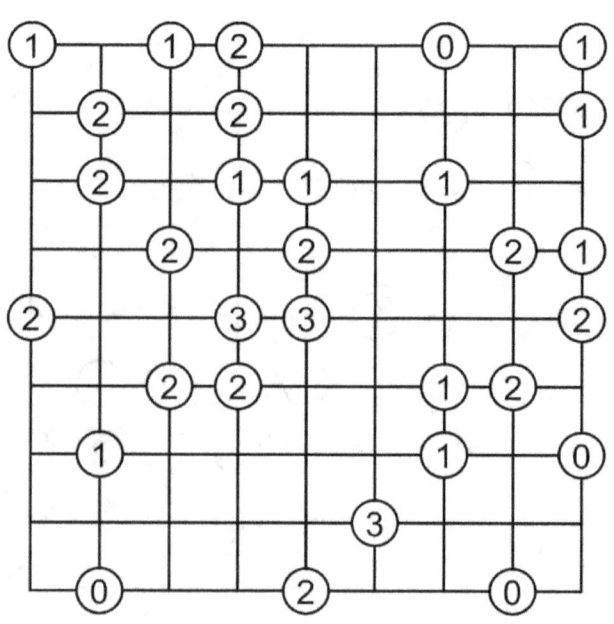

Puzzle (84)

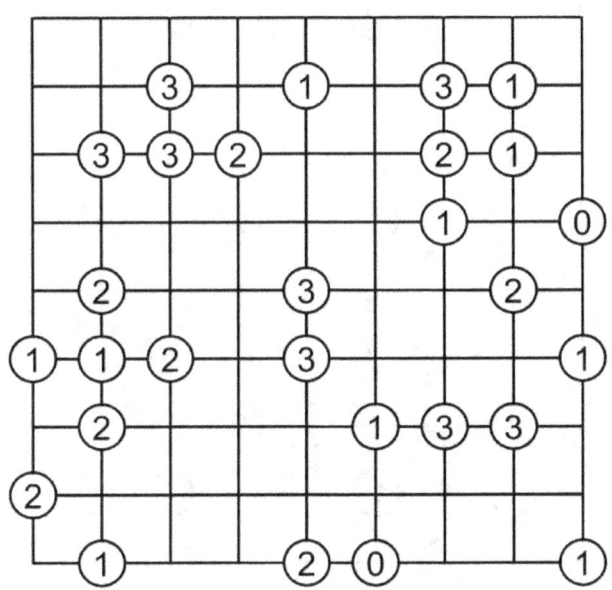

Puzzle (85)

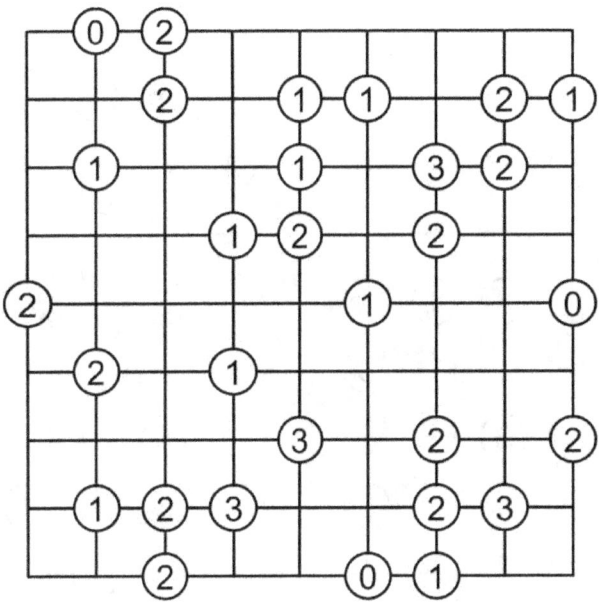

Puzzle (86)

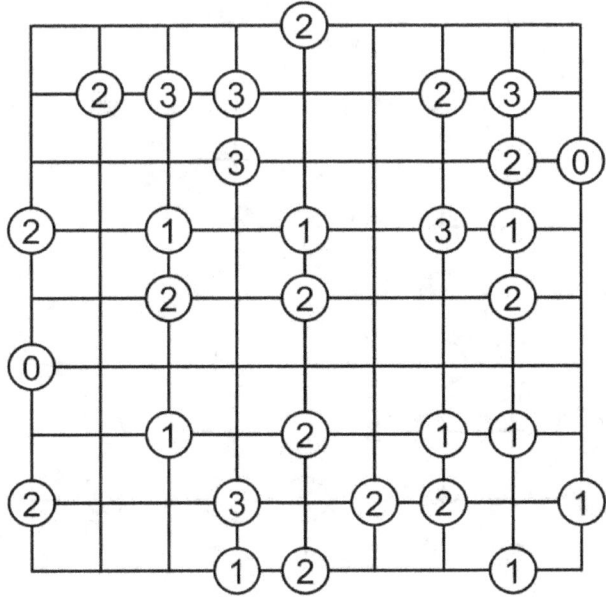

Puzzle (87)

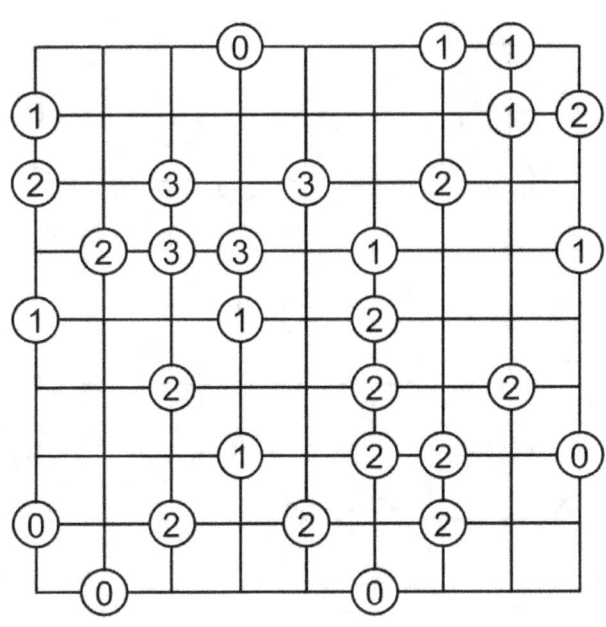

Puzzle (88)

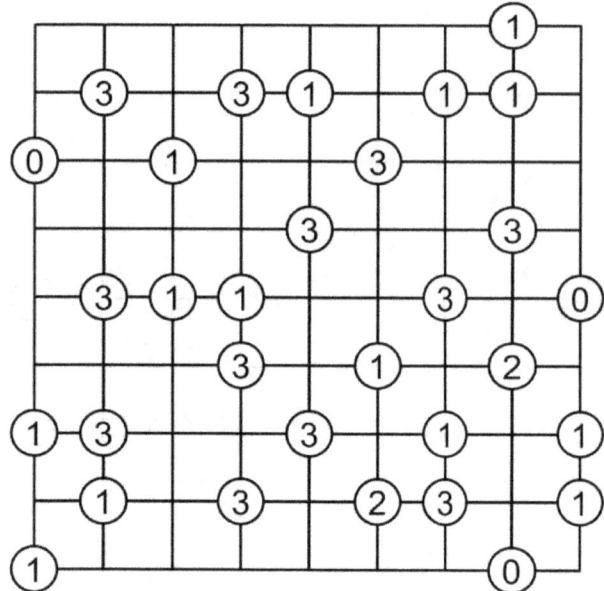

Puzzle (89)

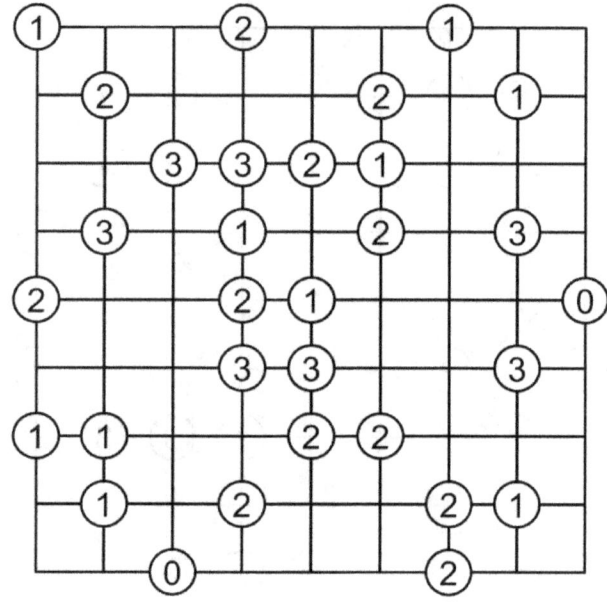

Puzzle (90)

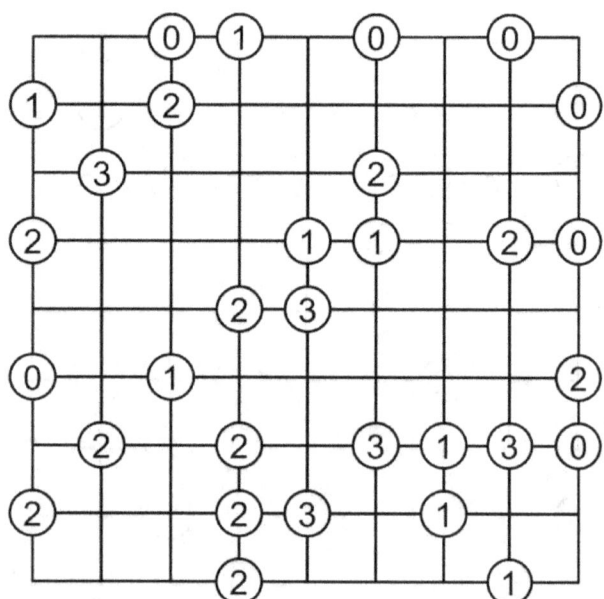

Puzzle (91)

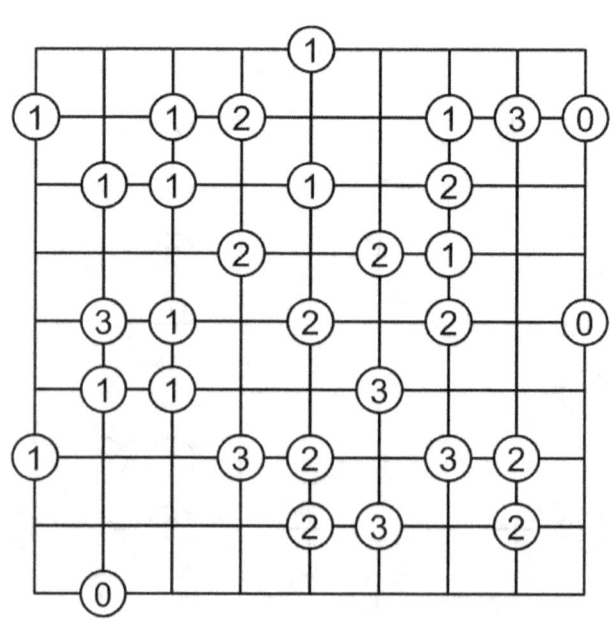

Puzzle (92)

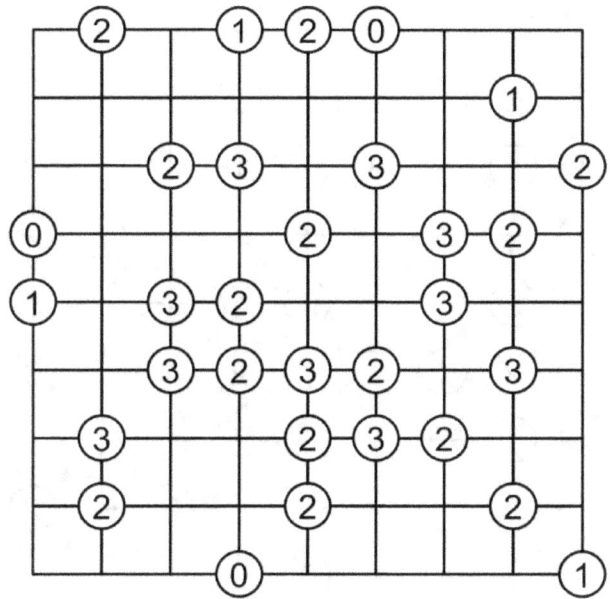

Puzzle (93)

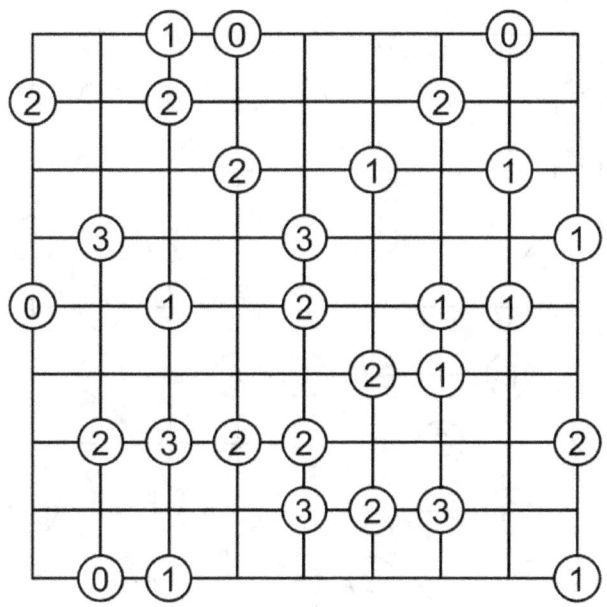

Puzzle (94)

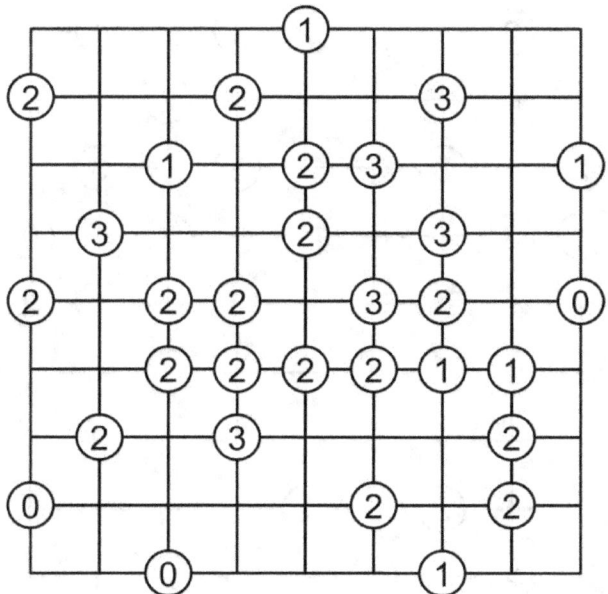

Puzzle (95)

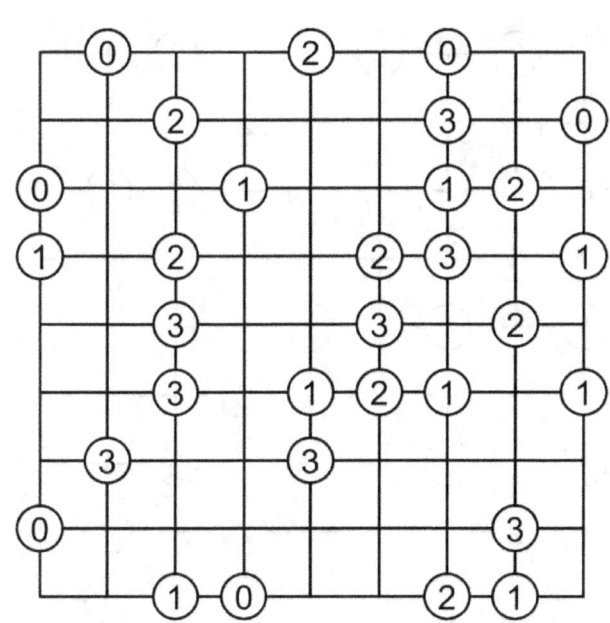

Puzzle (96)

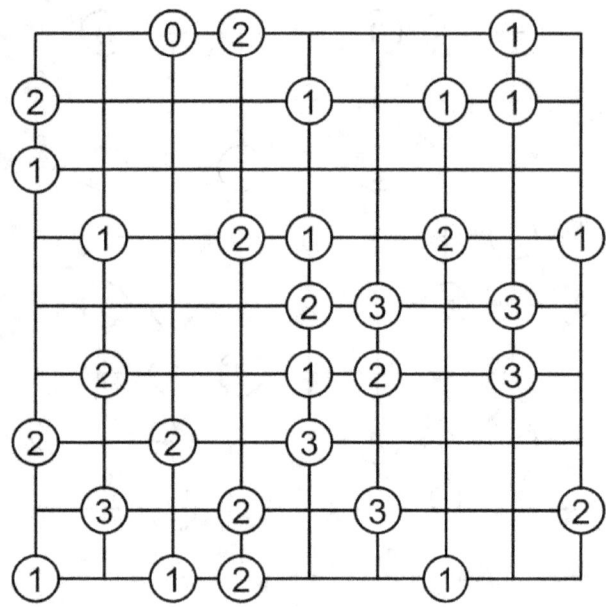

Puzzle (97)

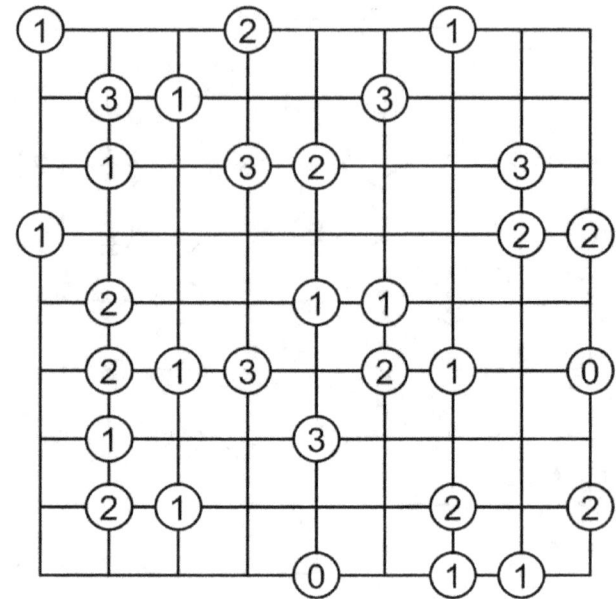

Puzzle (98)

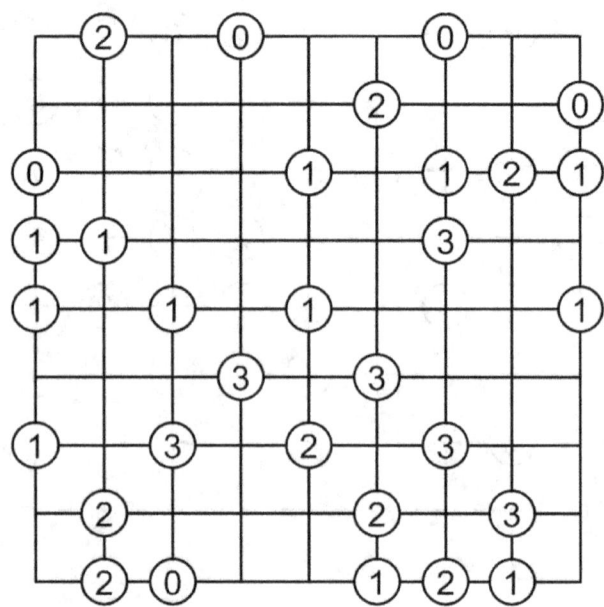

Puzzle (99)

Puzzle (100)

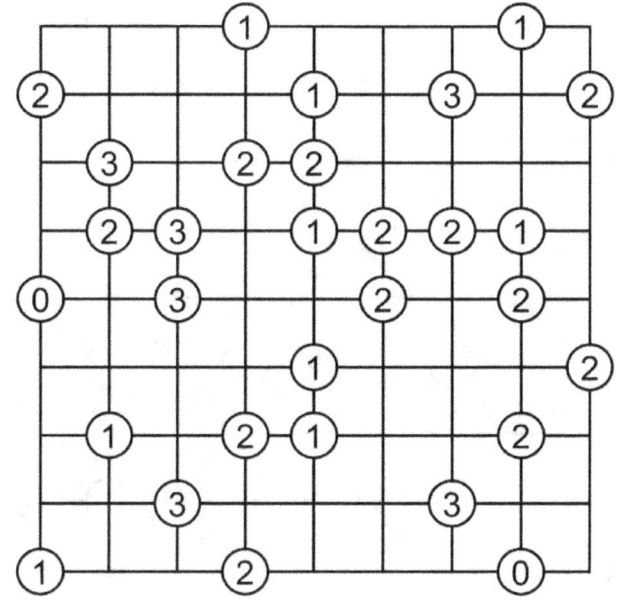

Puzzle (101)

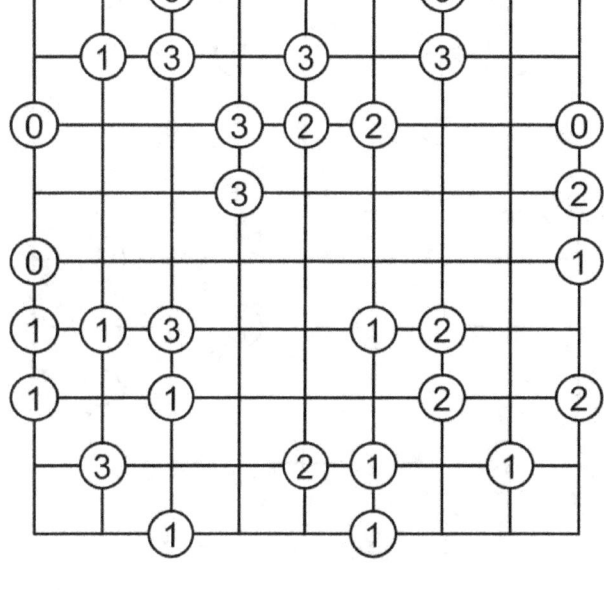

Puzzle (102)

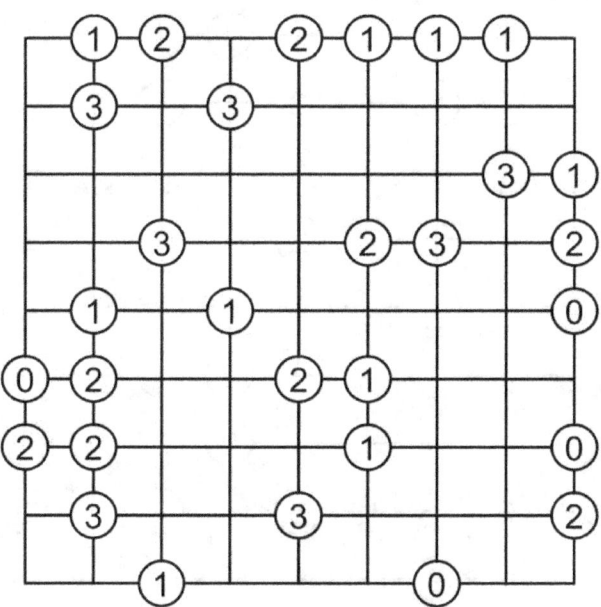

Puzzle (103)

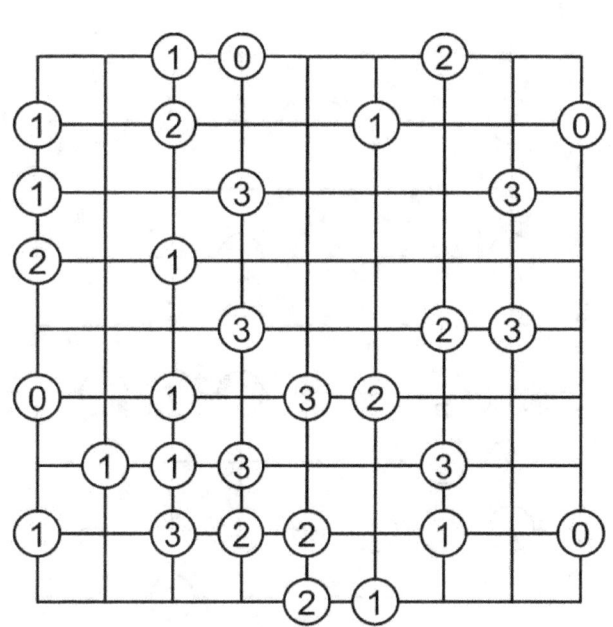

Puzzle (104)

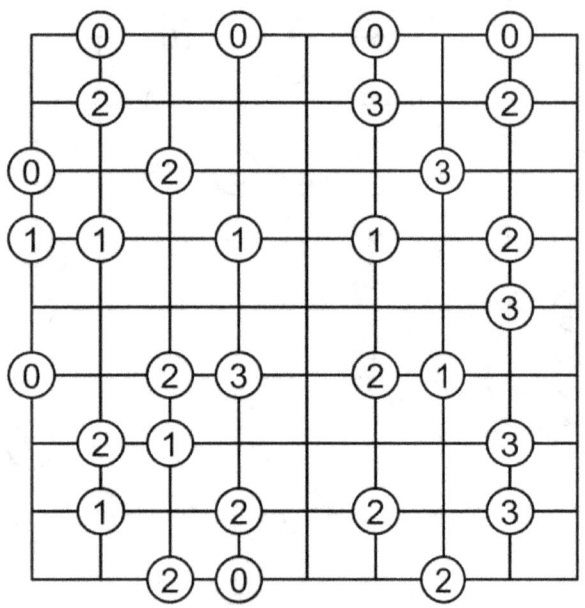

Puzzle (105)

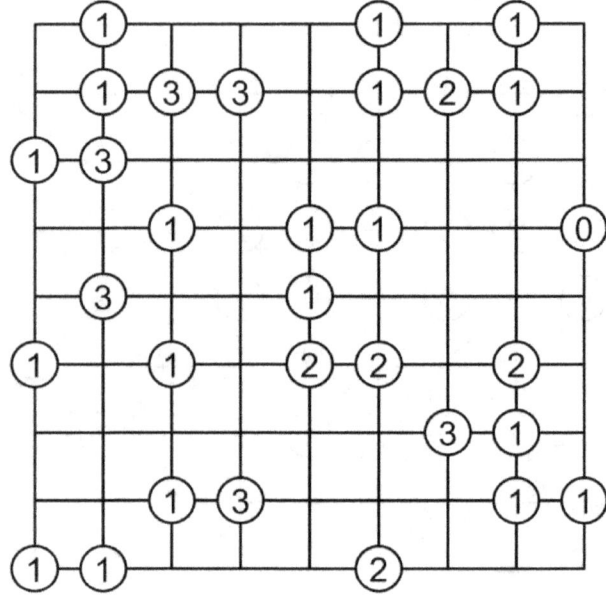

Puzzle (106)

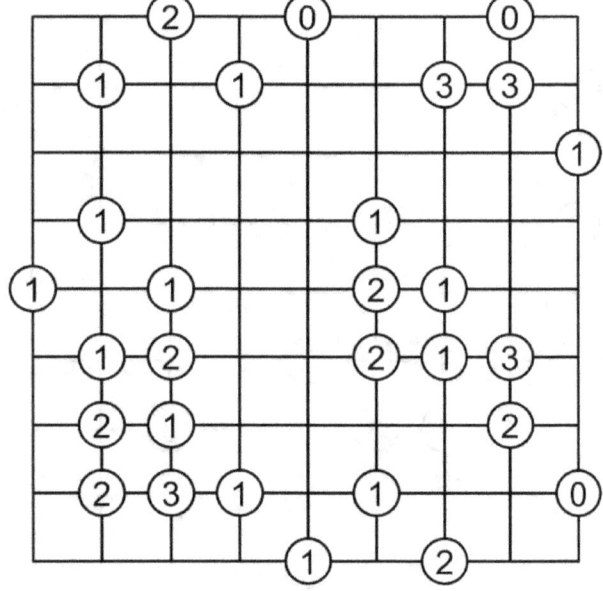

Puzzle (107)

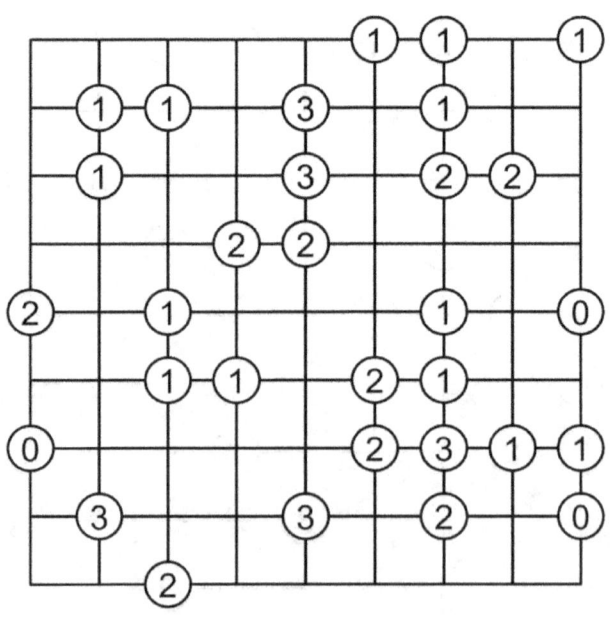

Puzzle (108)

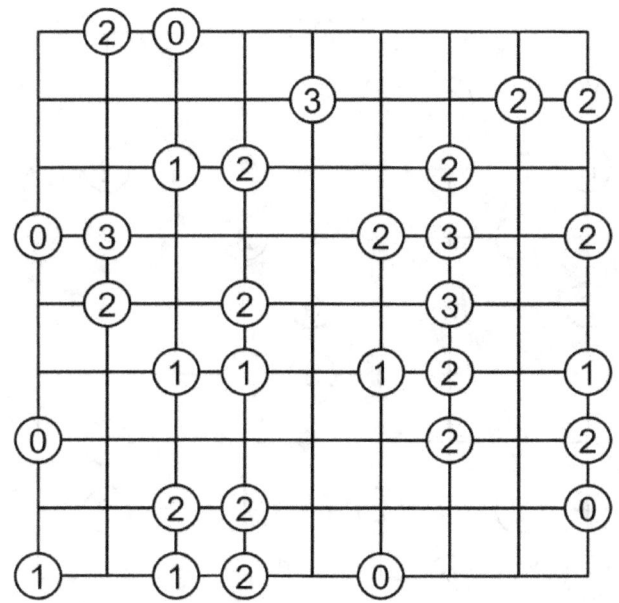

Puzzle (109)

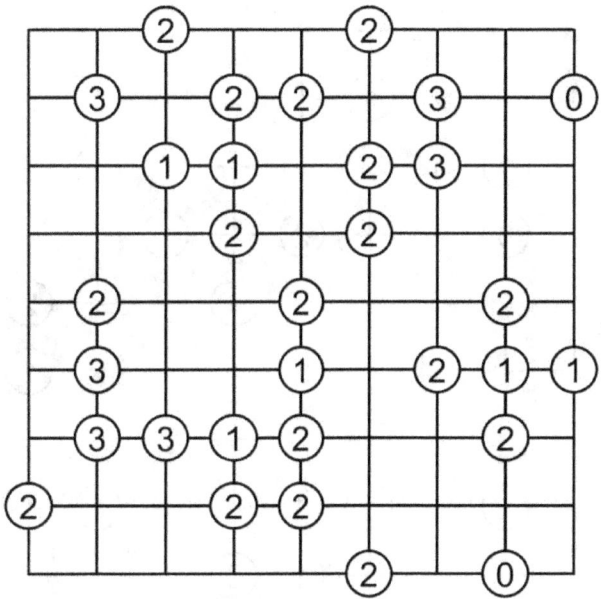

Puzzle (110)

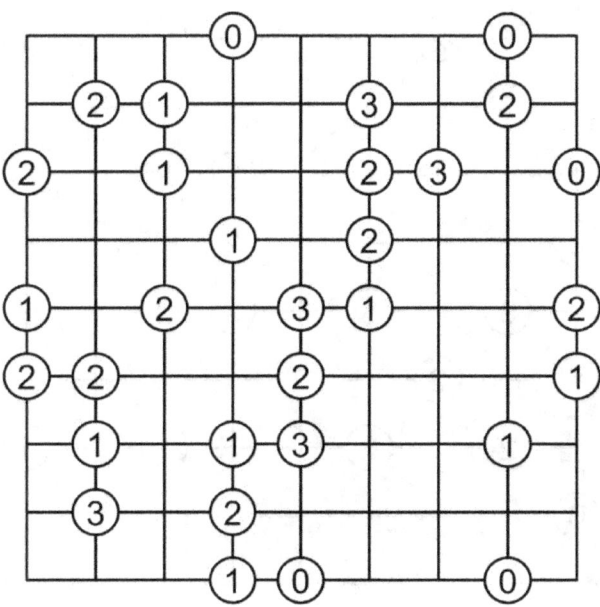

Puzzle (111)

Puzzle (112)

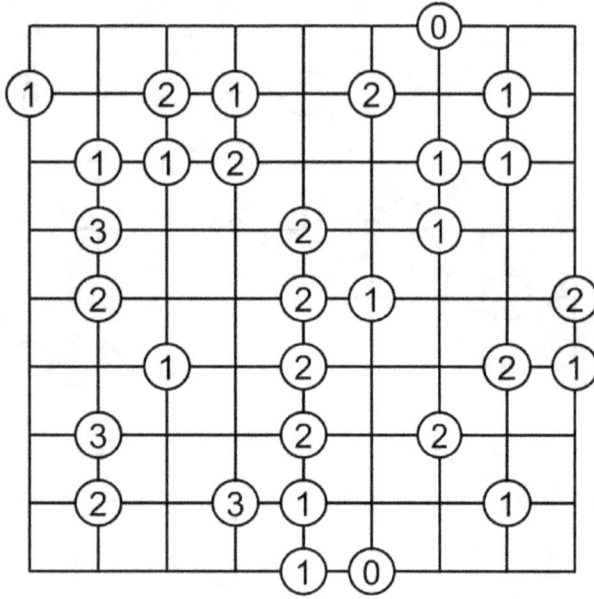

Puzzle (113)

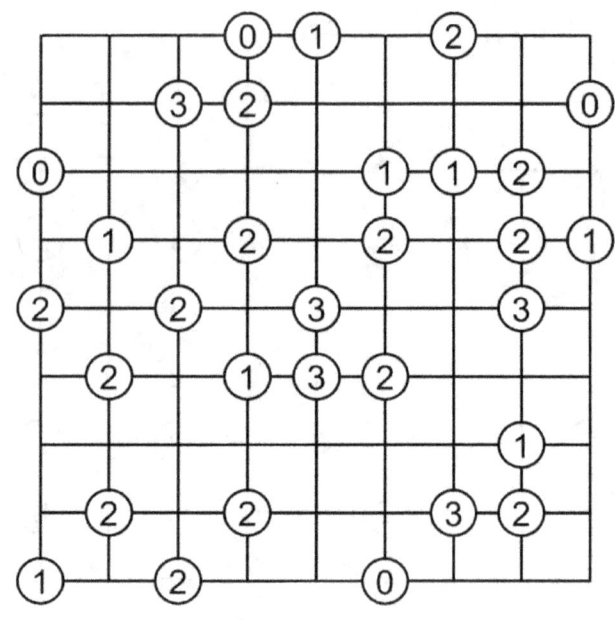

Puzzle (114)

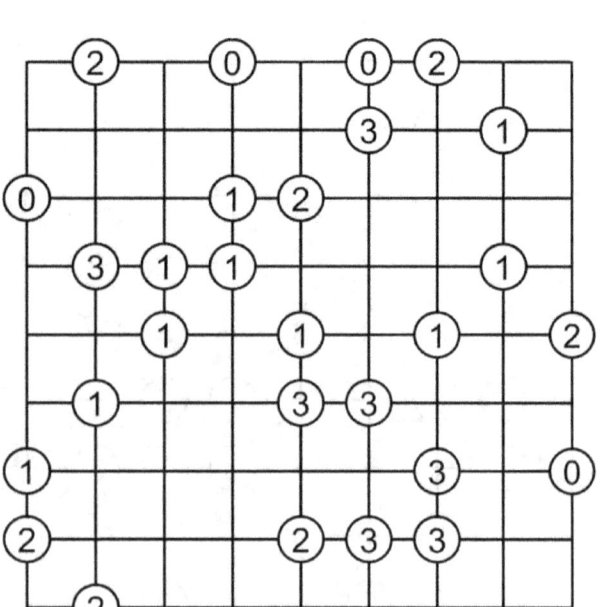

Puzzle (115)

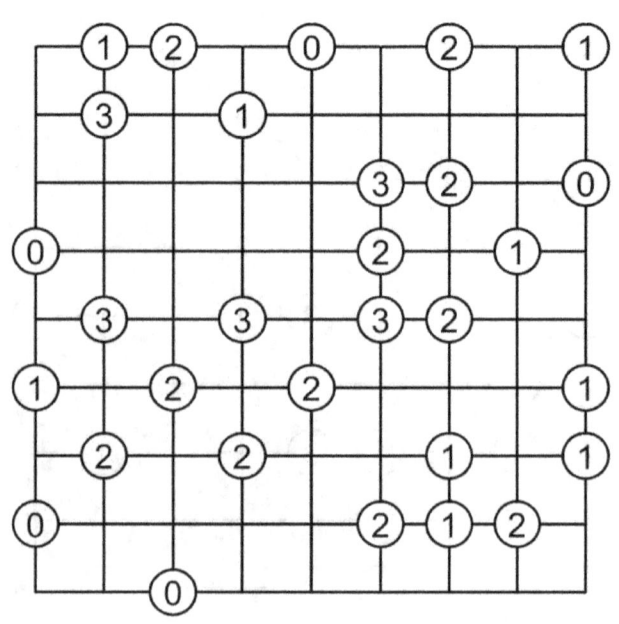

Puzzle (116)

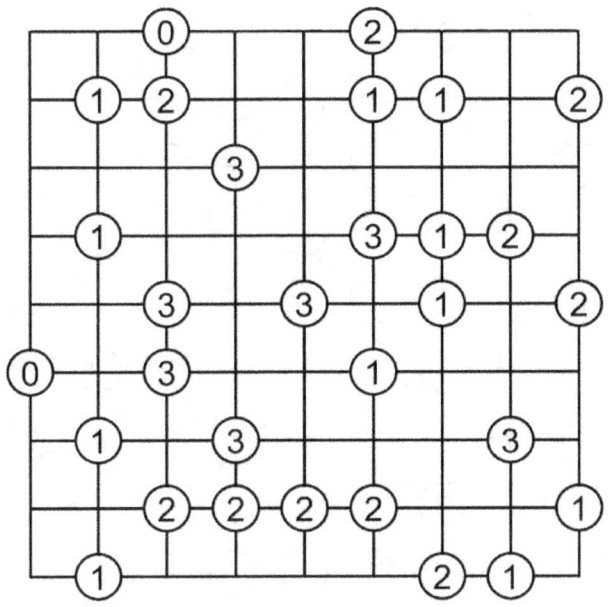

Puzzle (117)

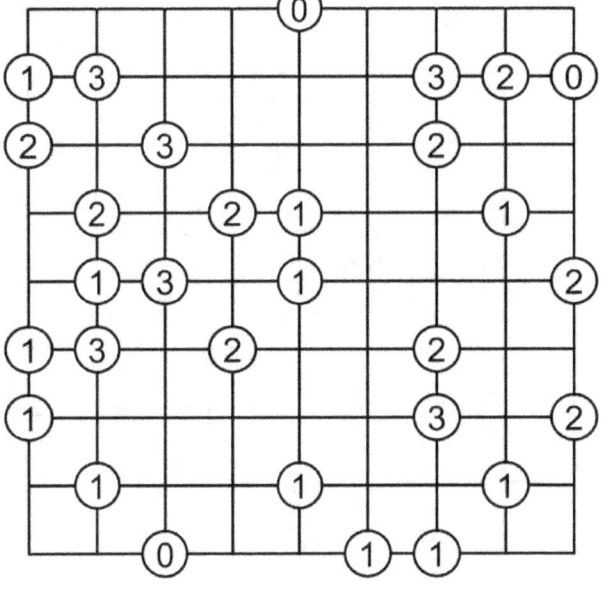

Puzzle (118)

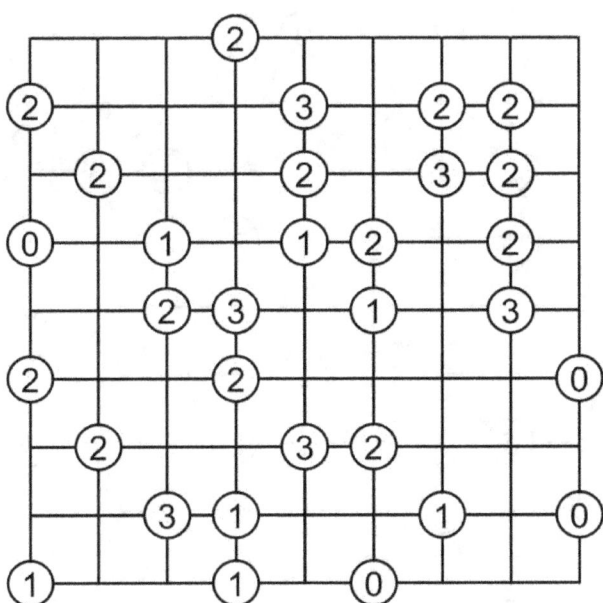

Puzzle (119)

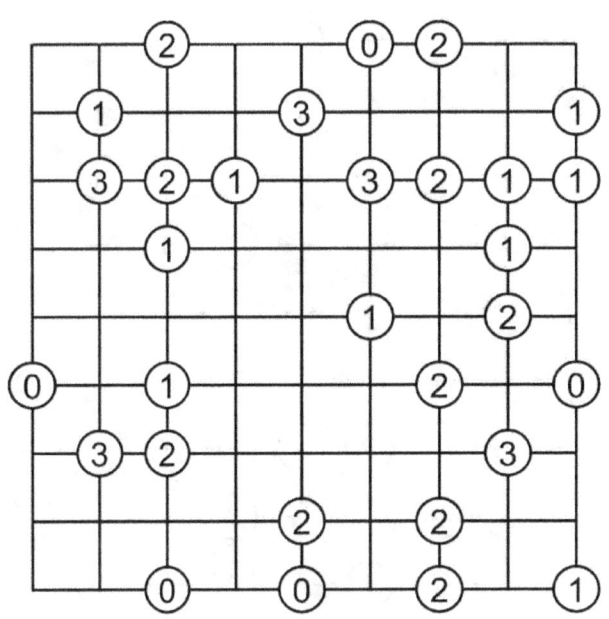

Puzzle (120)

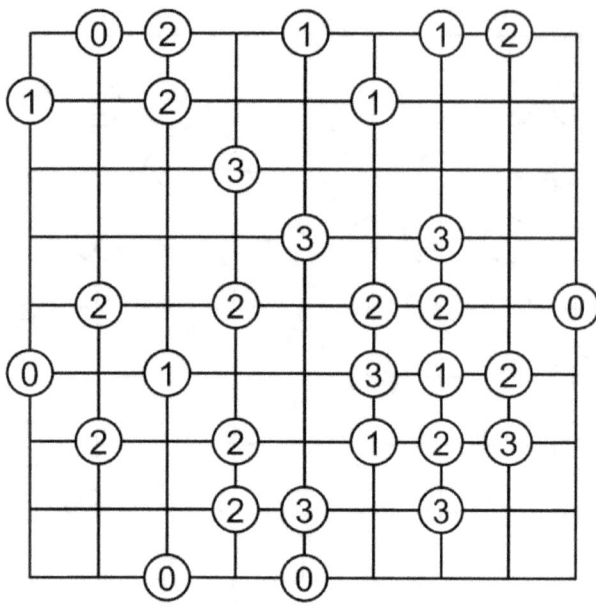

Puzzle (121)

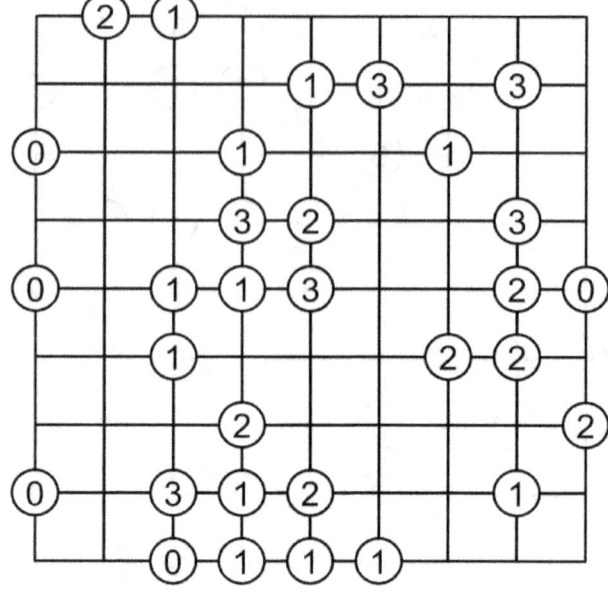

Puzzle (122)

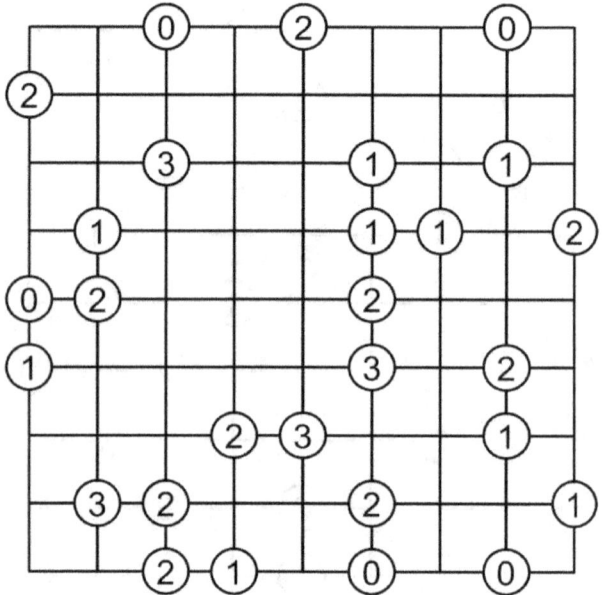

Puzzle (123)

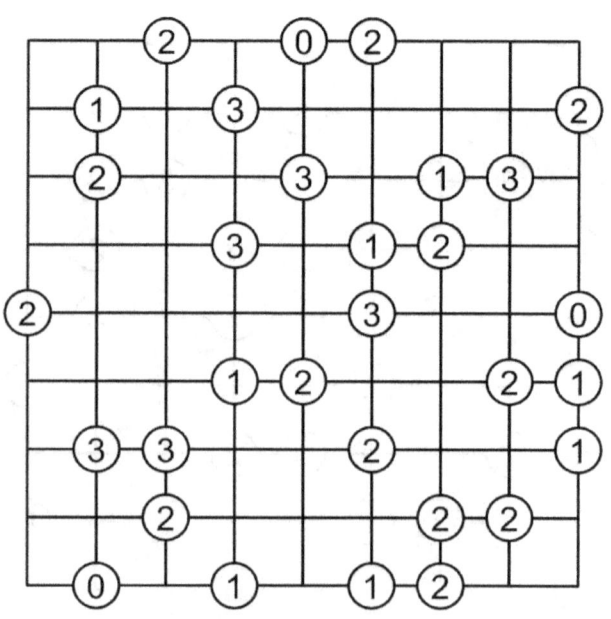

Puzzle (124)

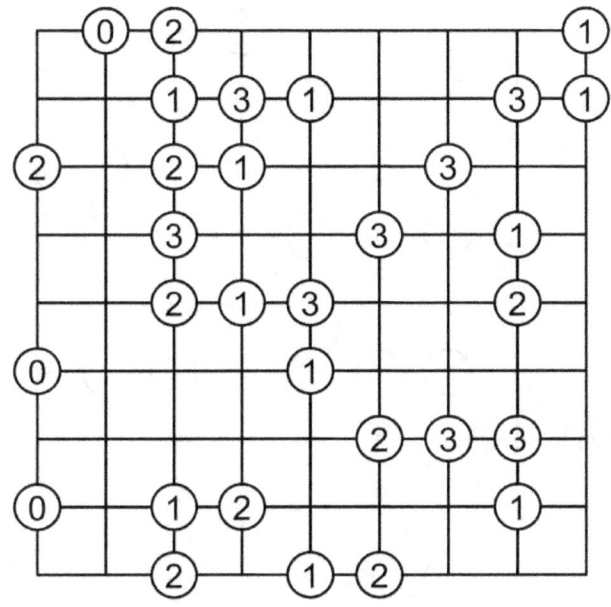

Puzzle (125)

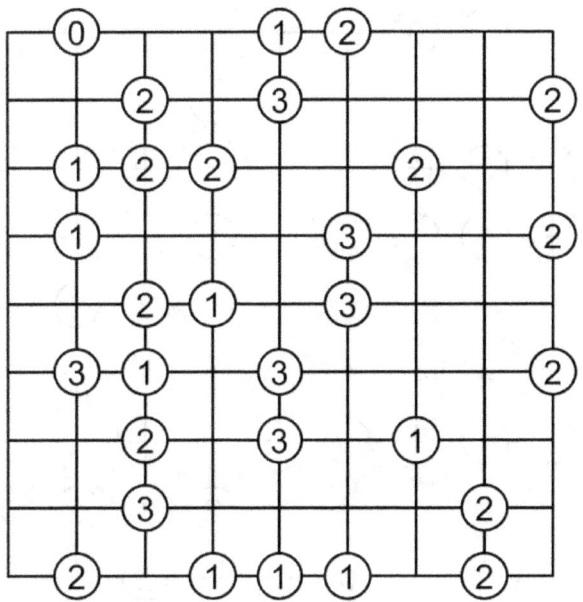

Puzzle (126)

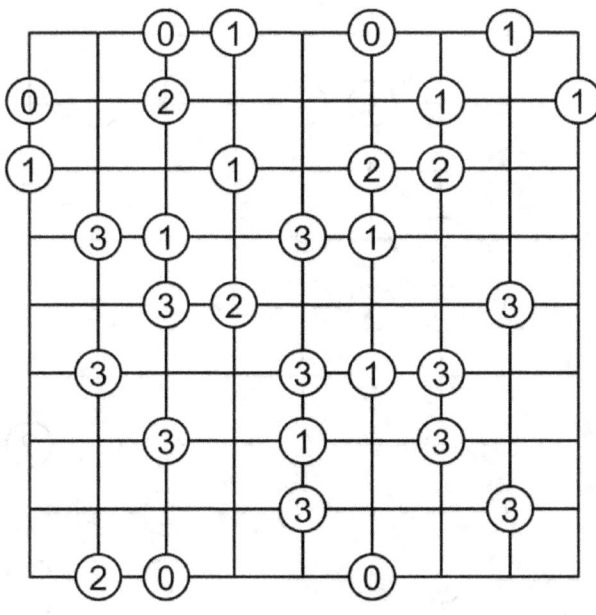

Puzzle (127)

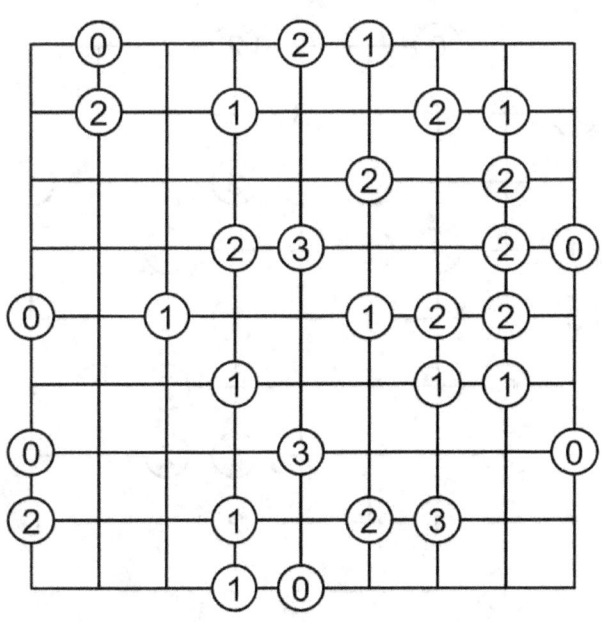

Puzzle (128)

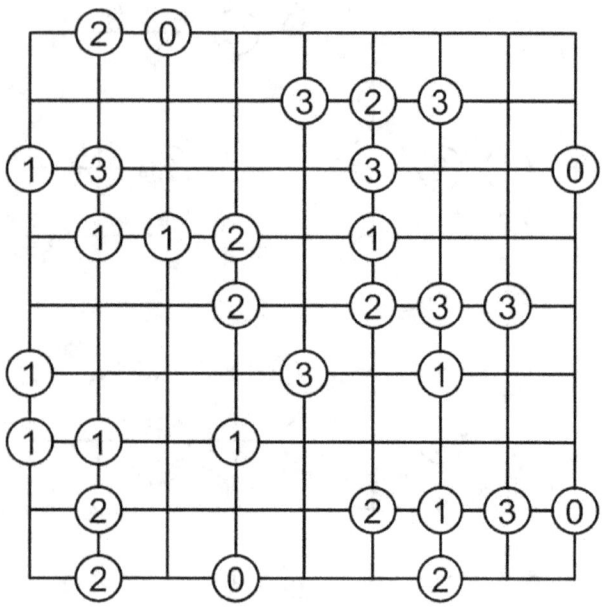

Puzzle (129)

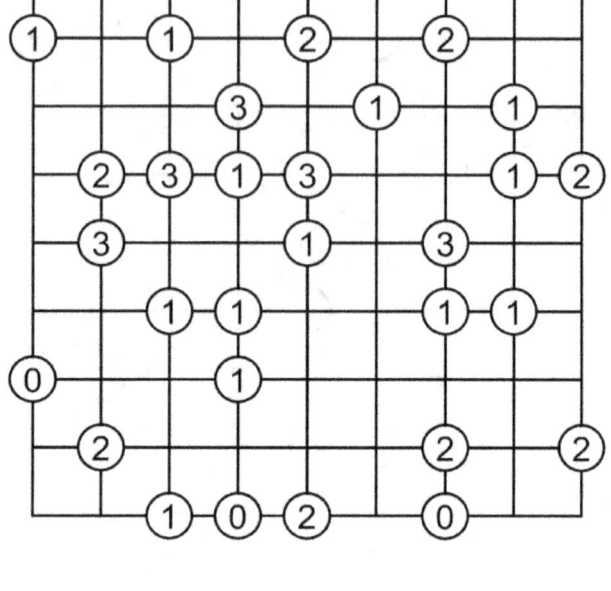

Puzzle (130)

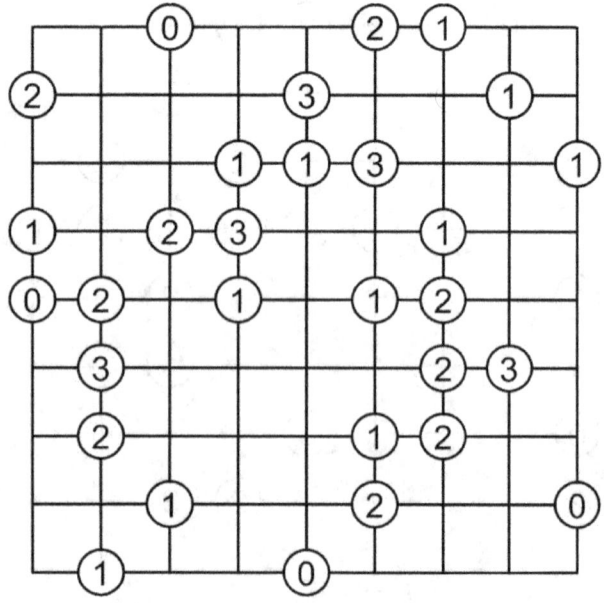

Puzzle (131)

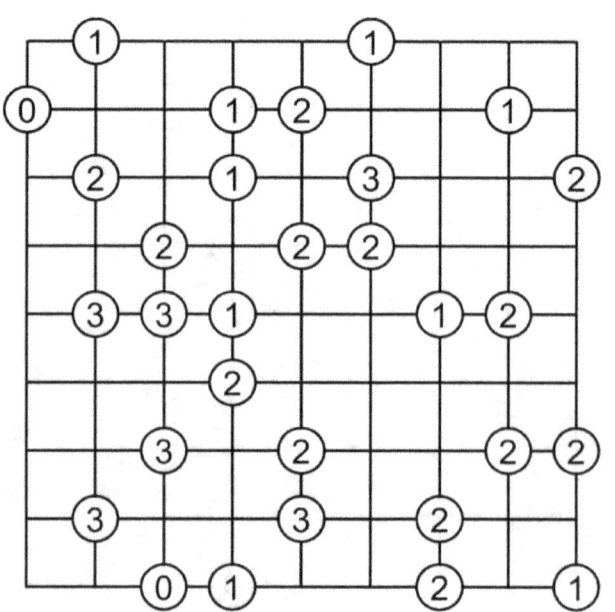

Puzzle (132)

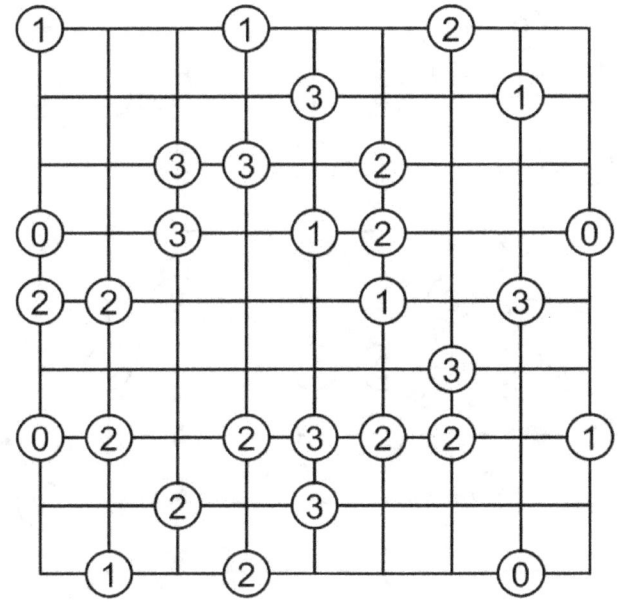

Puzzle (133)

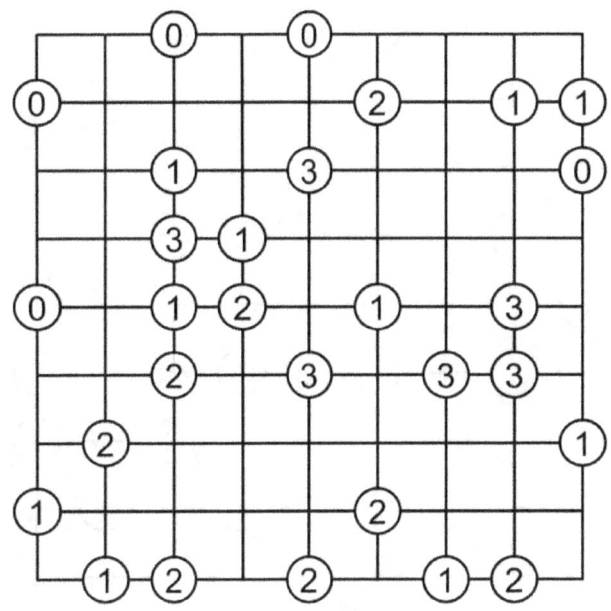

Puzzle (134)

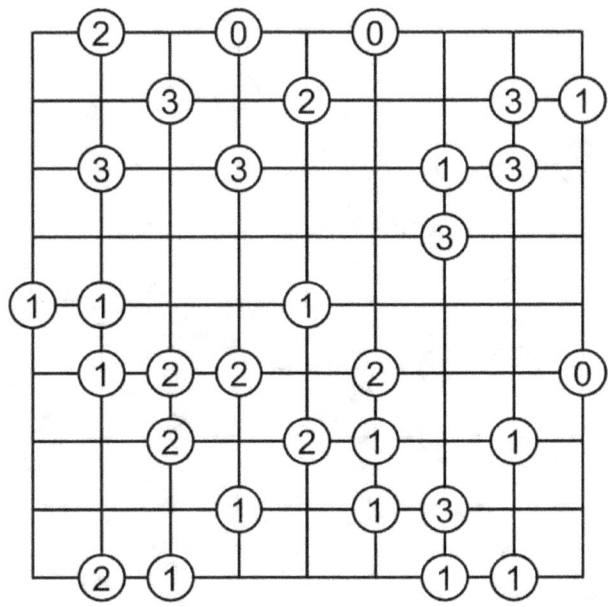

Puzzle (135)

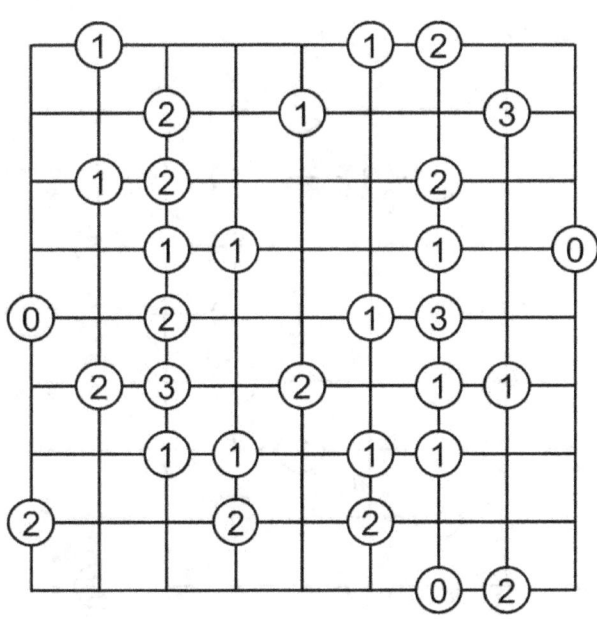

Puzzle (136)

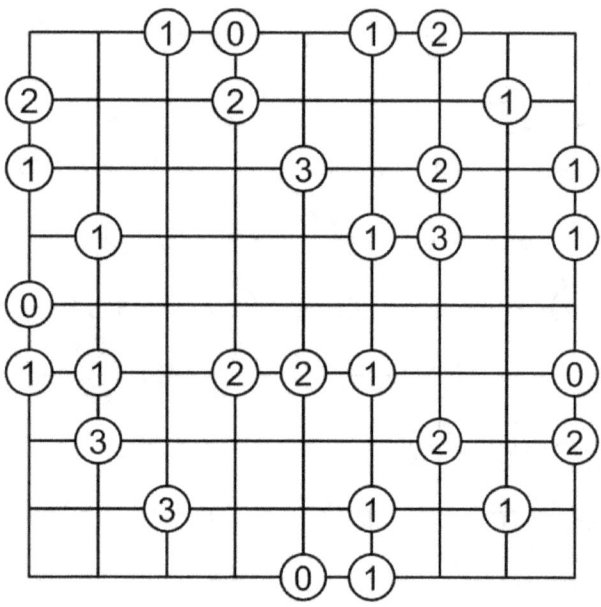

Puzzle (137)

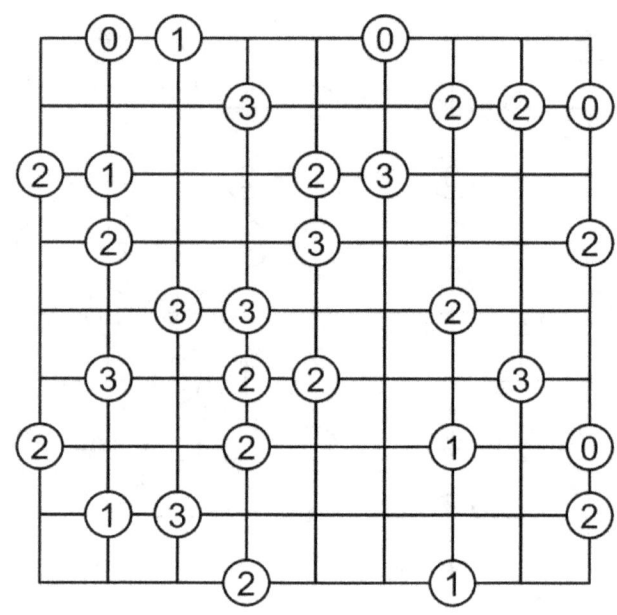

Puzzle (138)

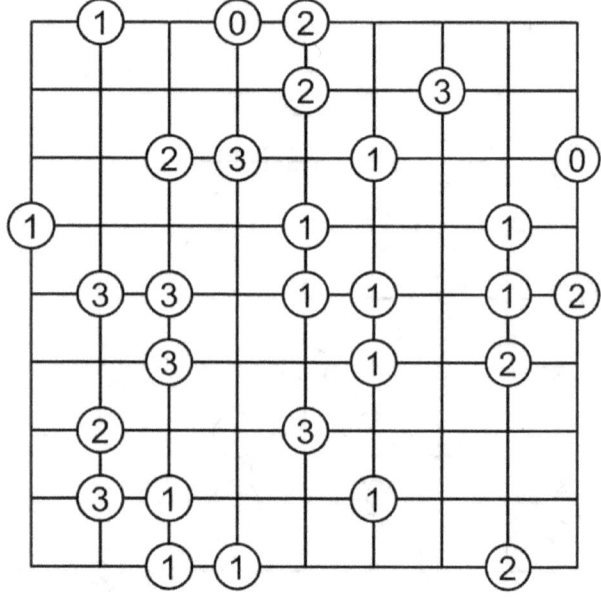

Puzzle (139)

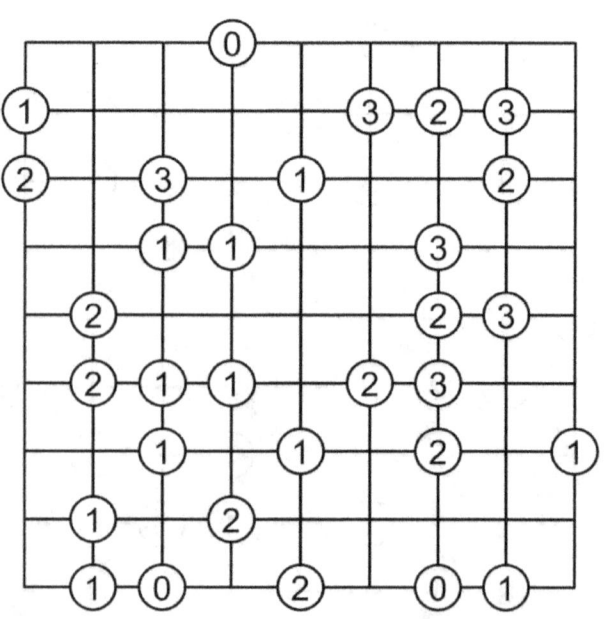

Puzzle (140)

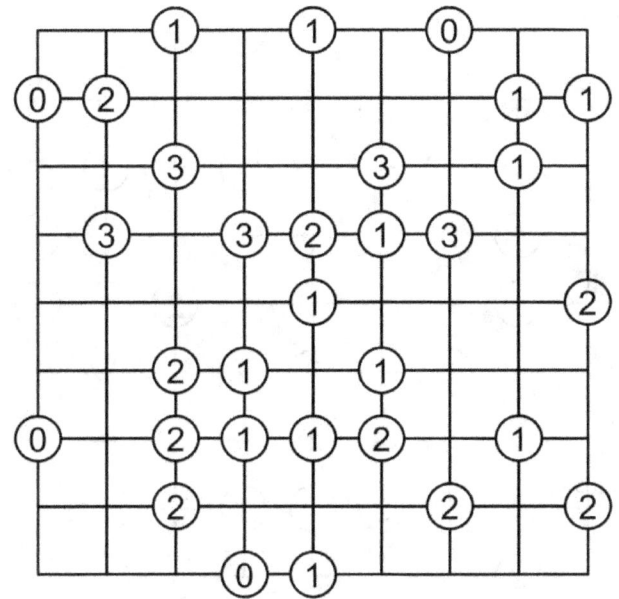

Puzzle (141)

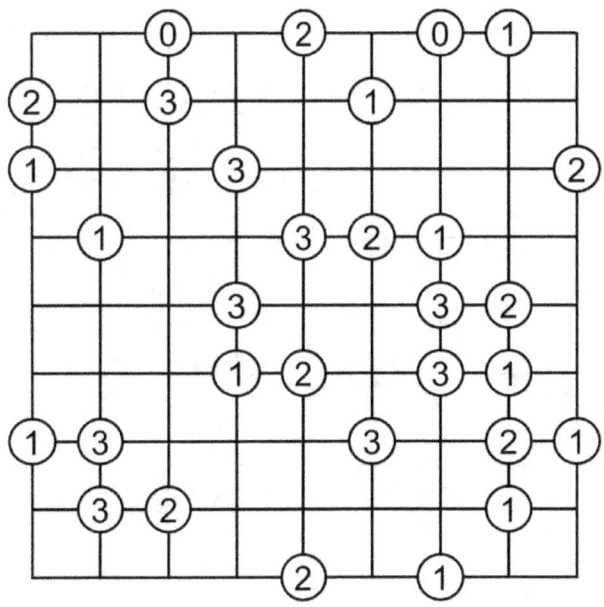

Puzzle (142)

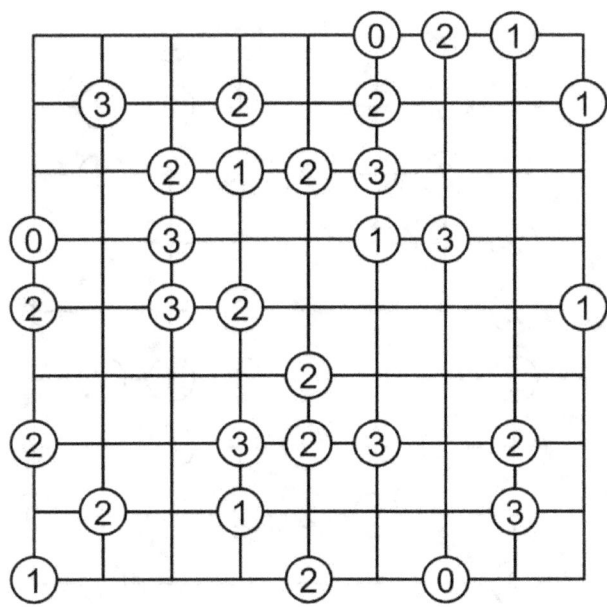

Puzzle (143)

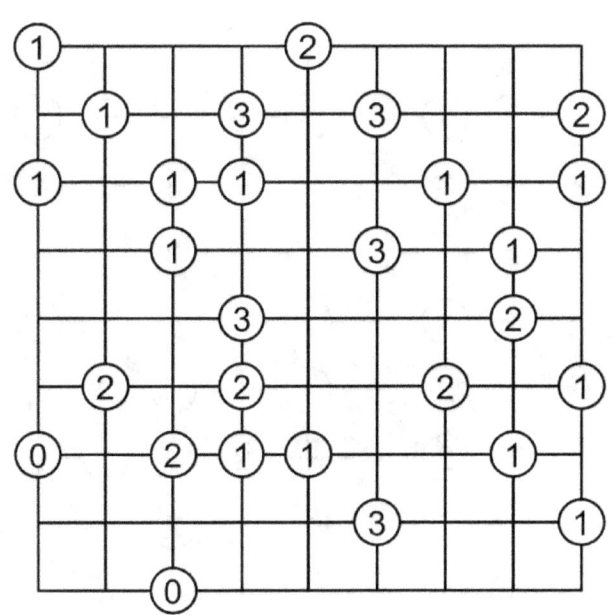

Puzzle (144)

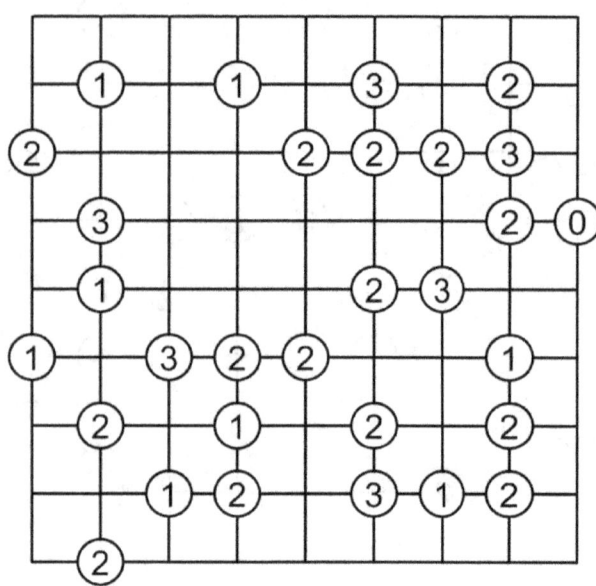

Puzzle (145)

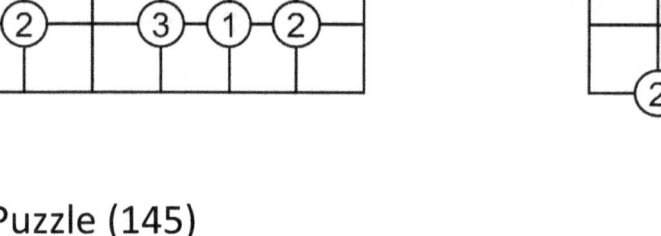

Puzzle (146)

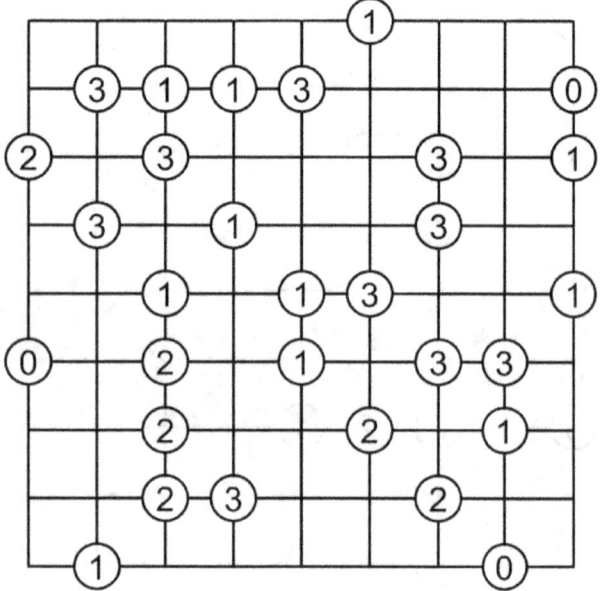

Puzzle (147)

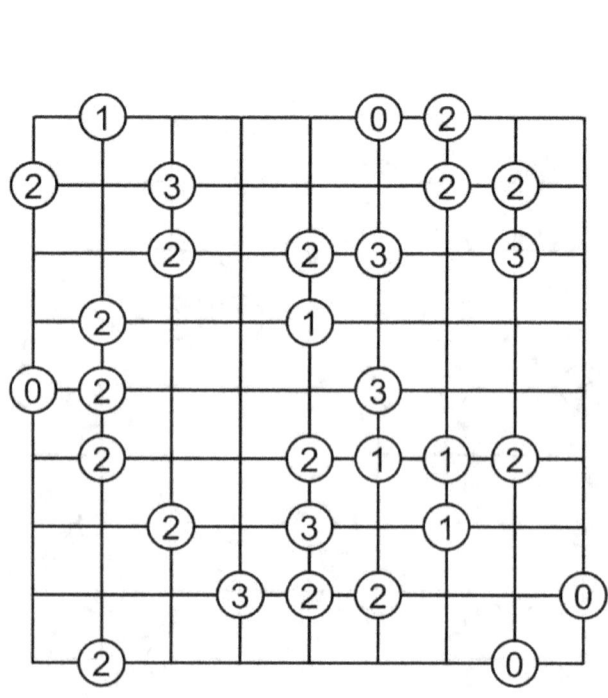

Puzzle (148)

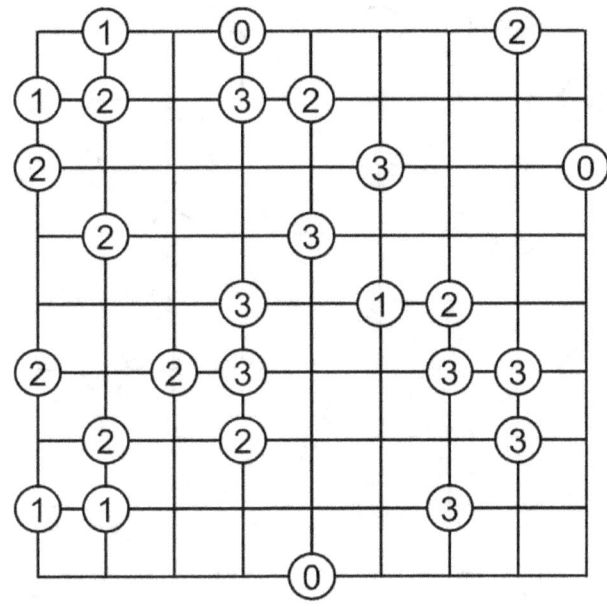

Puzzle (149)

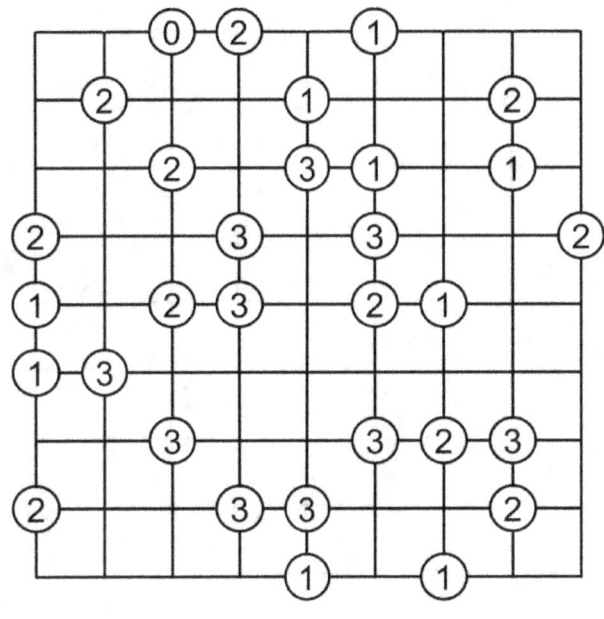

Puzzle (150)

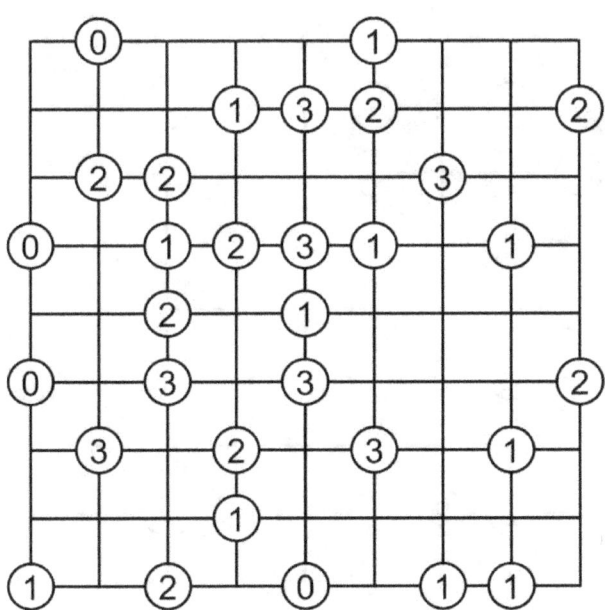

Puzzle (151)

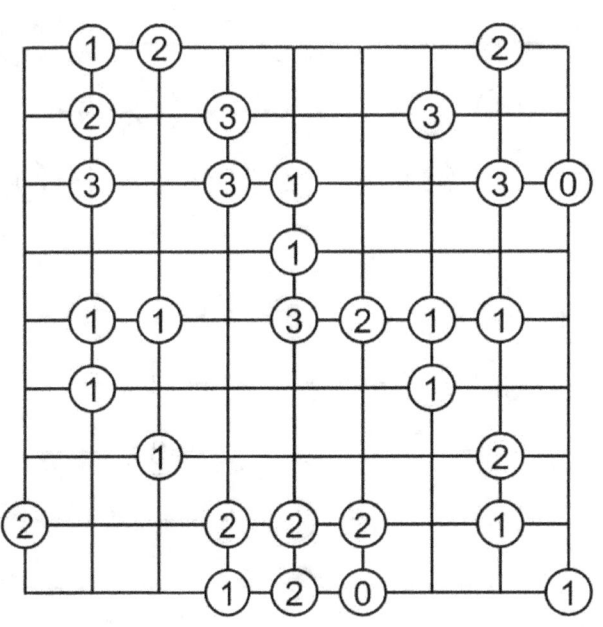

Puzzle (152)

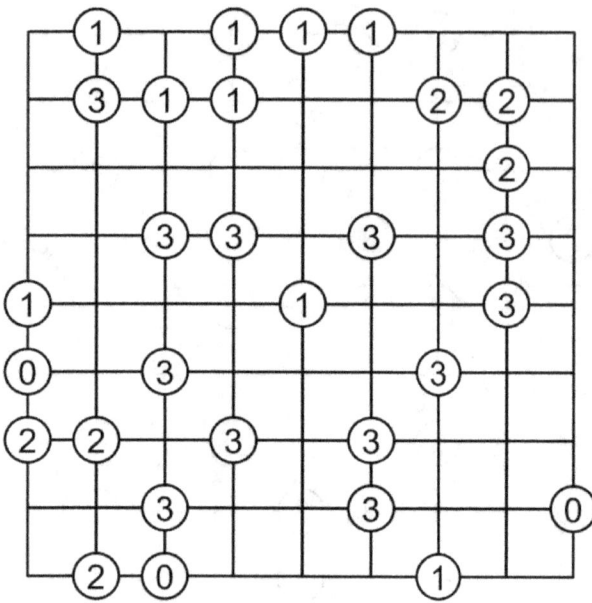

Puzzle (153)

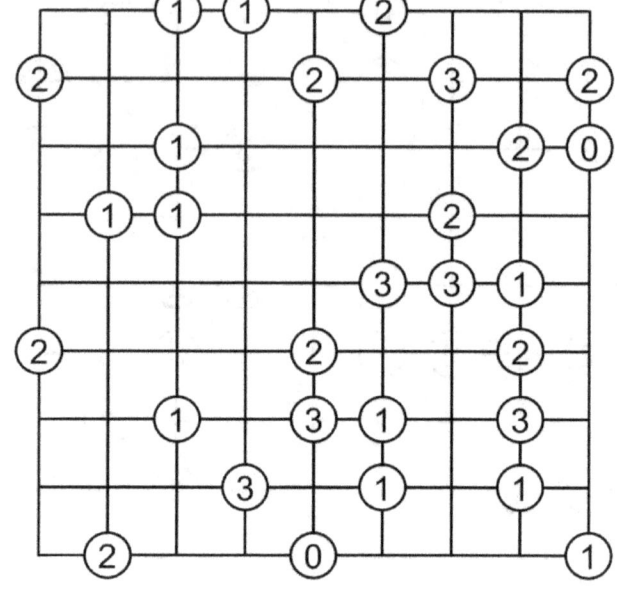

Puzzle (154)

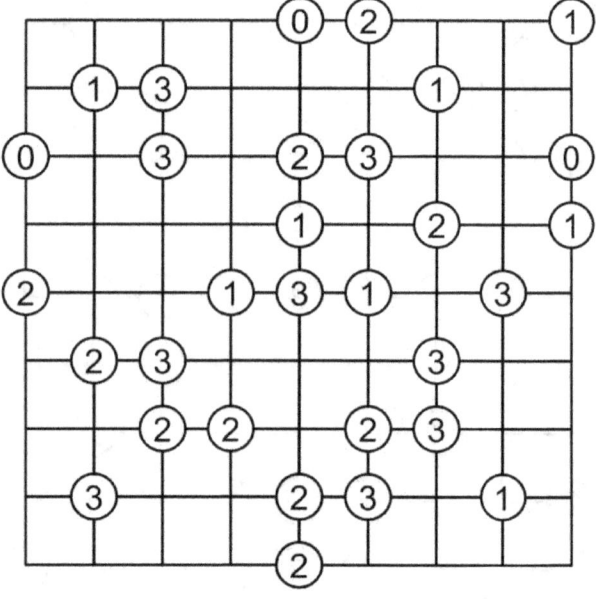

Puzzle (155)

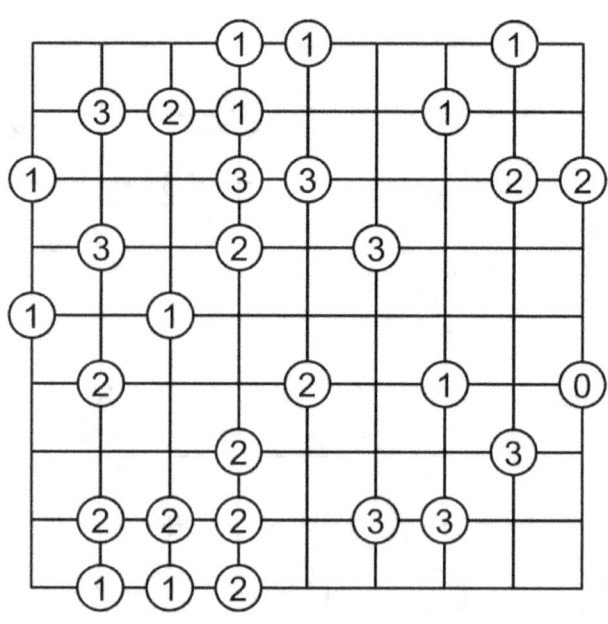

Puzzle (156)

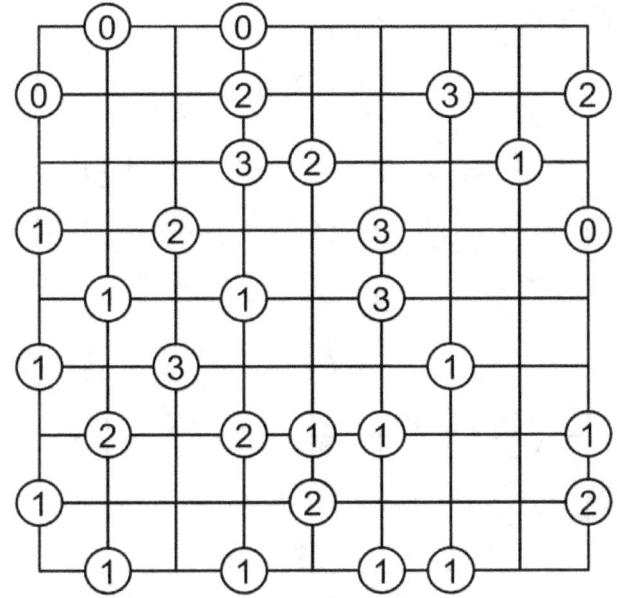

Puzzle (157)

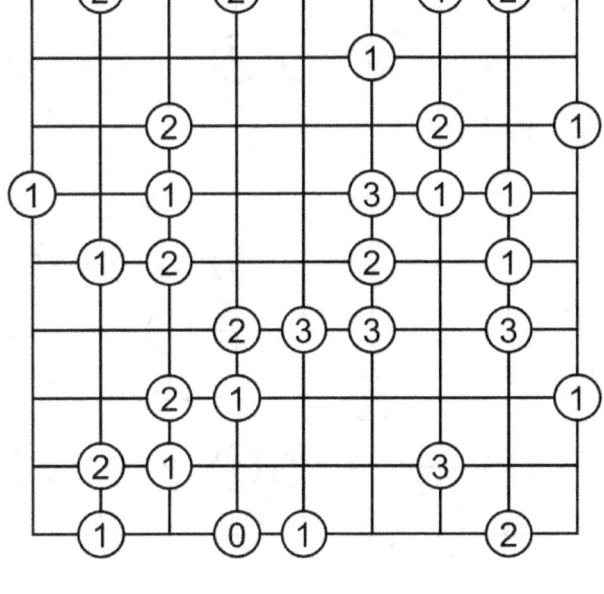

Puzzle (158)

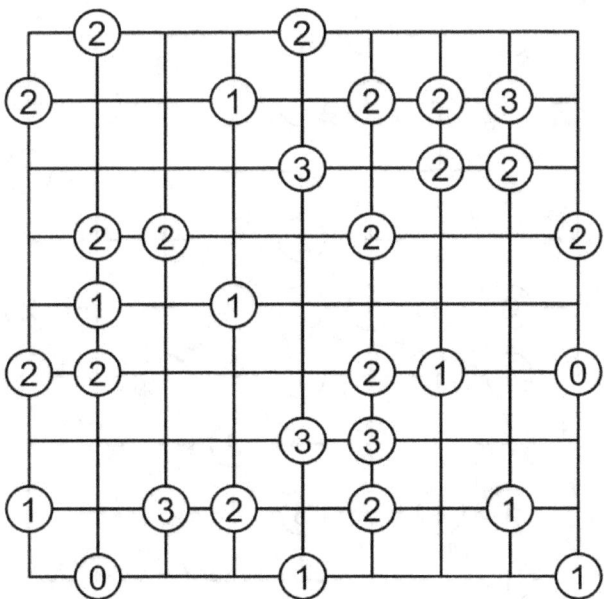

Puzzle (159)

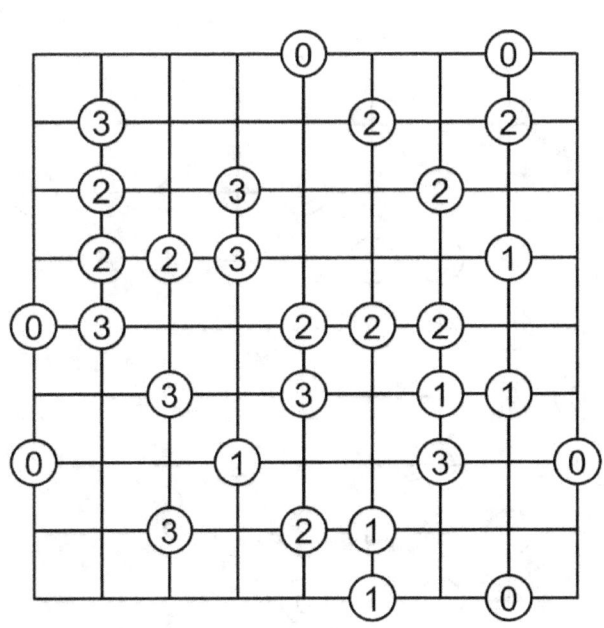

Puzzle (160)

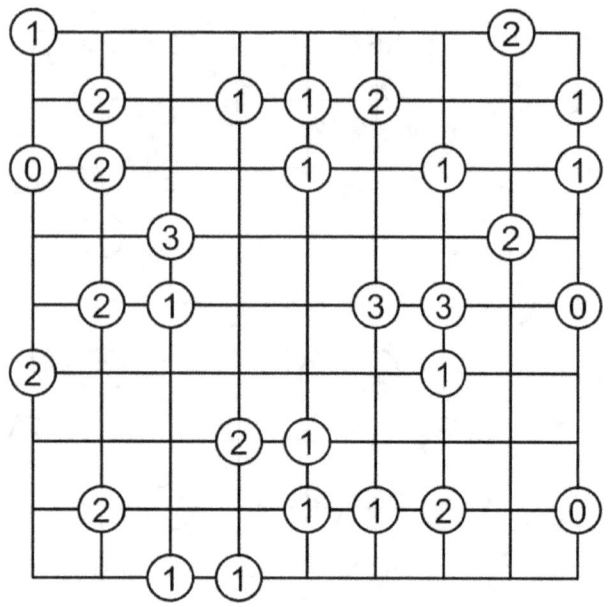

Puzzle (161)

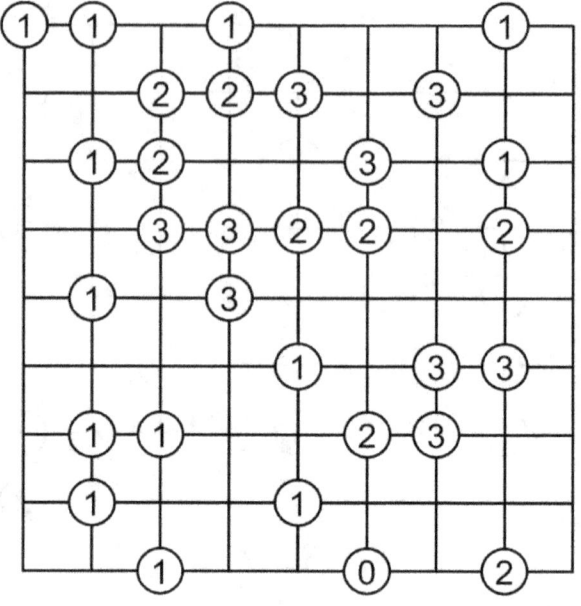

Puzzle (162)

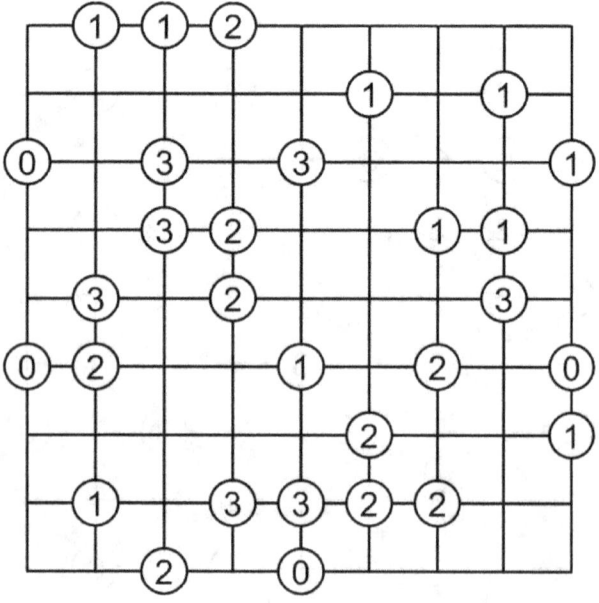

Puzzle (163)

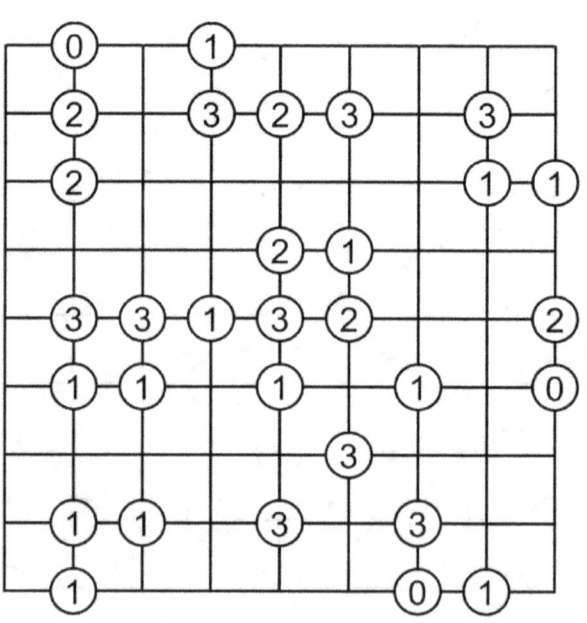

Puzzle (164)

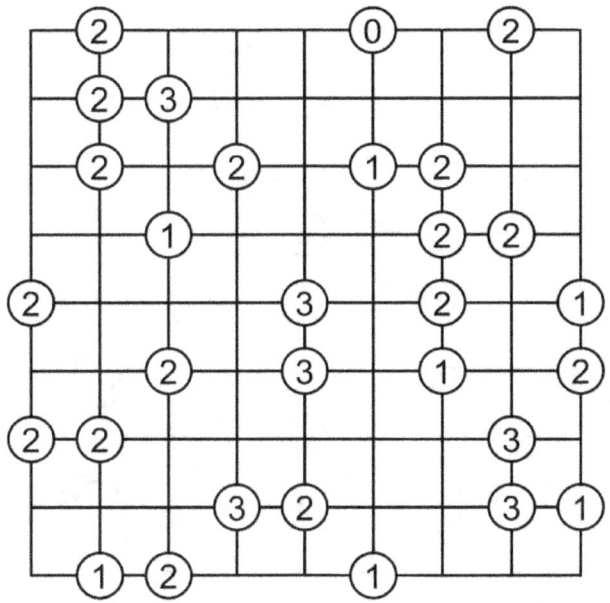

Puzzle (165)

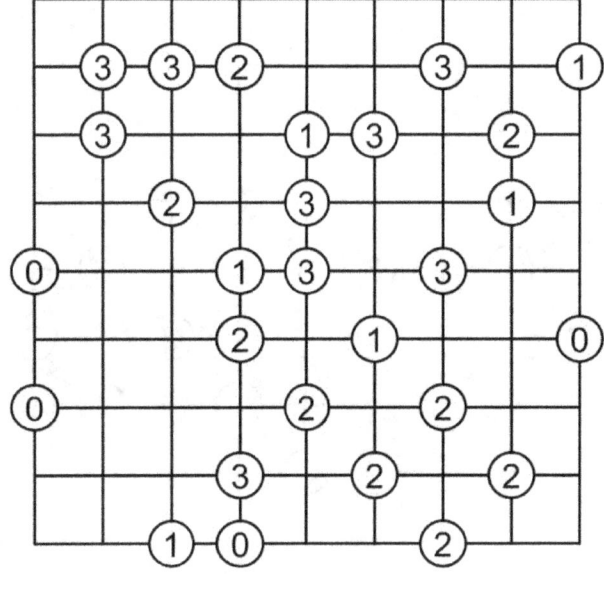

Puzzle (166)

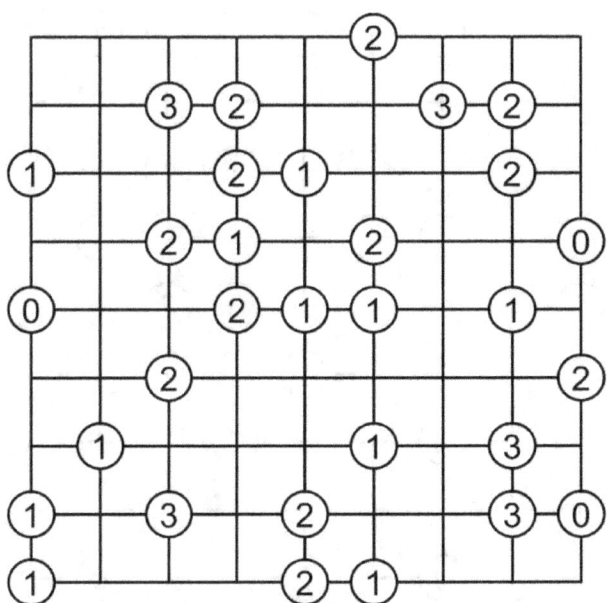

Puzzle (167)

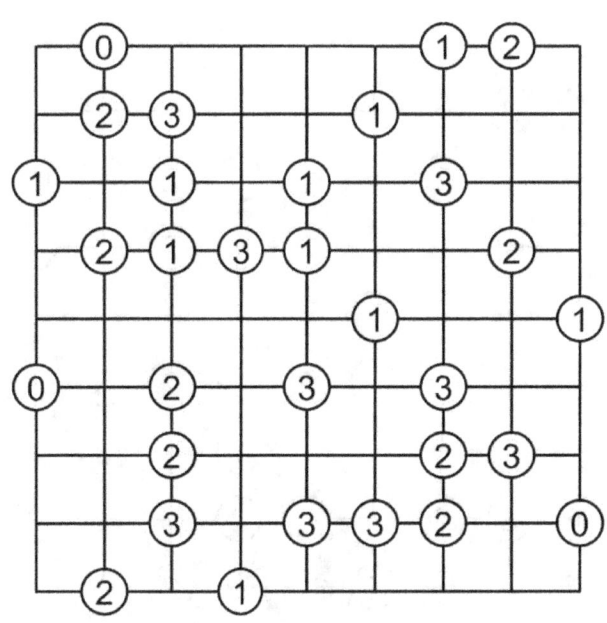

Puzzle (168)

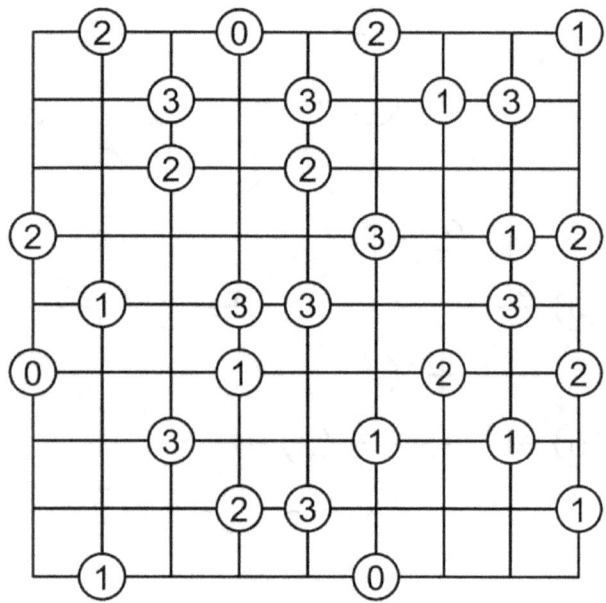

Puzzle (169)

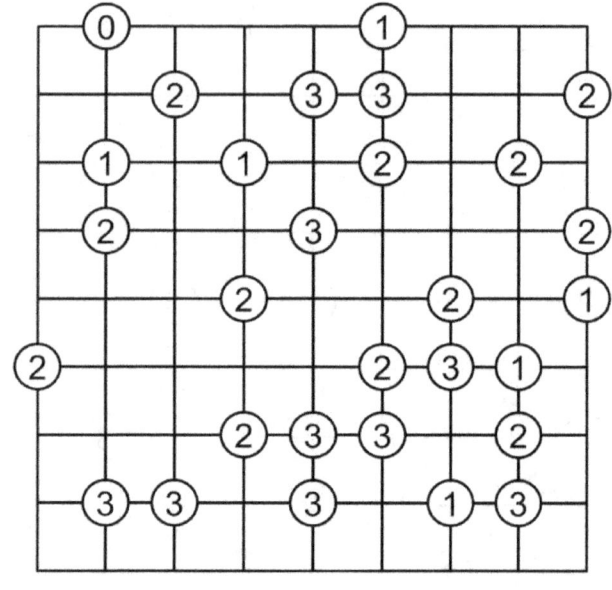

Puzzle (170)

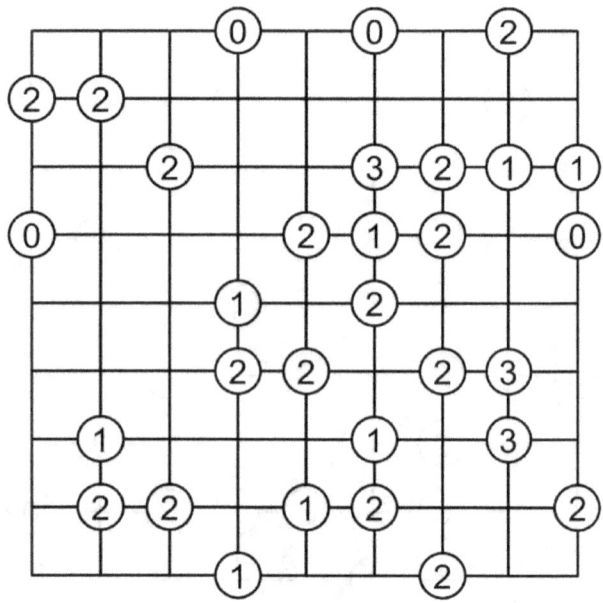

Puzzle (171)

Puzzle (172)

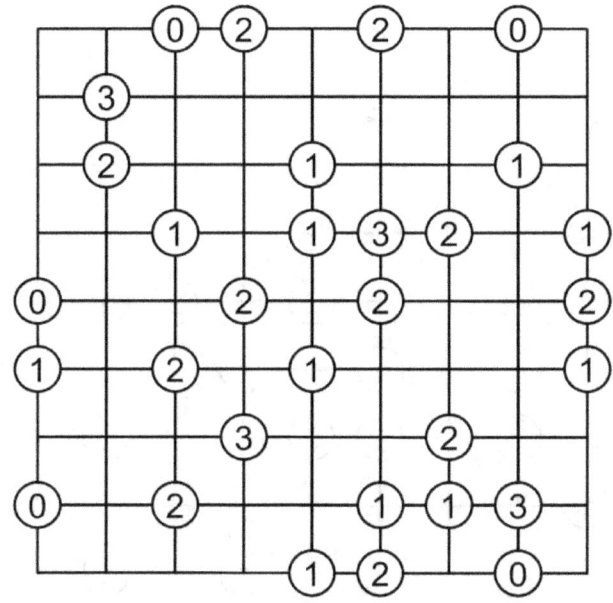

Puzzle (173)

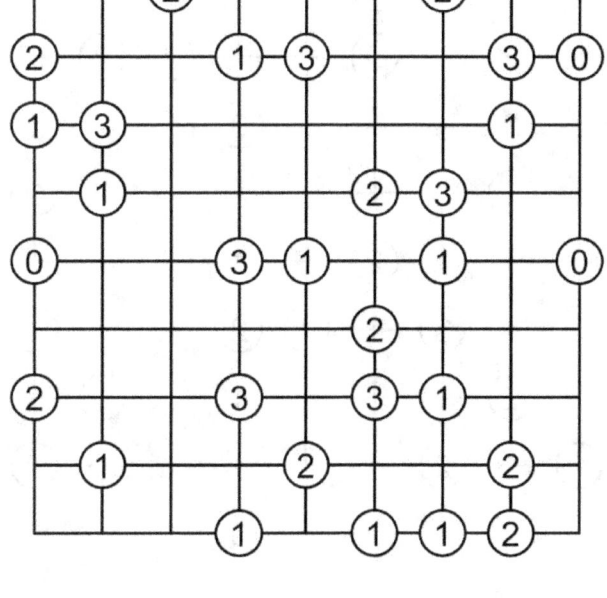

Puzzle (174)

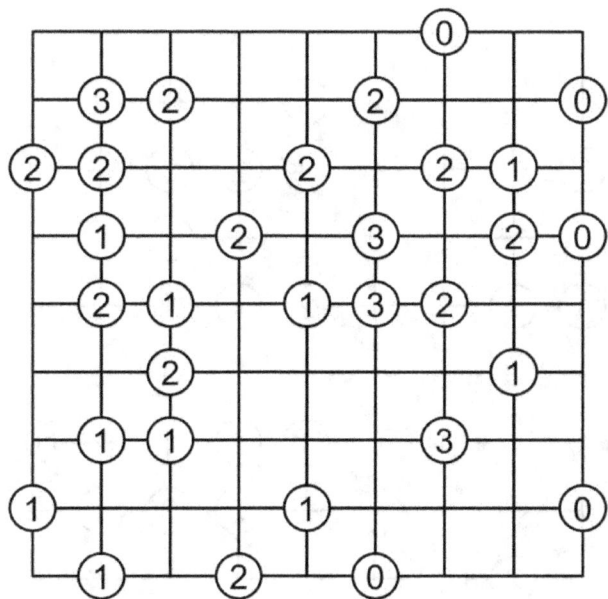

Puzzle (175)

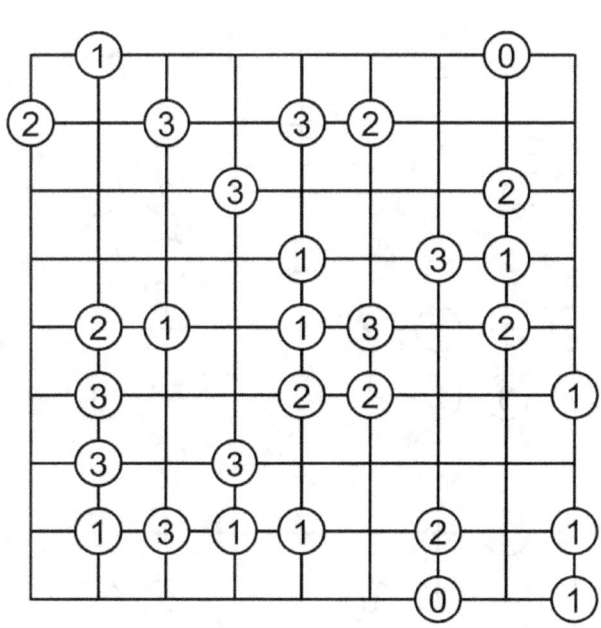

Puzzle (176)

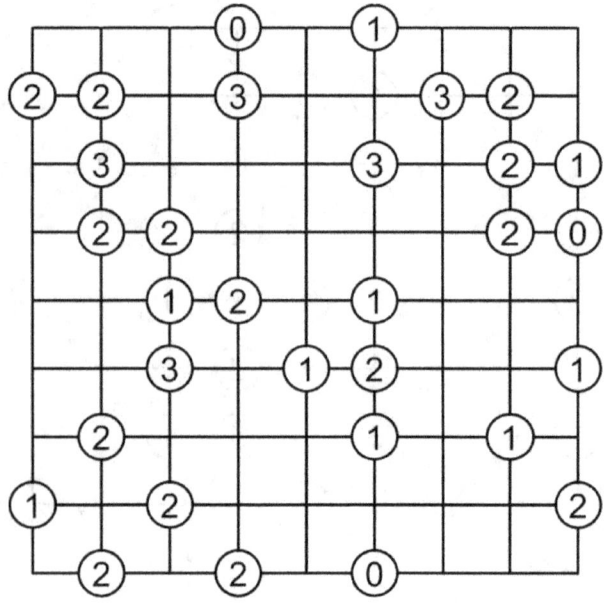

Puzzle (177)

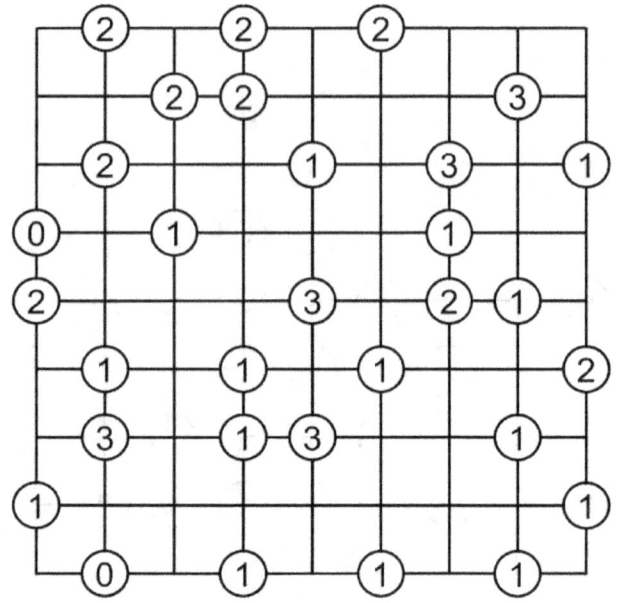

Puzzle (178)

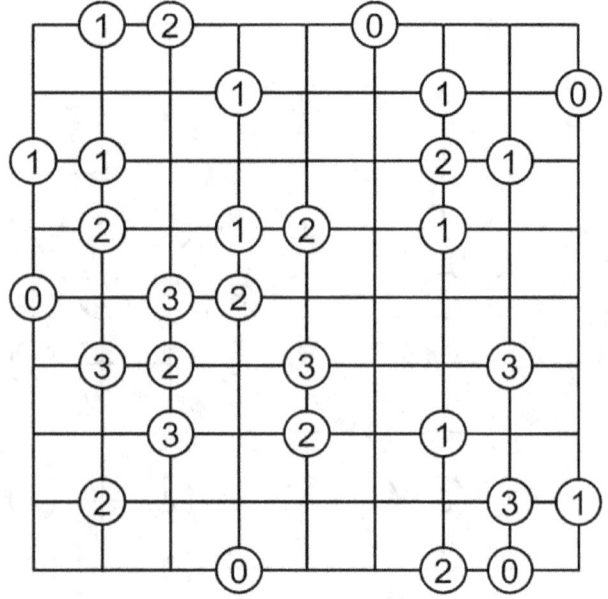

Puzzle (179)

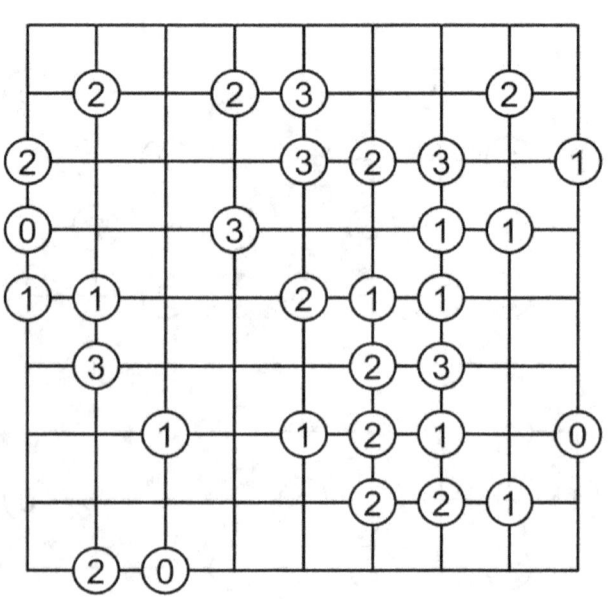

Puzzle (180)

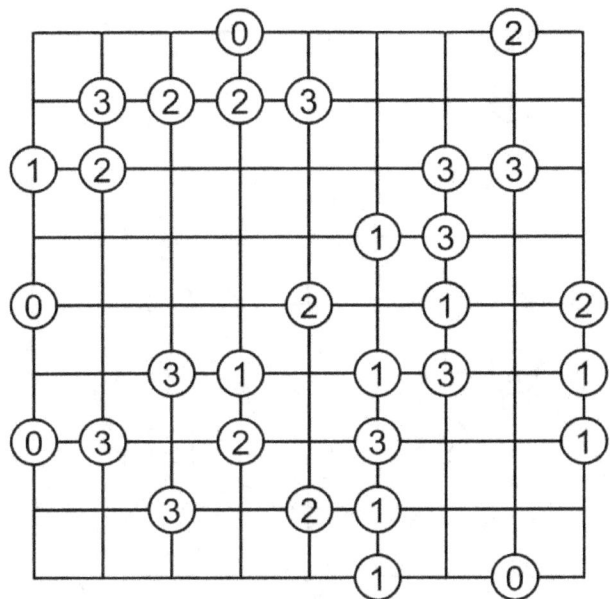

Puzzle (181)

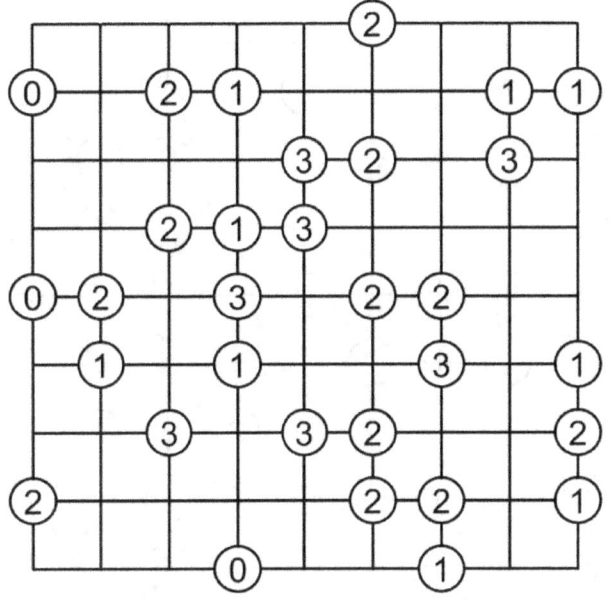

Puzzle (182)

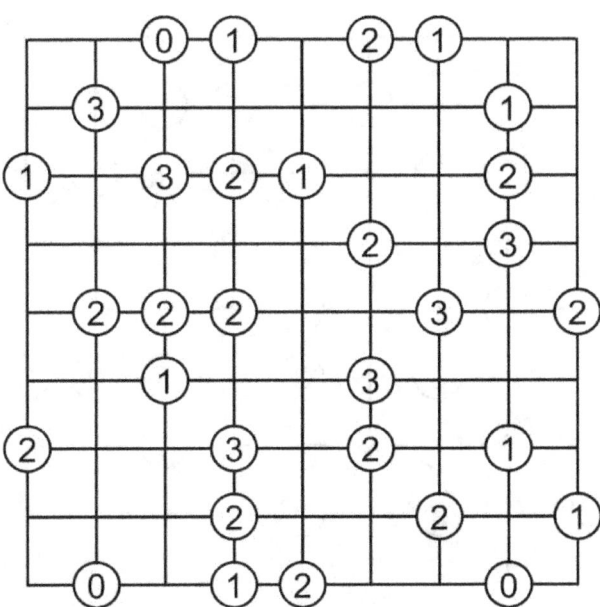

Puzzle (183)

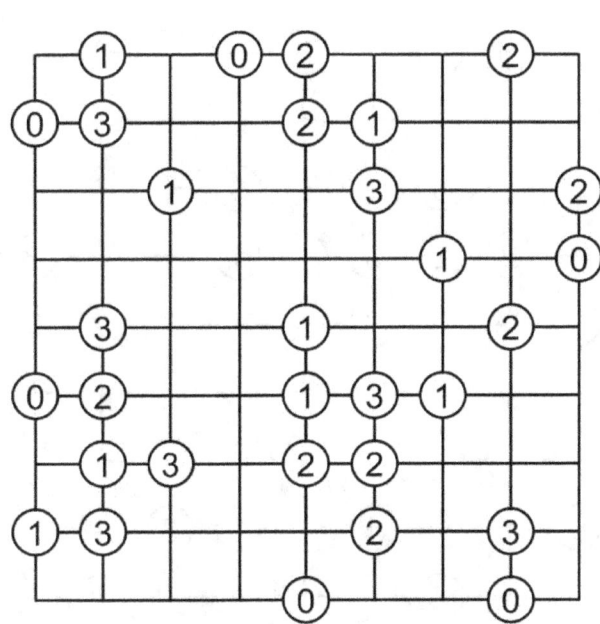

Puzzle (184)

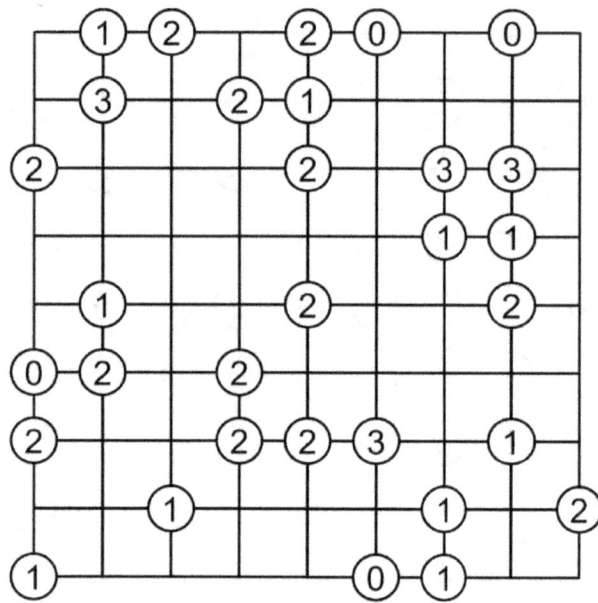

Puzzle (185)

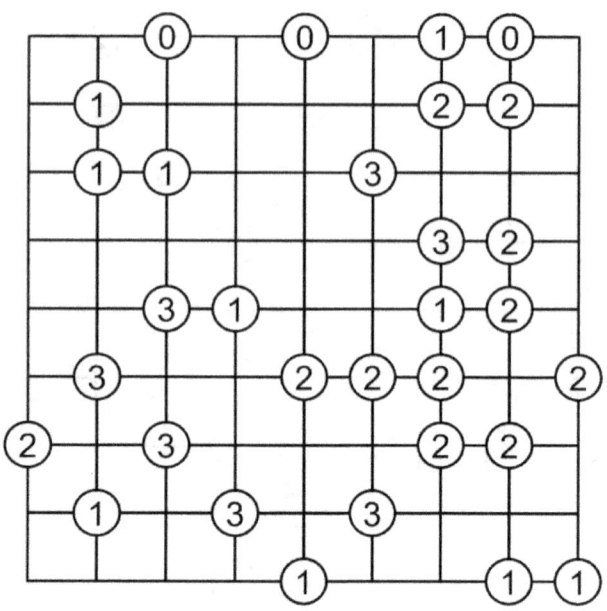

Puzzle (186)

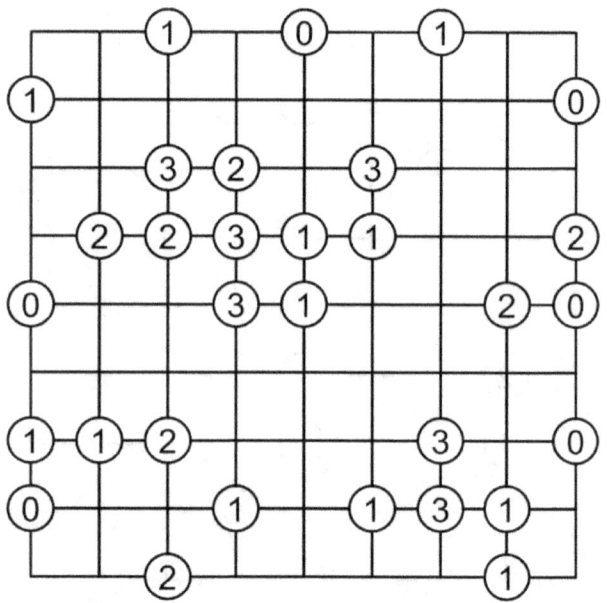

Puzzle (187)

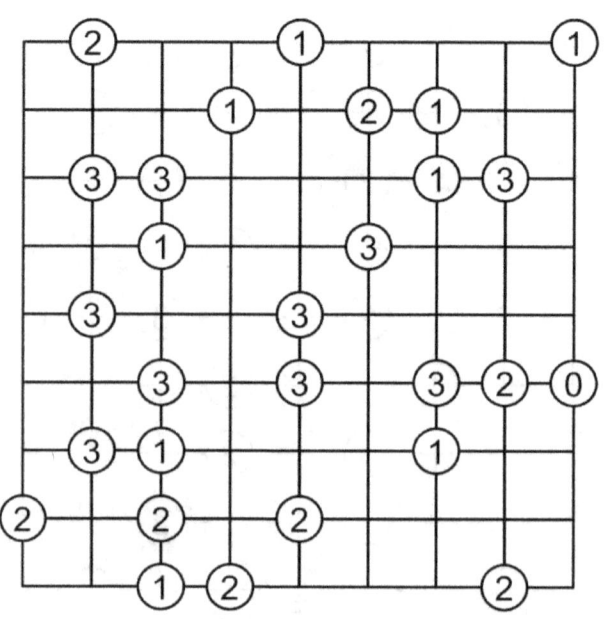

Puzzle (188)

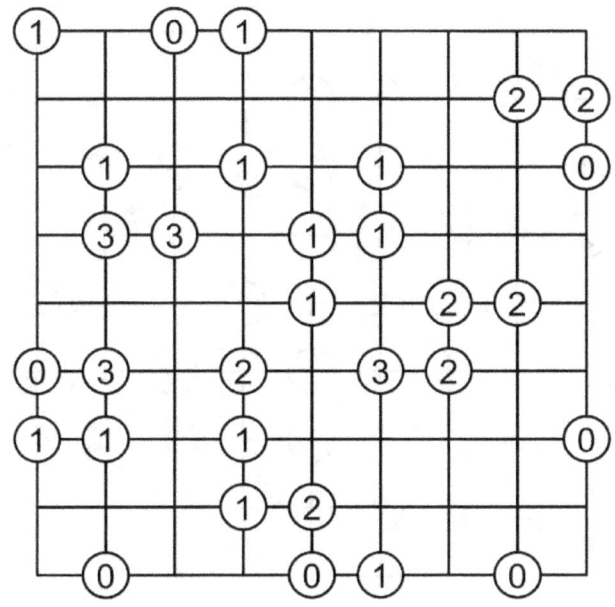

Puzzle (189)

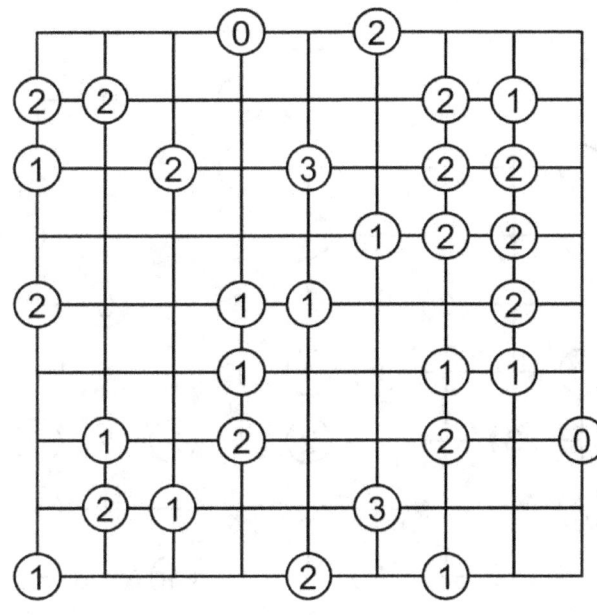

Puzzle (190)

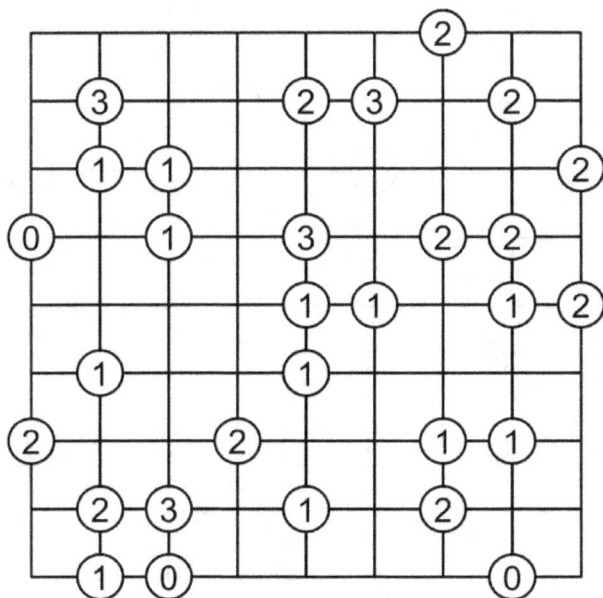

Puzzle (191)

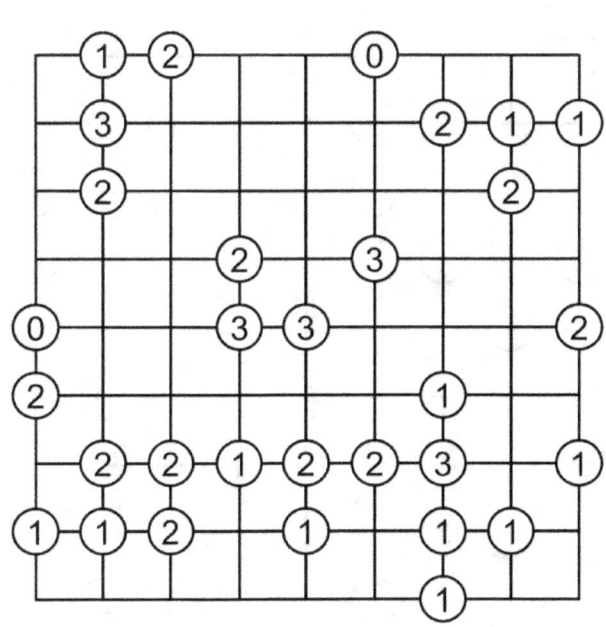

Puzzle (192)

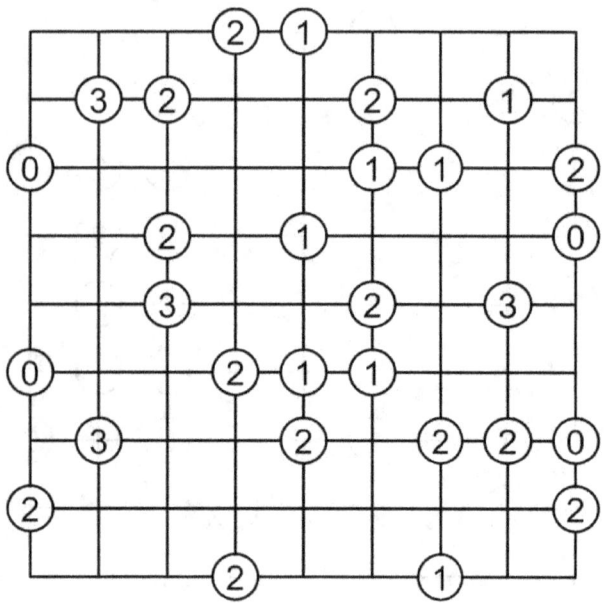

Puzzle (193)

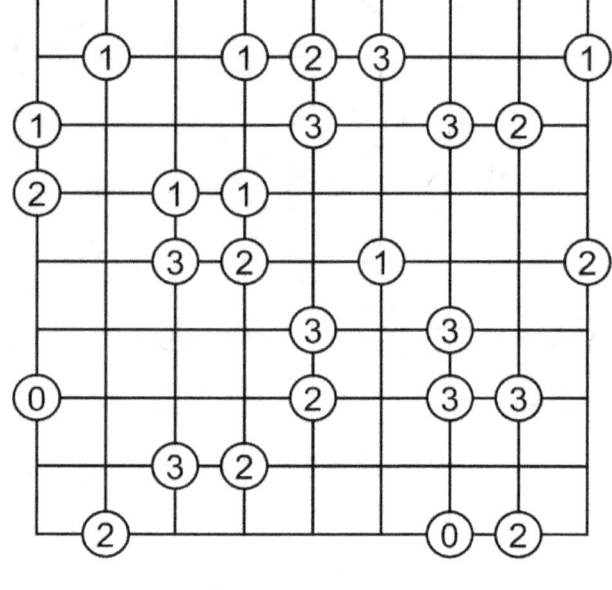

Puzzle (194)

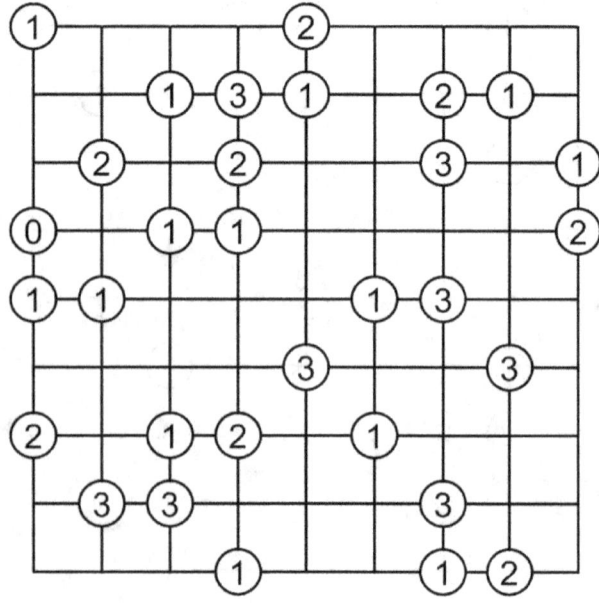

Puzzle (195)

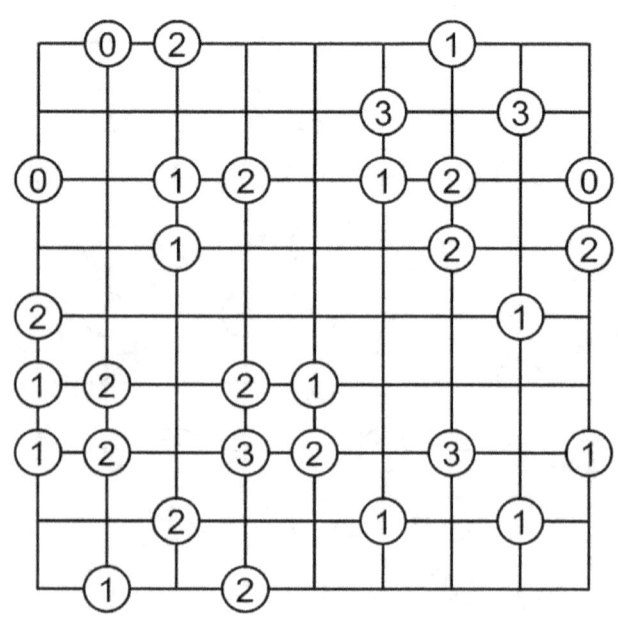

Puzzle (196)

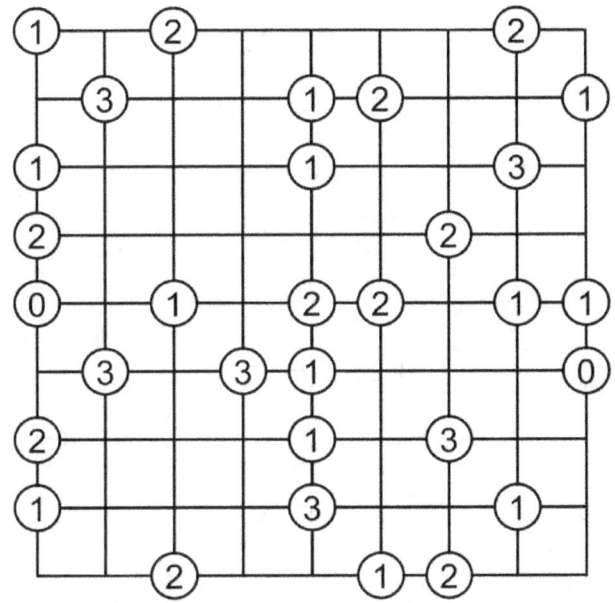

Puzzle (197)

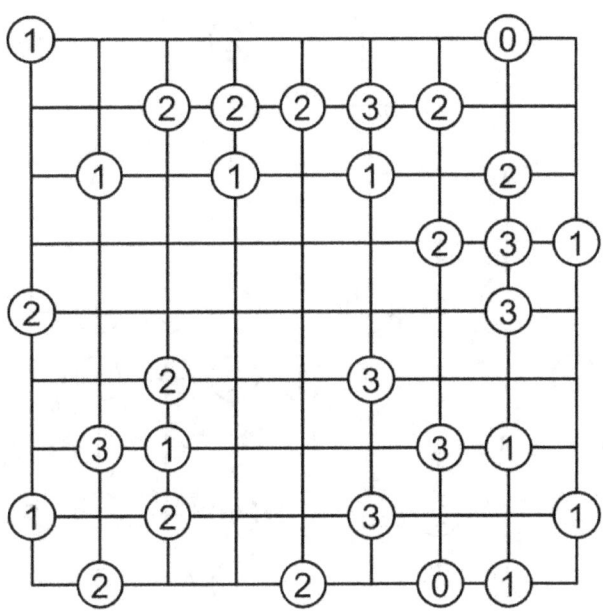

Puzzle (198)

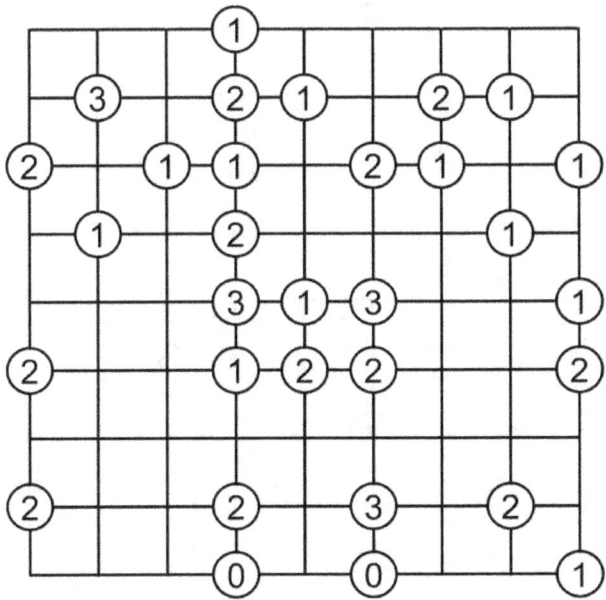

Puzzle (199)

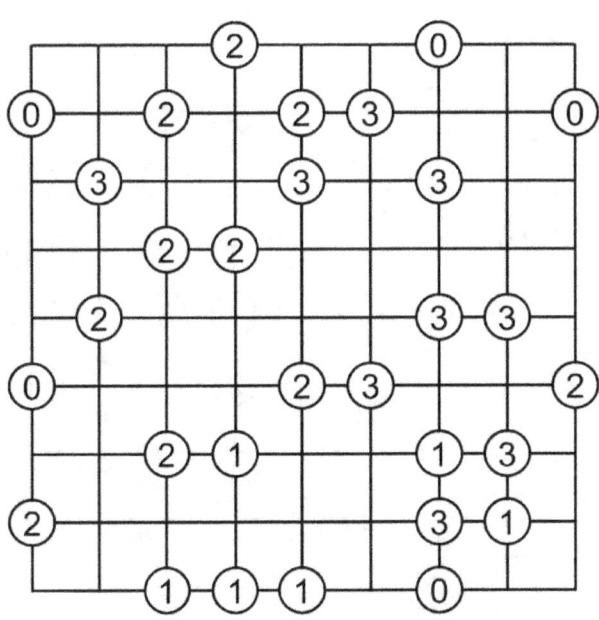

Puzzle (200)

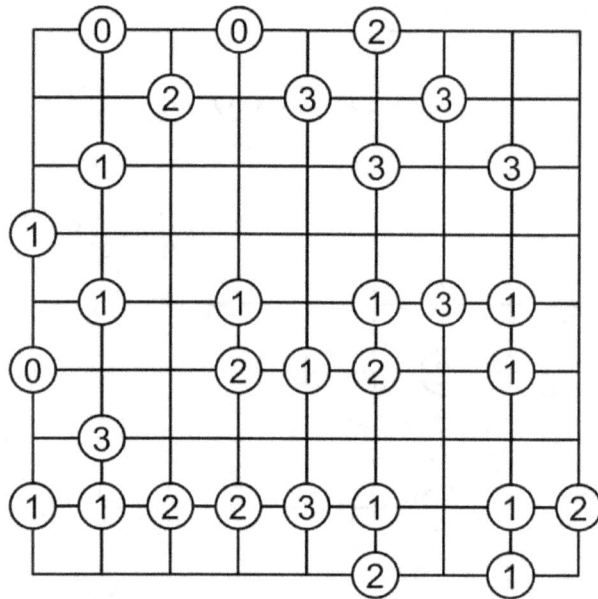

Puzzle (201)

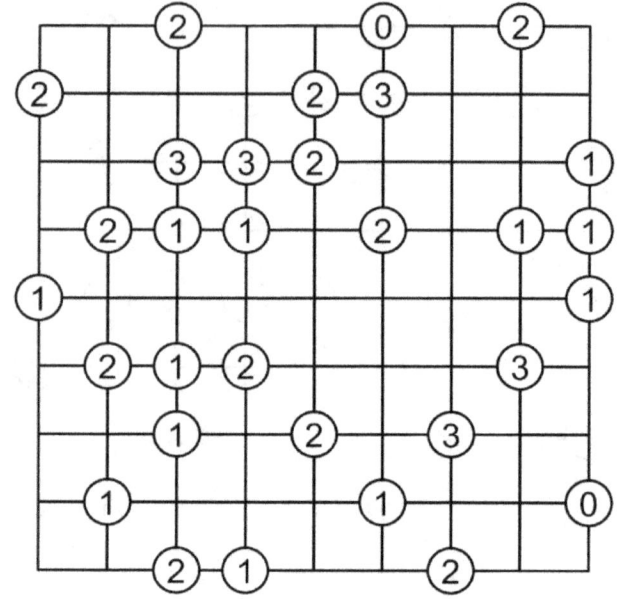

Puzzle (202)

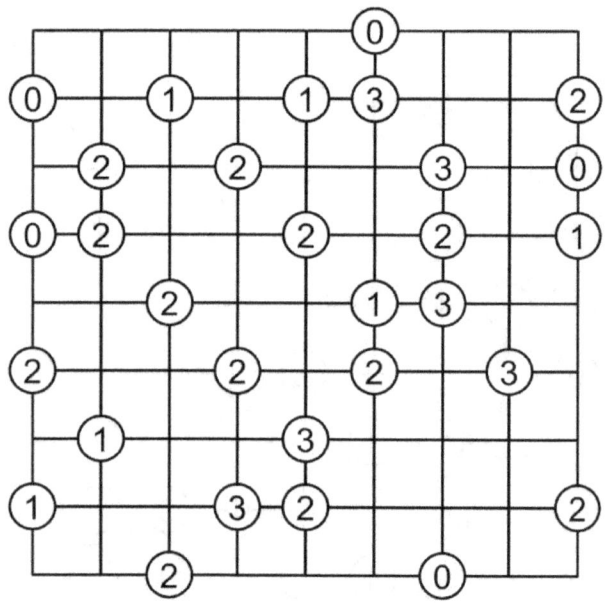

Puzzle (203)

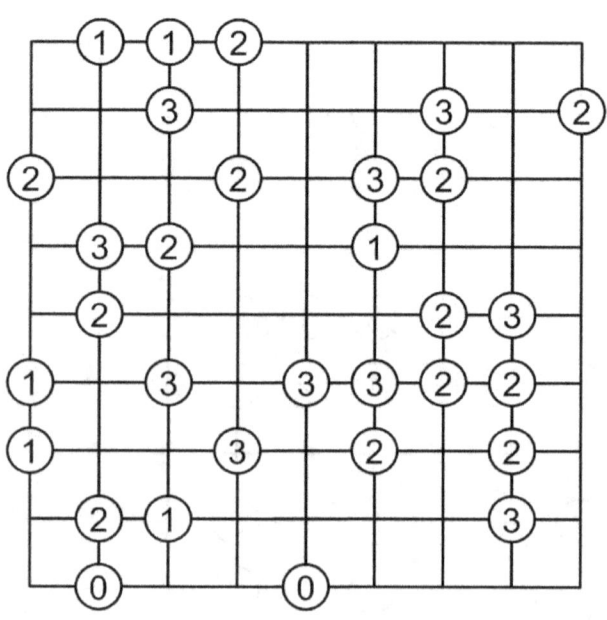

Puzzle (204)

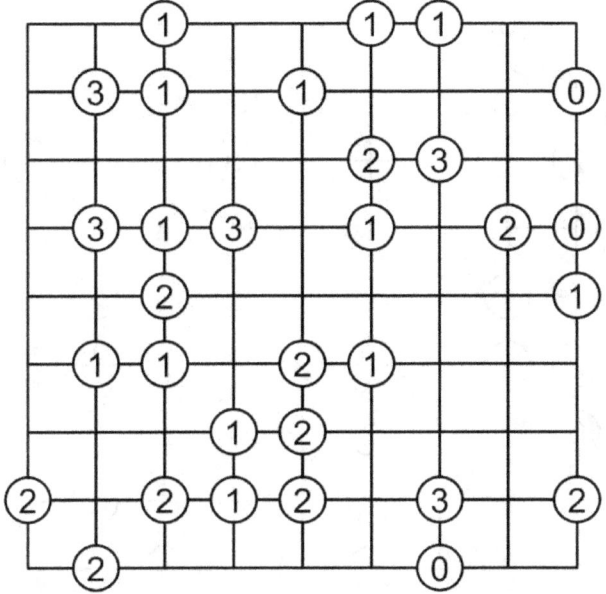

Puzzle (205)

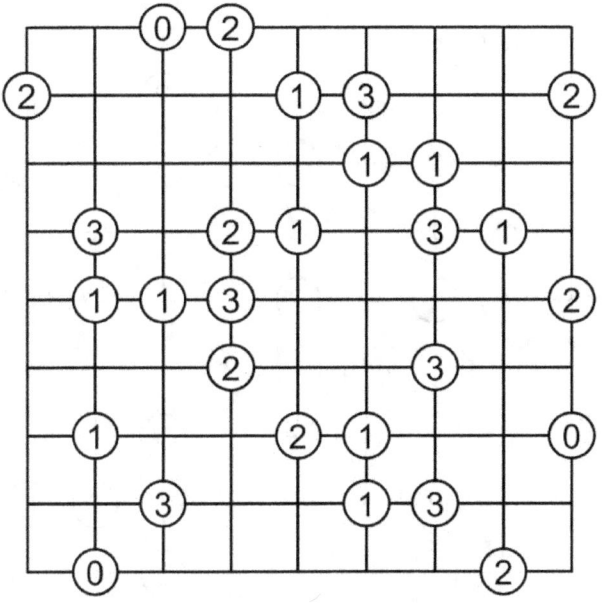

Puzzle (206)

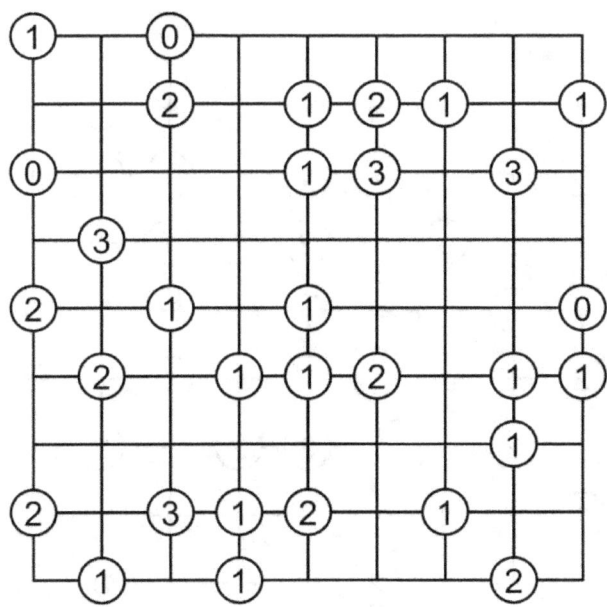

Puzzle (207)

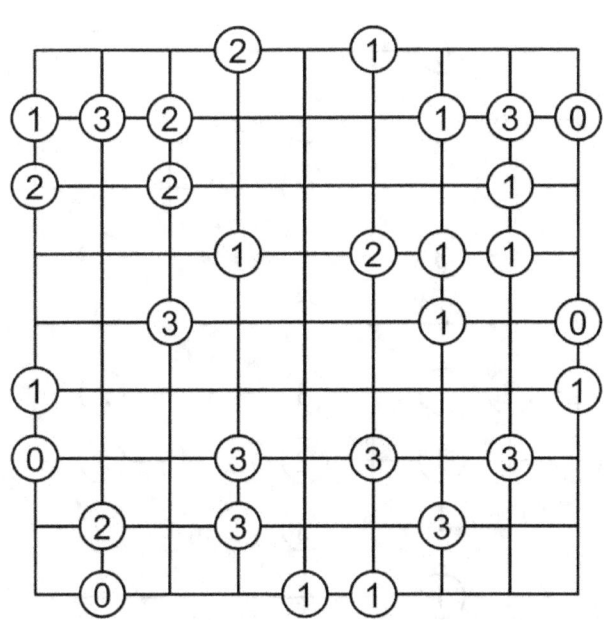

Puzzle (208)

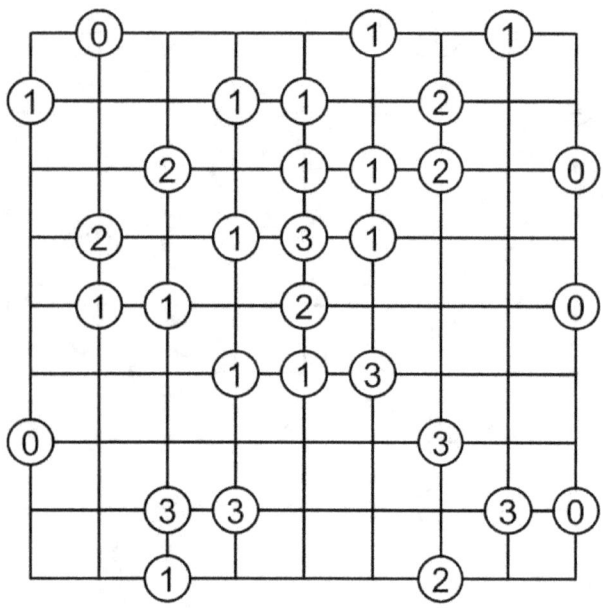

Puzzle (209)

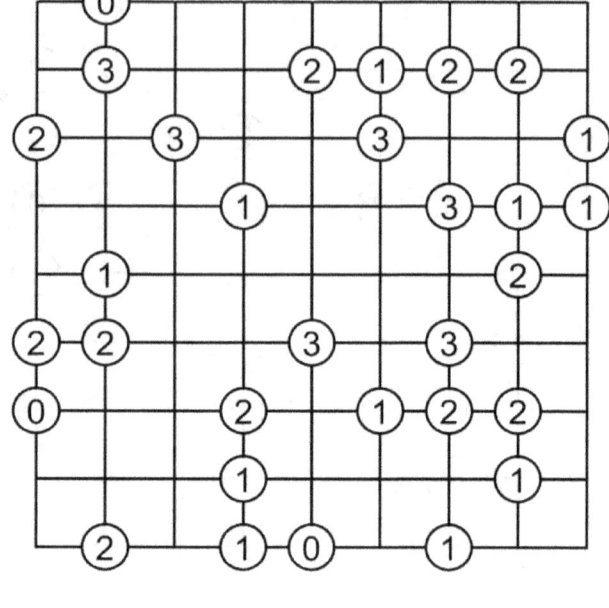

Puzzle (210)

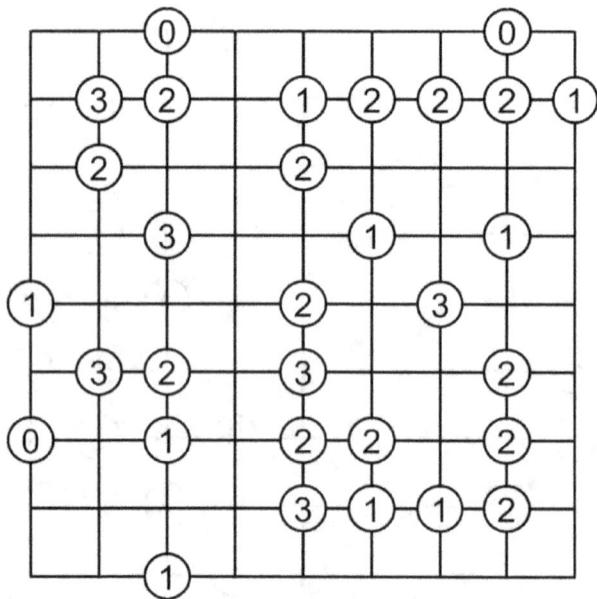

Puzzle (211)

Puzzle (212)

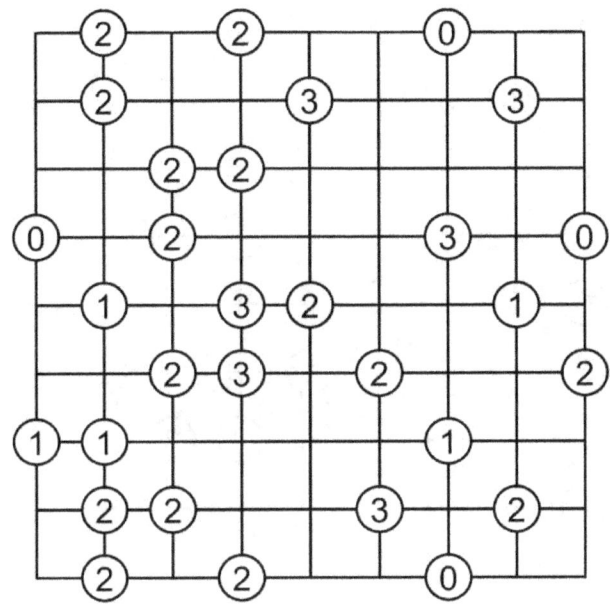

Puzzle (213)

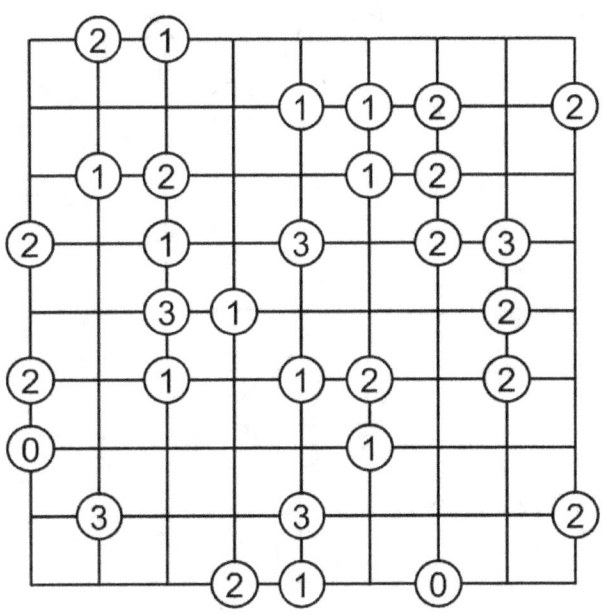

Puzzle (214)

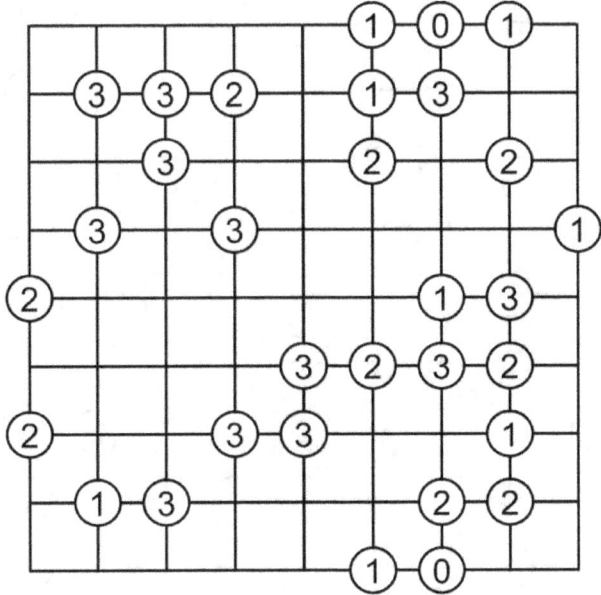

Puzzle (215)

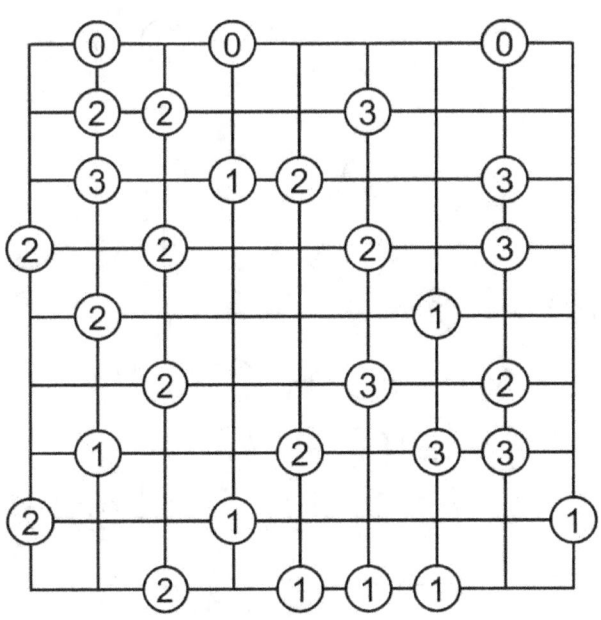

Puzzle (216)

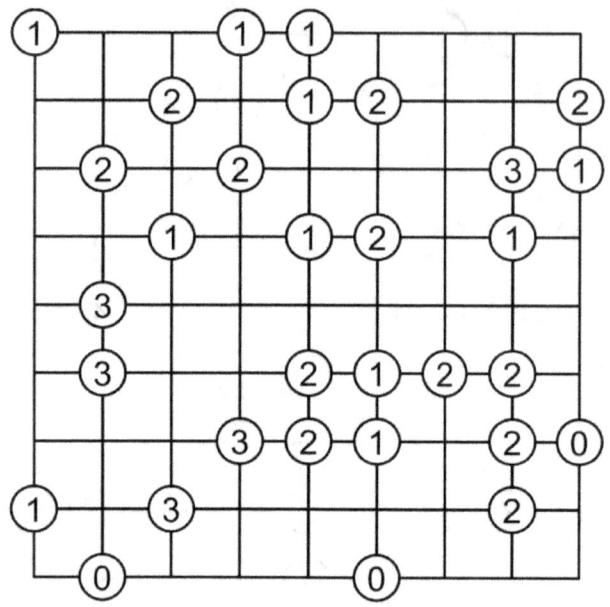

Puzzle (217)

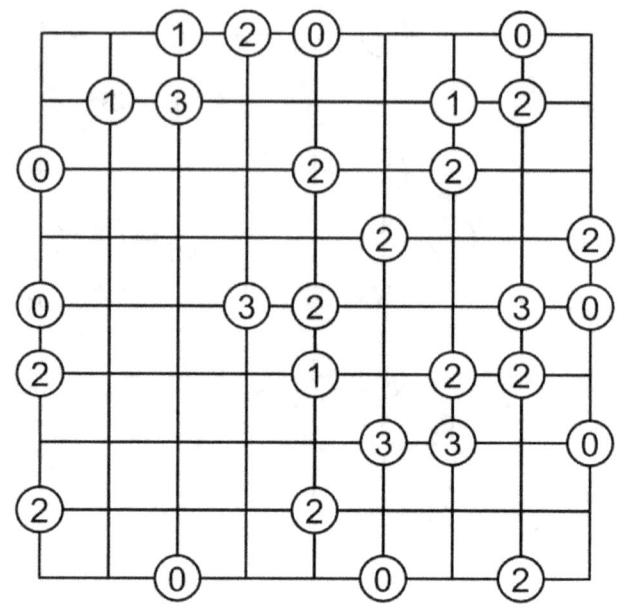

Puzzle (218)

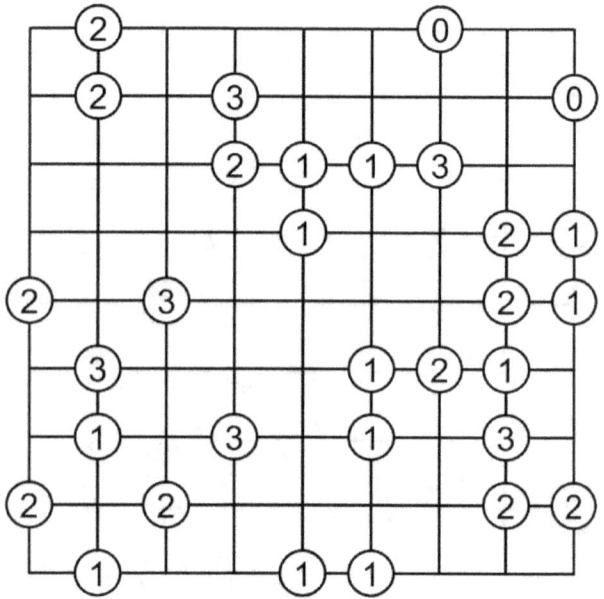

Puzzle (219)

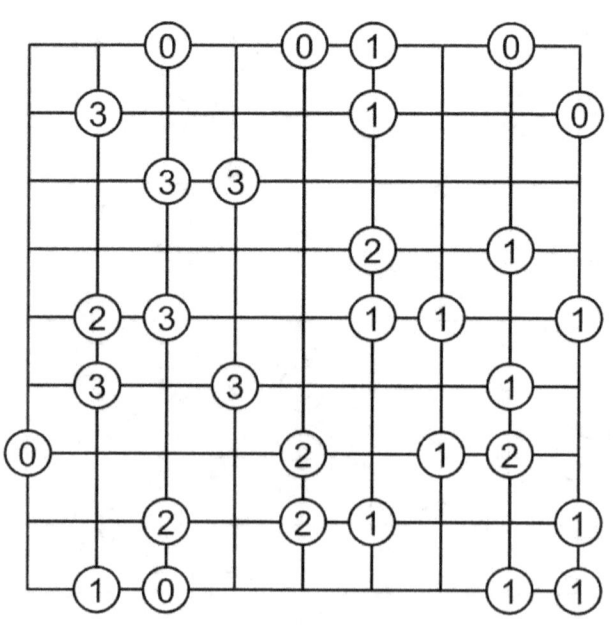

Puzzle (220)

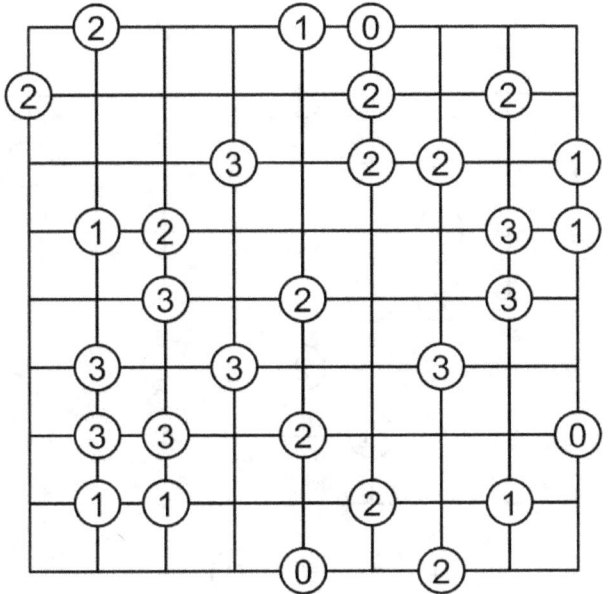

Puzzle (221)

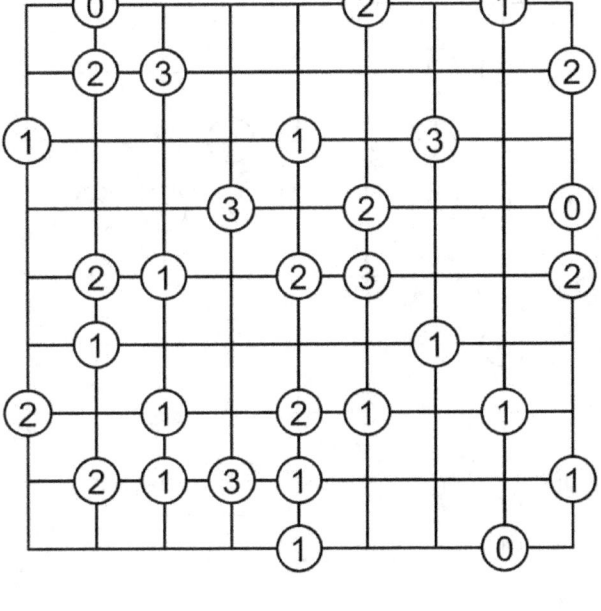

Puzzle (222)

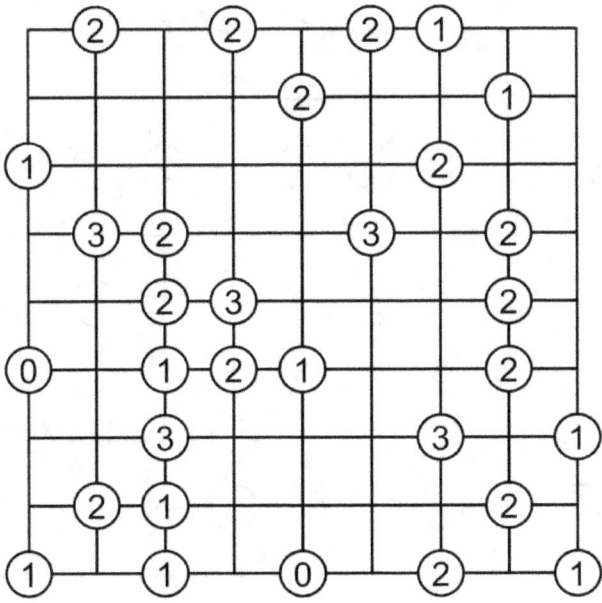

Puzzle (223)

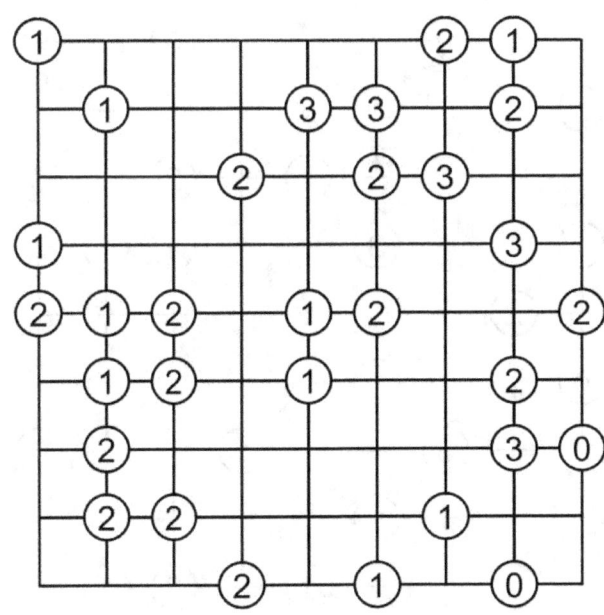

Puzzle (224)

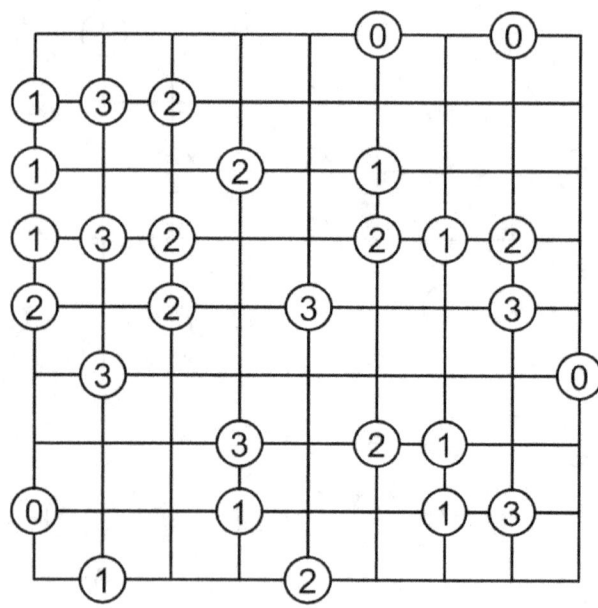

Puzzle (225)

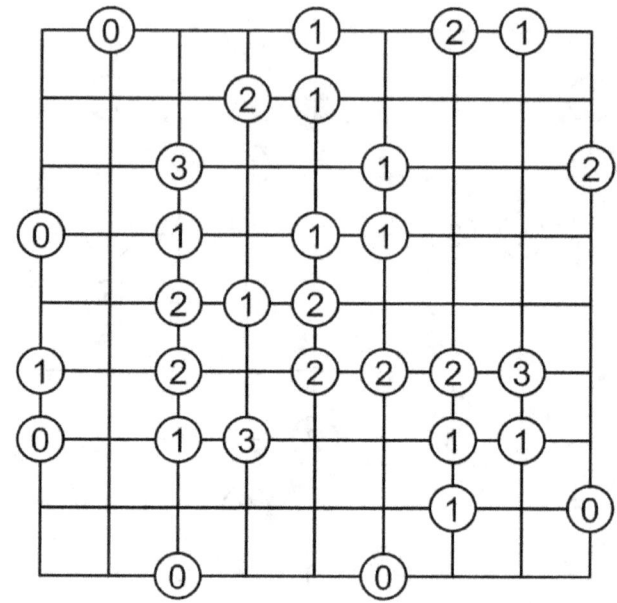

Puzzle (226)

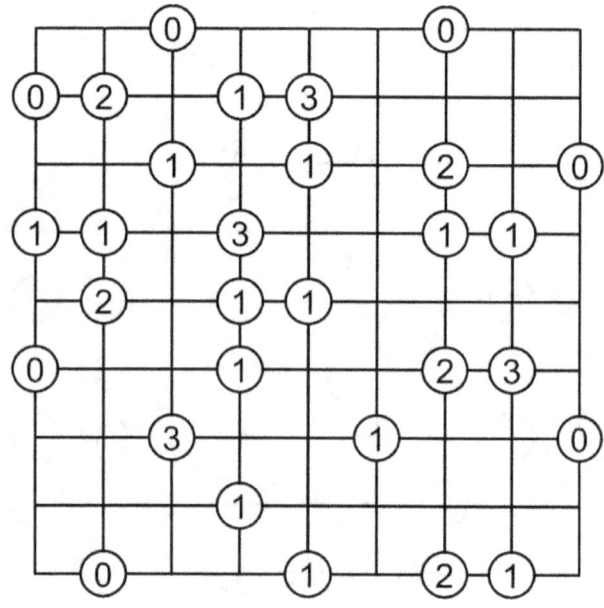

Puzzle (227)

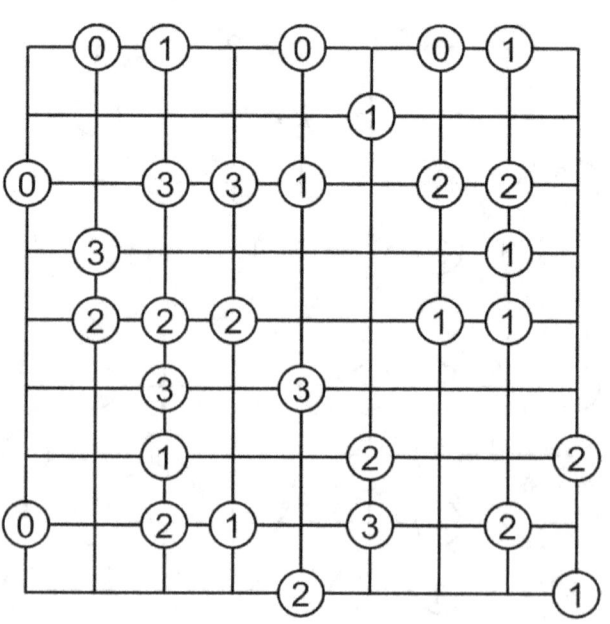

Puzzle (228)

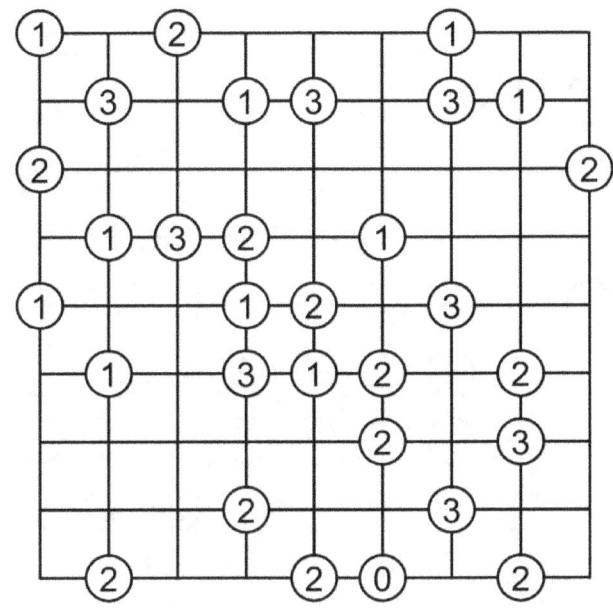

Puzzle (229)

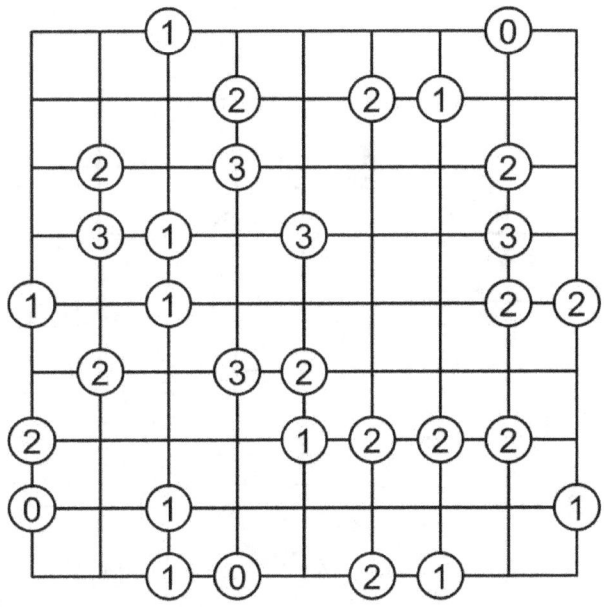

Puzzle (230)

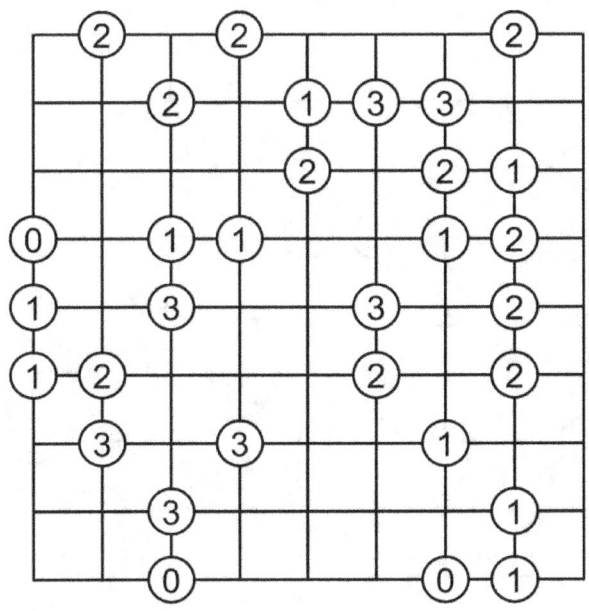

Puzzle (231)

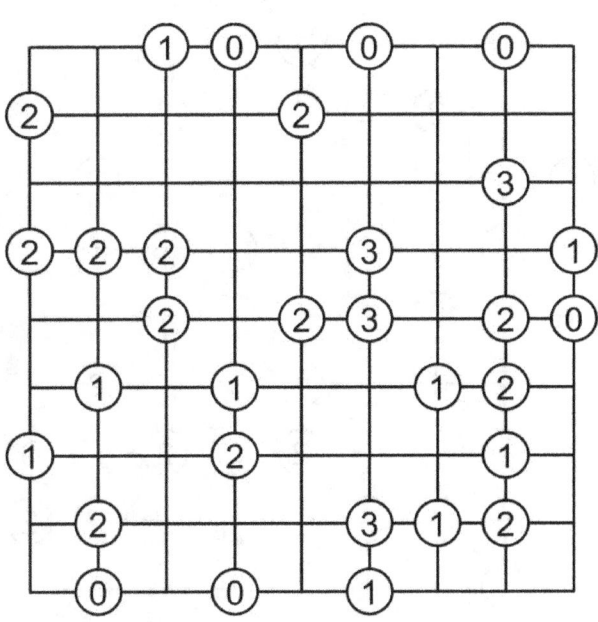

Puzzle (232)

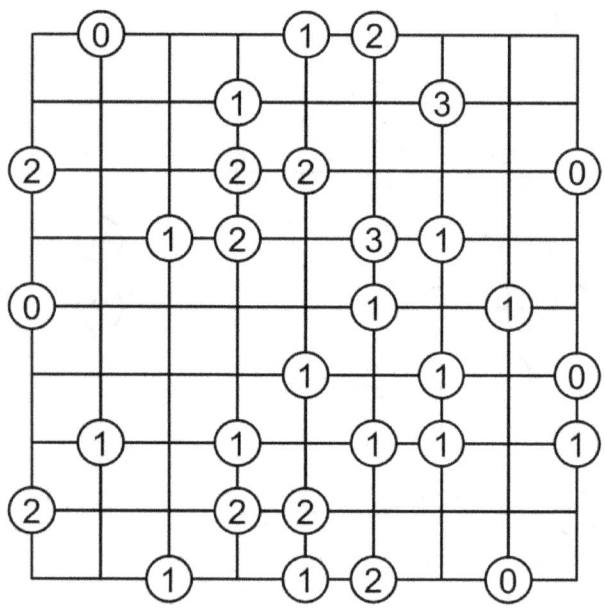

Puzzle (233)

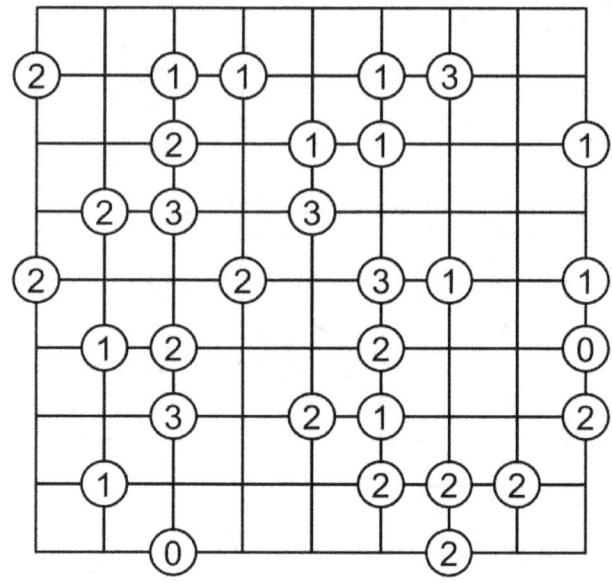

Puzzle (234)

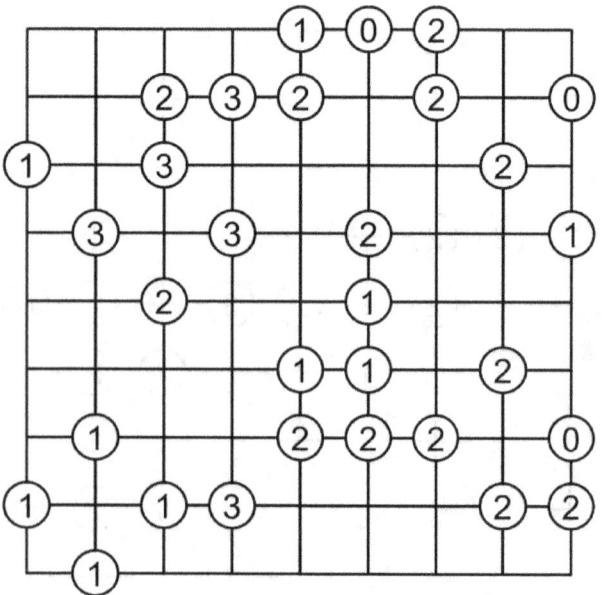

Puzzle (235)

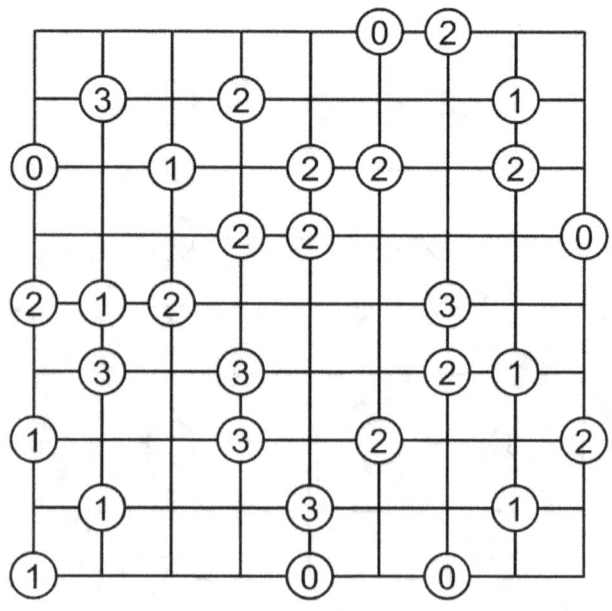

Puzzle (236)

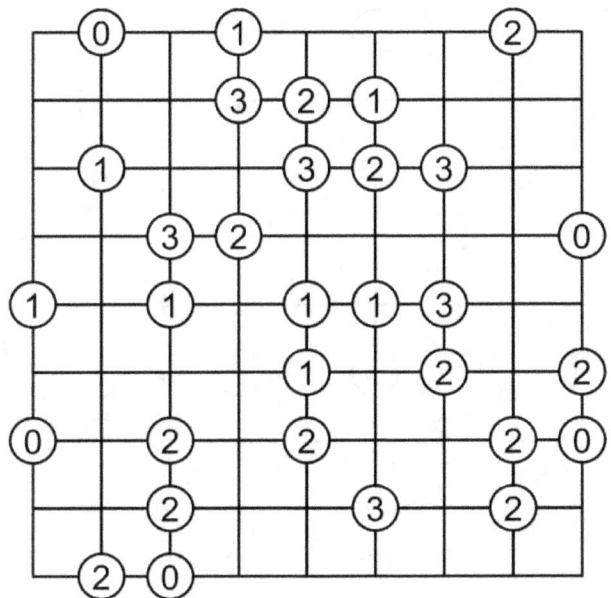

Puzzle (237)

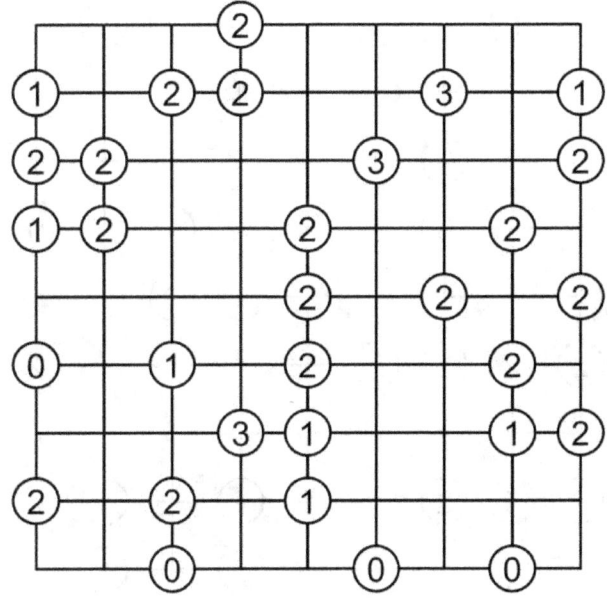

Puzzle (238)

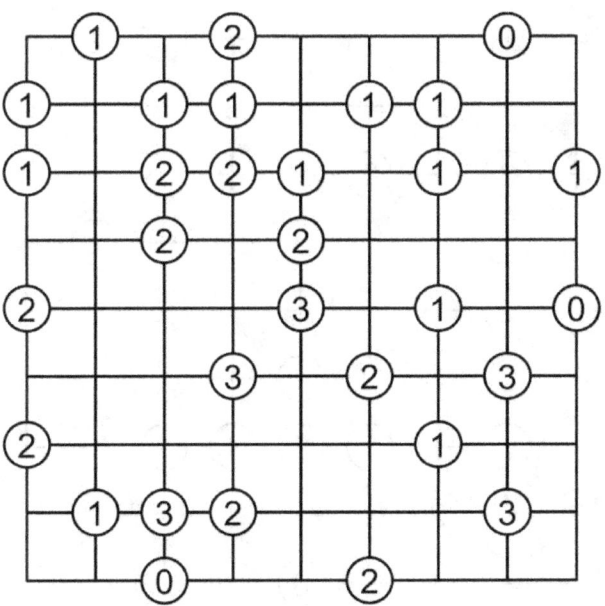

Puzzle (239)

Puzzle (240)

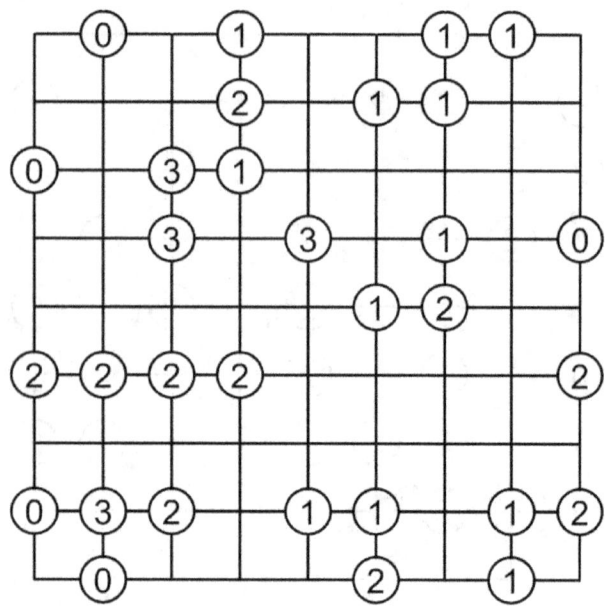

Puzzle (241)

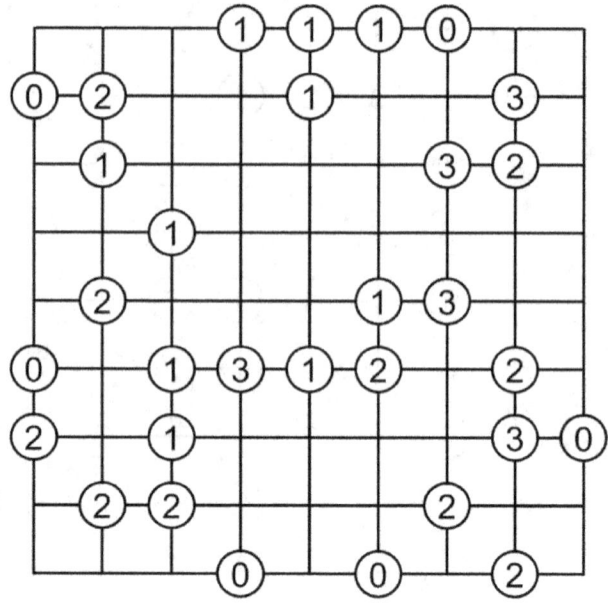

Puzzle (242)

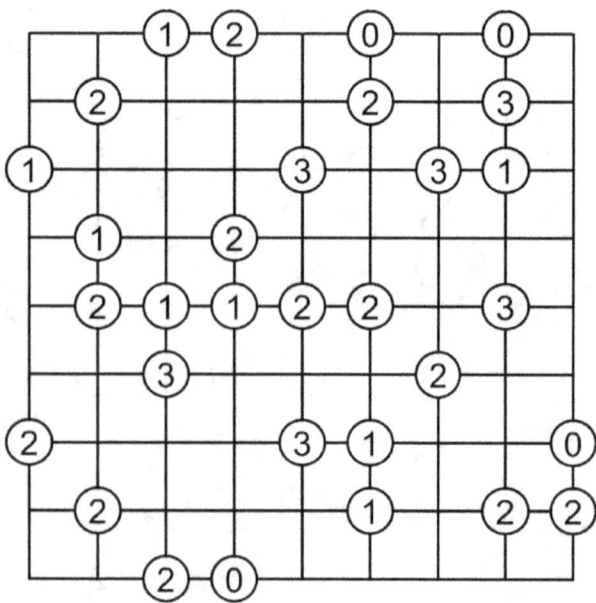

Puzzle (243)

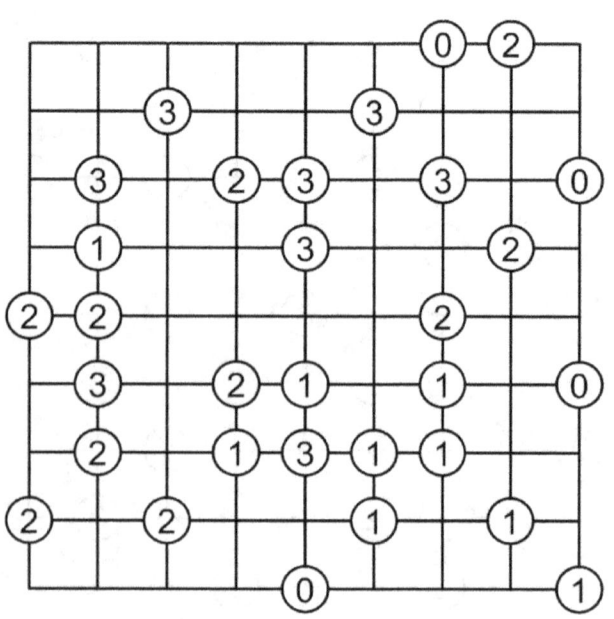

Puzzle (244)

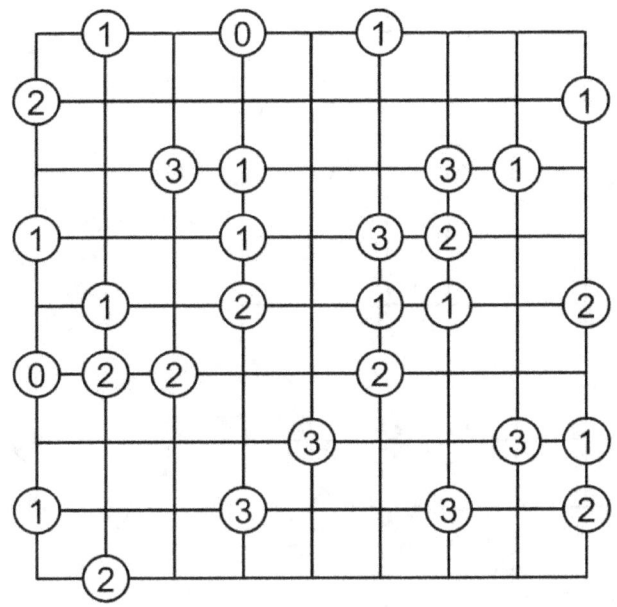

Puzzle (245)

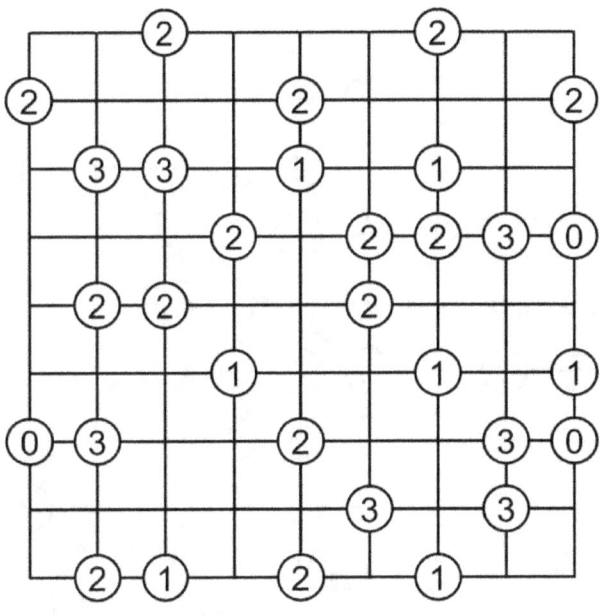

Puzzle (246)

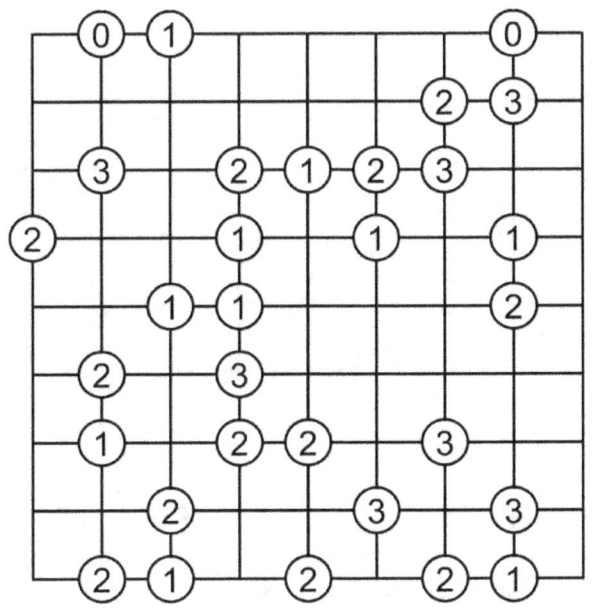

Puzzle (247)

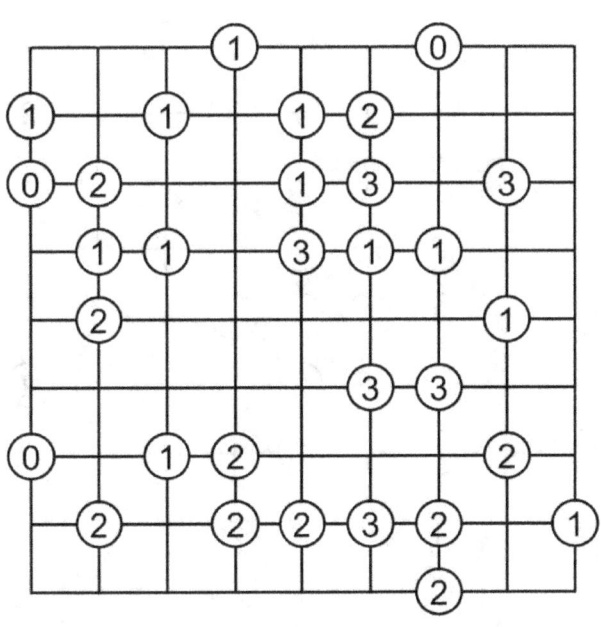

Puzzle (248)

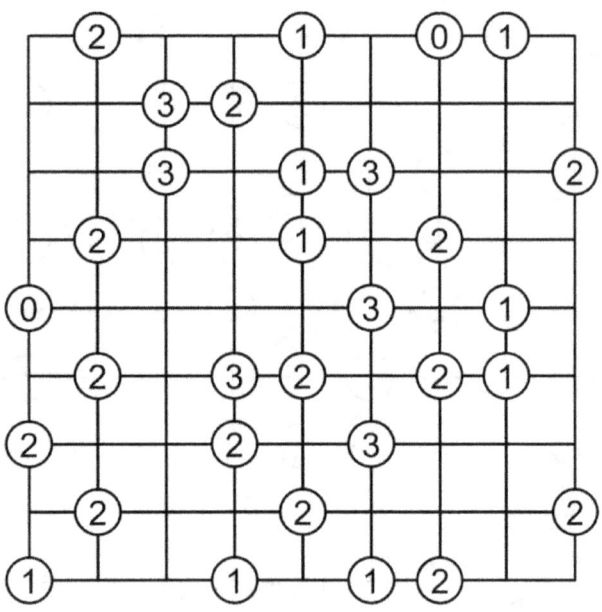

Puzzle (249)

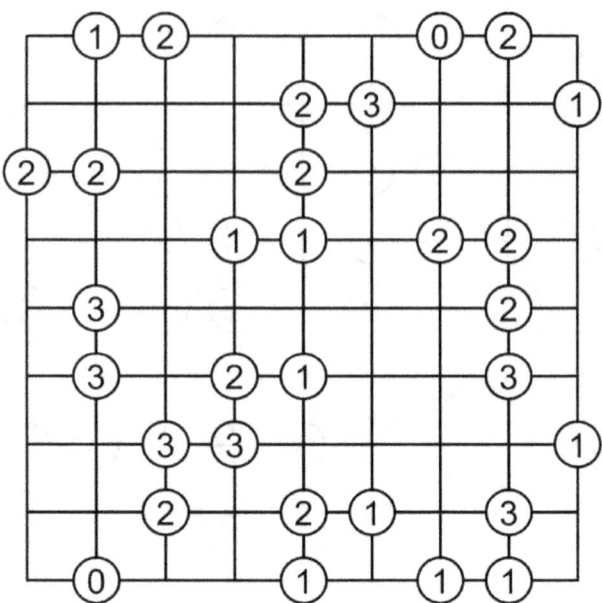

Puzzle (250)

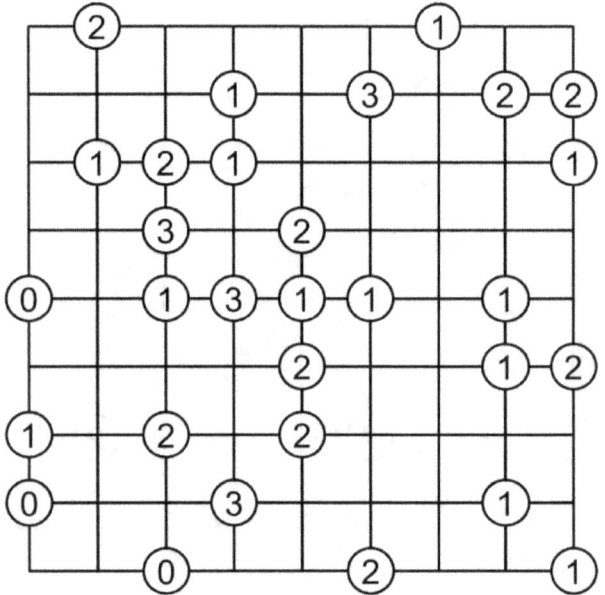

Puzzle (251)

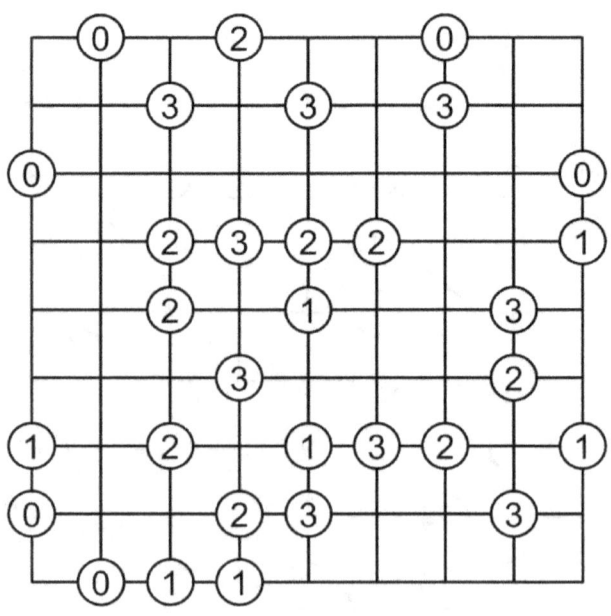

Puzzle (252)

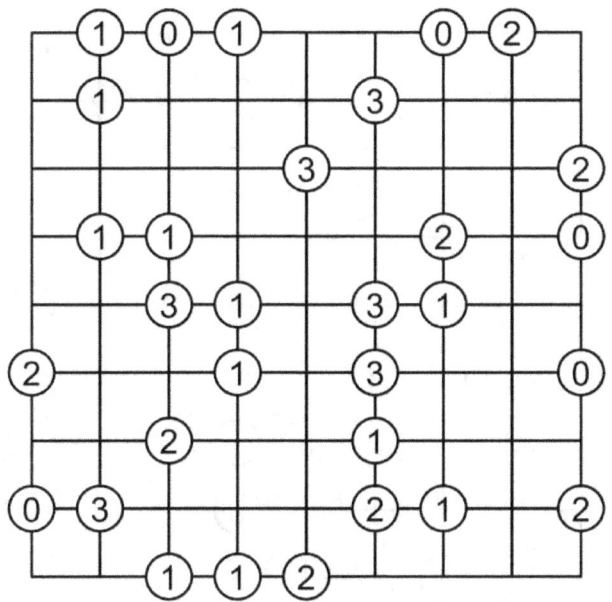

Puzzle (253)

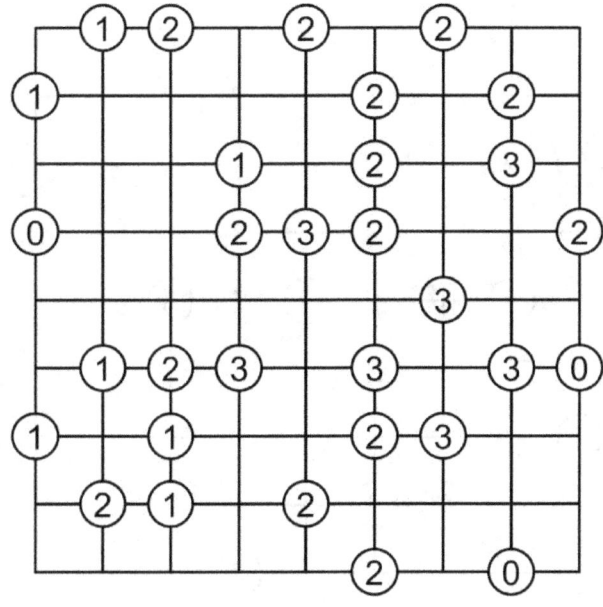

Puzzle (254)

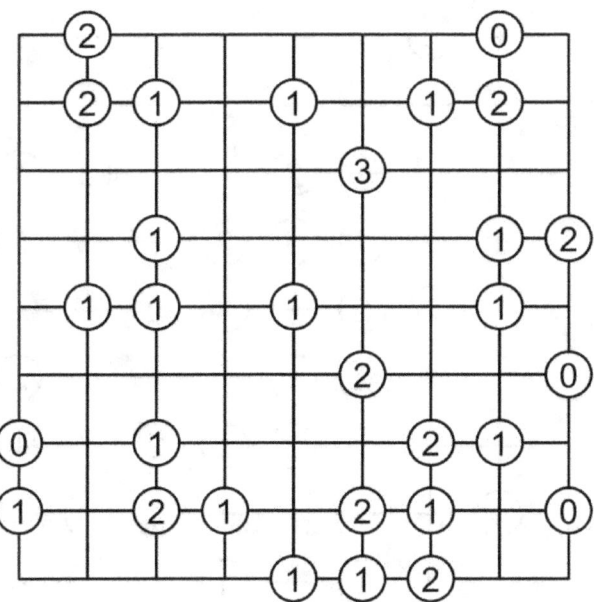

Puzzle (255)

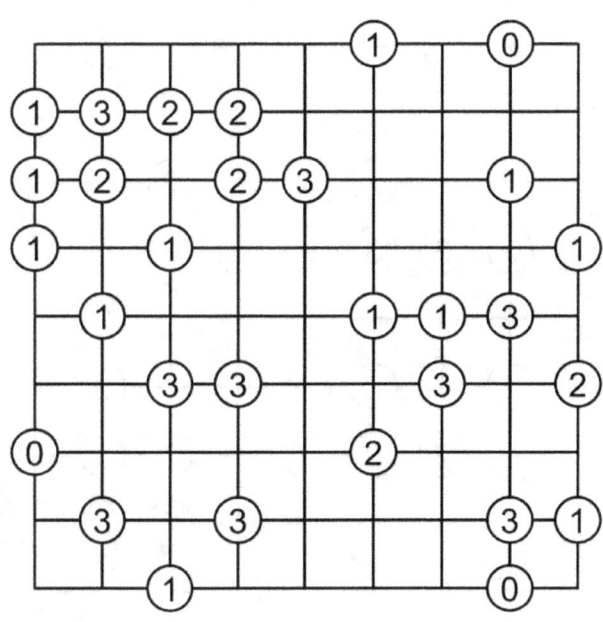

Puzzle (256)

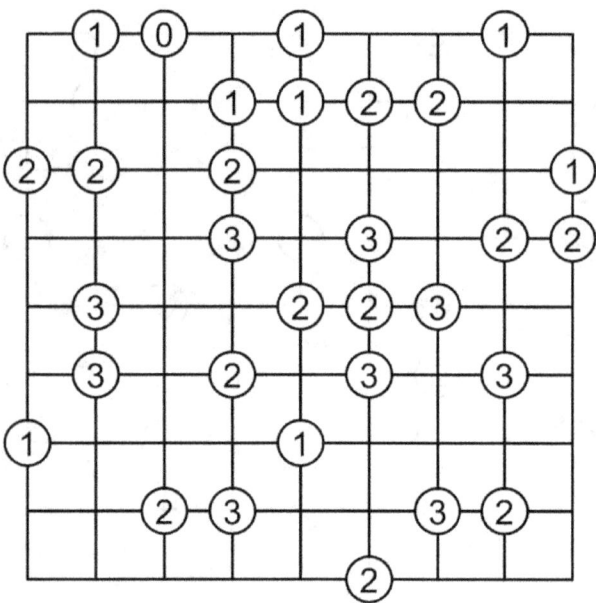

Puzzle (257)

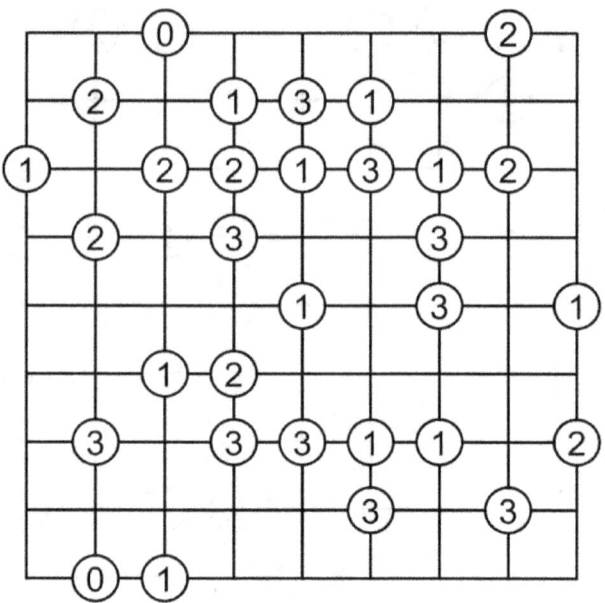

Puzzle (258)

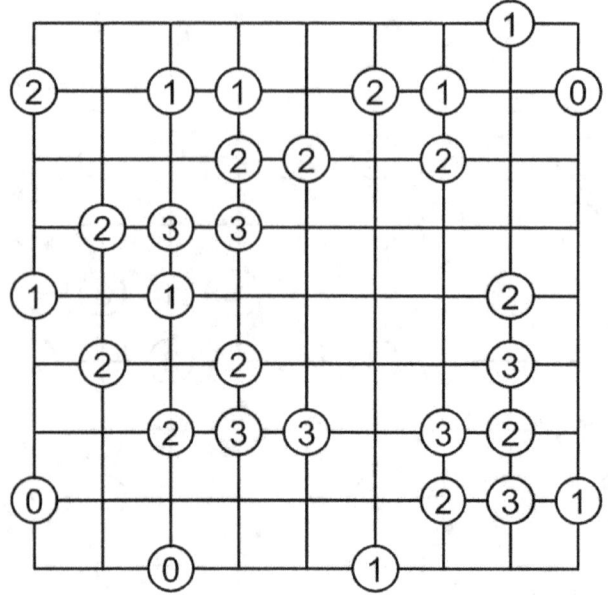

Puzzle (259)

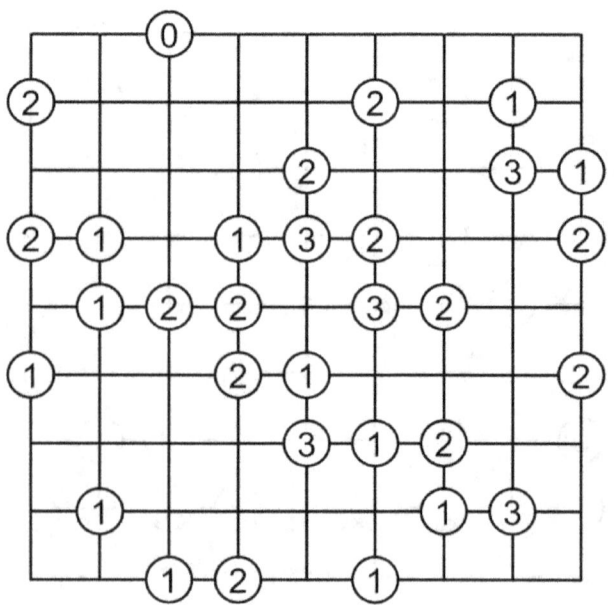

Puzzle (260)

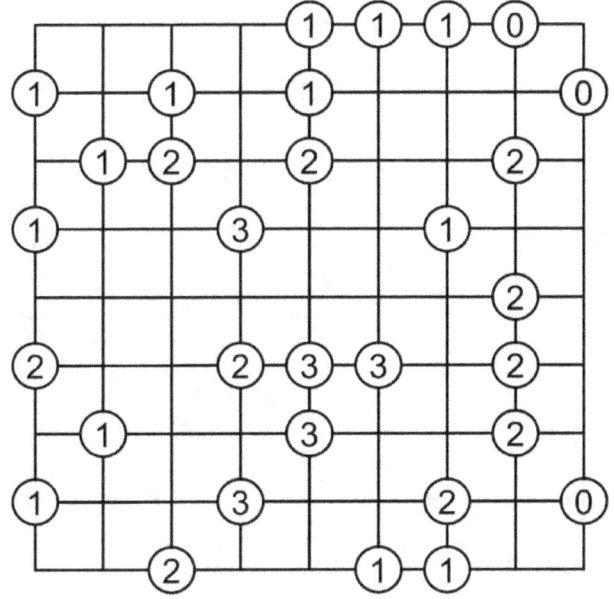

Puzzle (261)

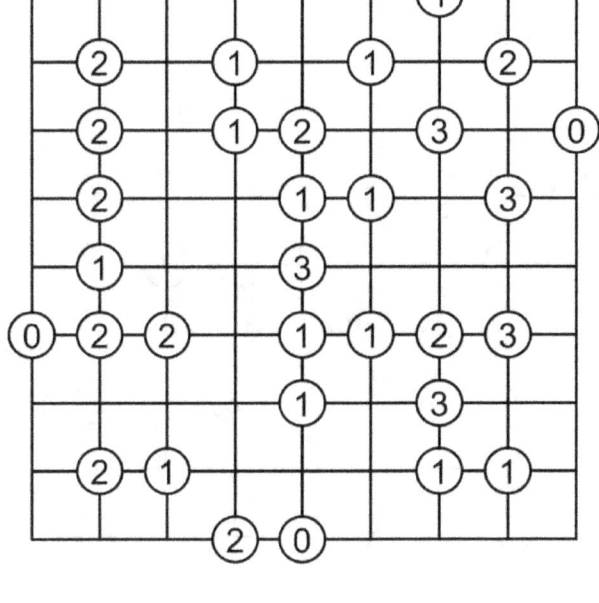

Puzzle (262)

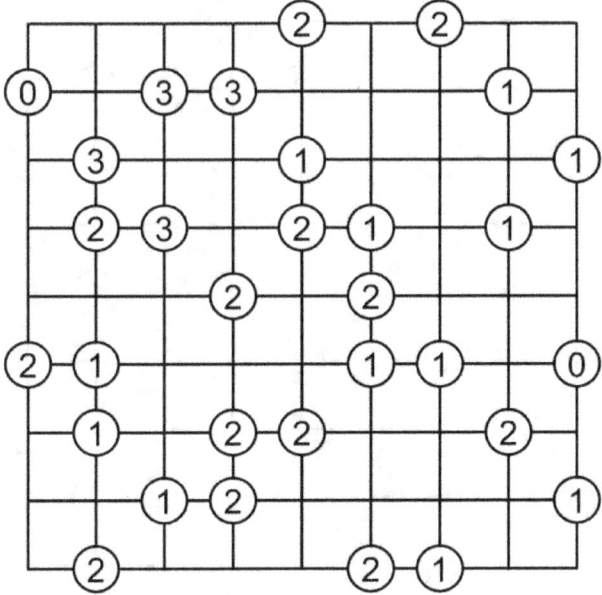

Puzzle (263)

Puzzle (264)

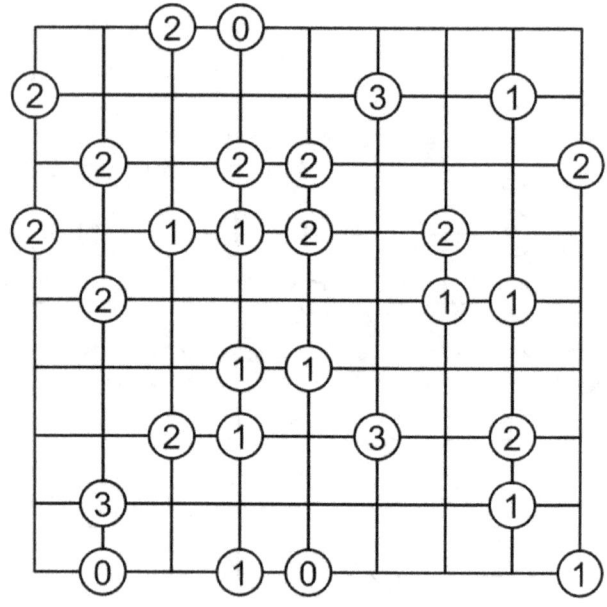

Puzzle (265)

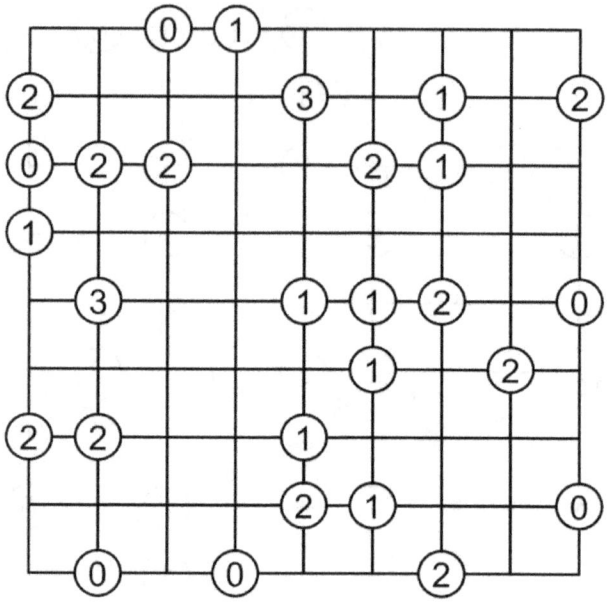

Puzzle (266)

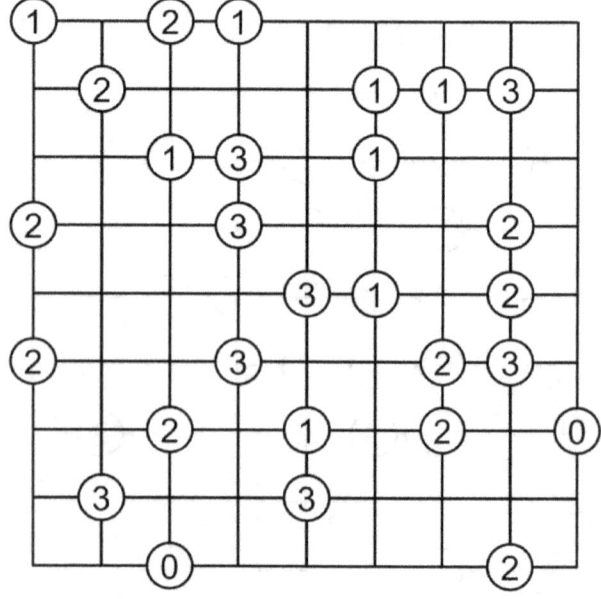

Puzzle (267)

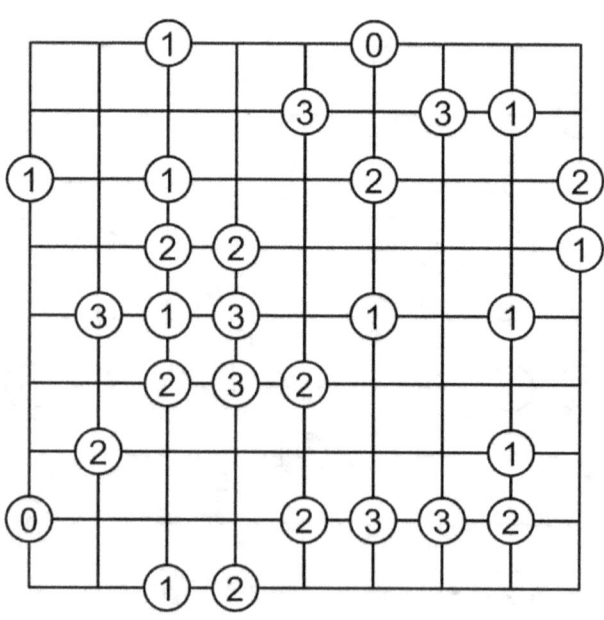

Puzzle (268)

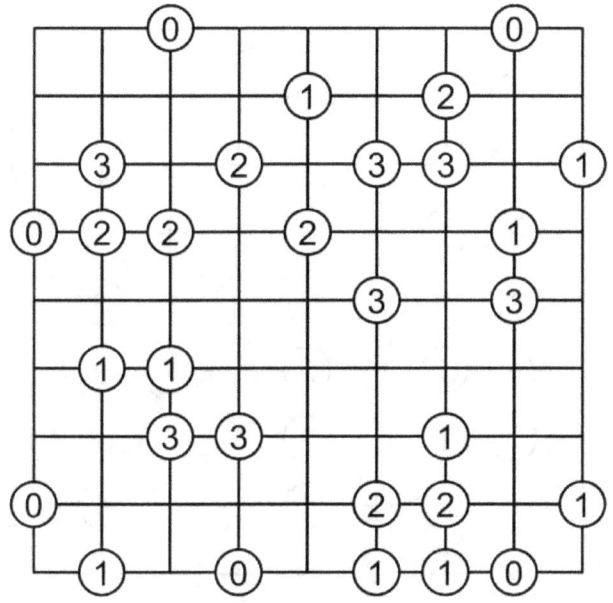

Puzzle (269)

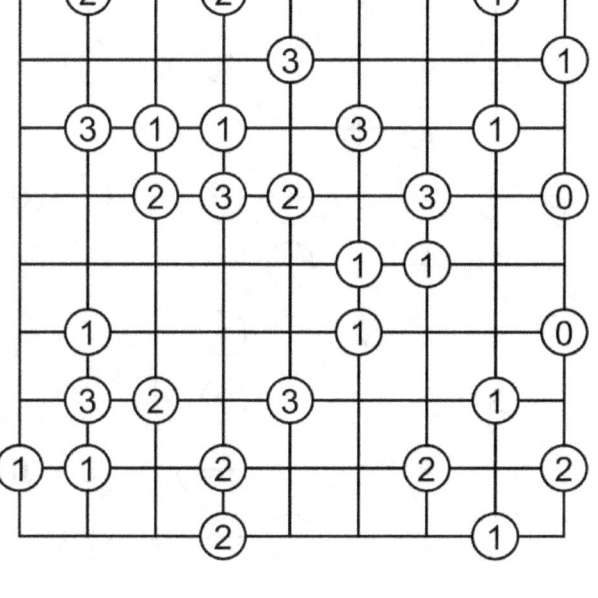

Puzzle (270)

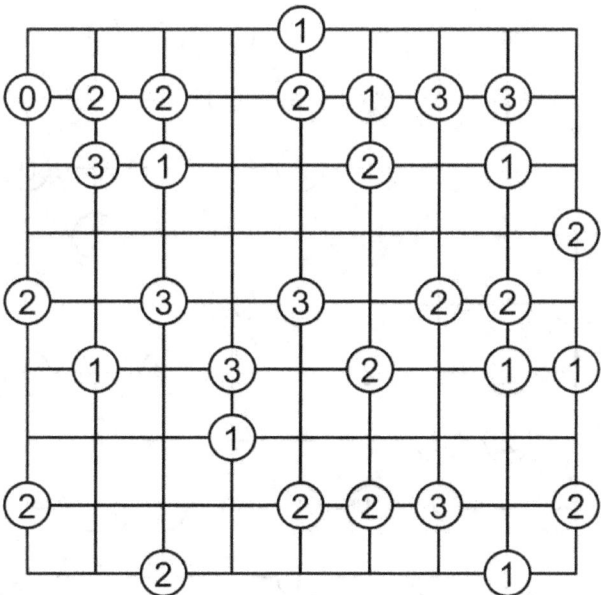

Puzzle (271)

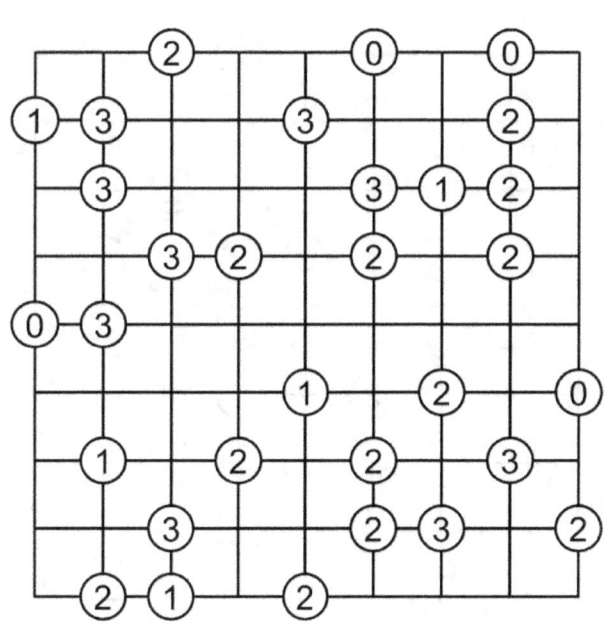

Puzzle (272)

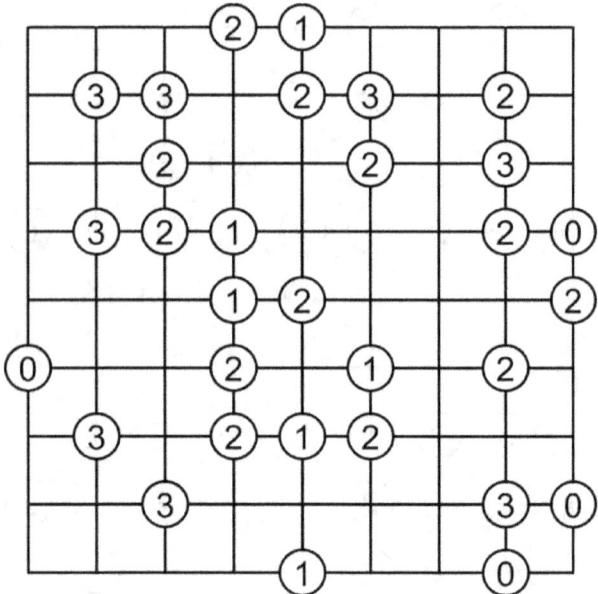

Puzzle (273)

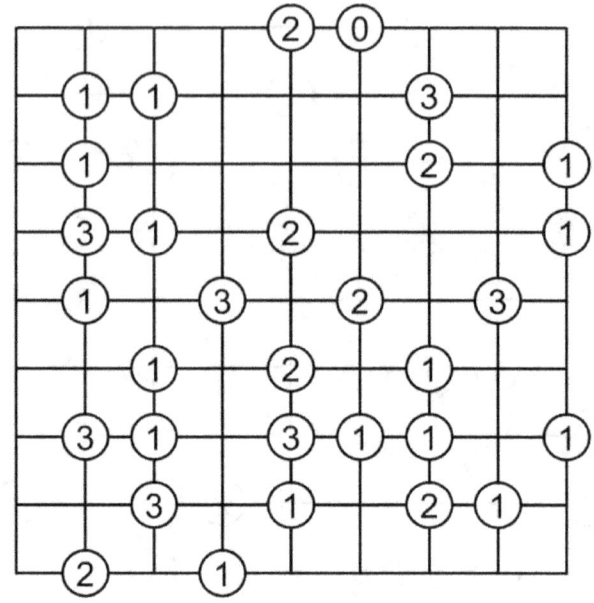

Puzzle (274)

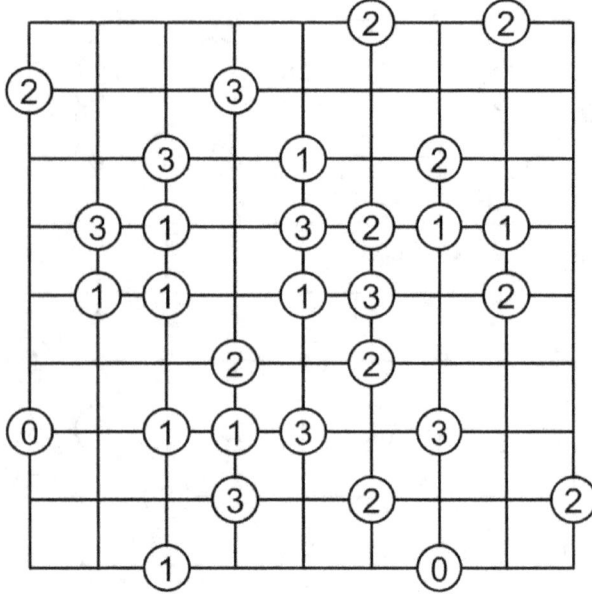

Puzzle (275)

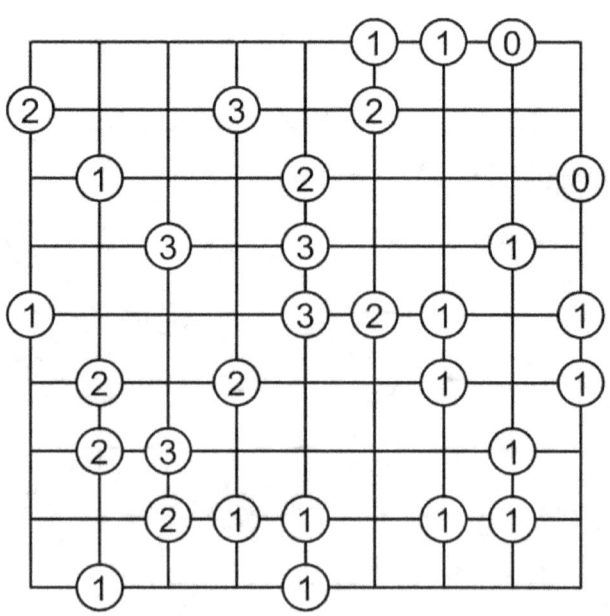

Puzzle (276)

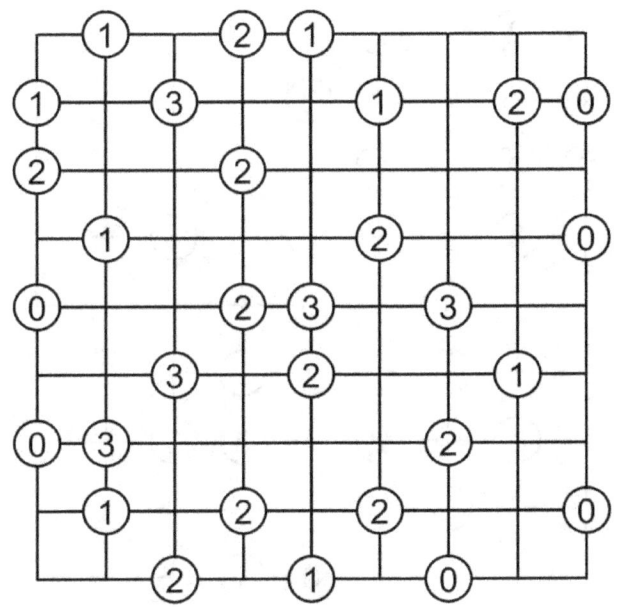

Puzzle (277)

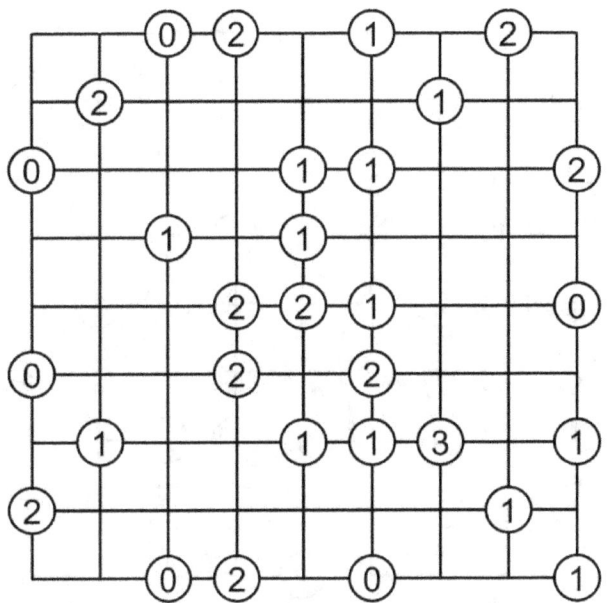

Puzzle (278)

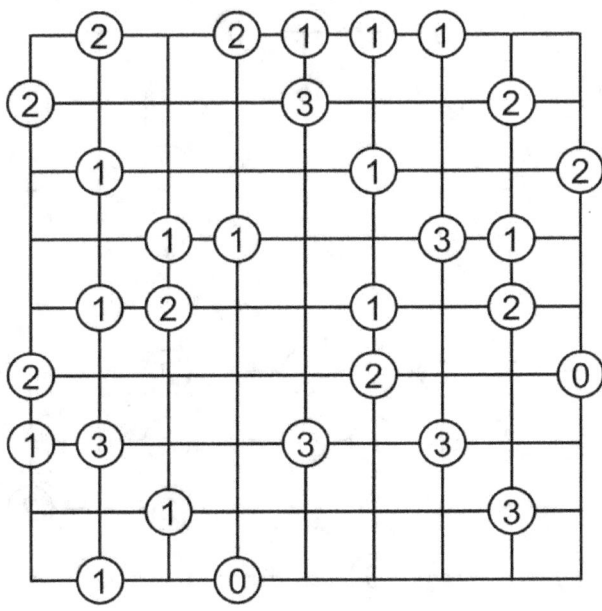

Puzzle (279)

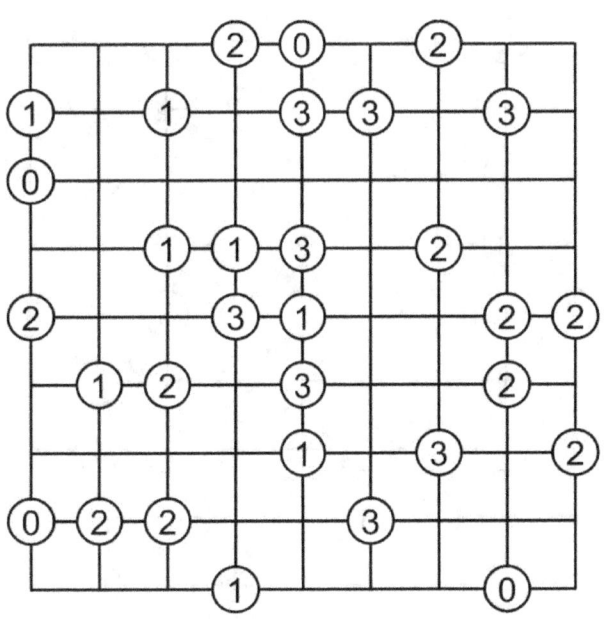

Puzzle (280)

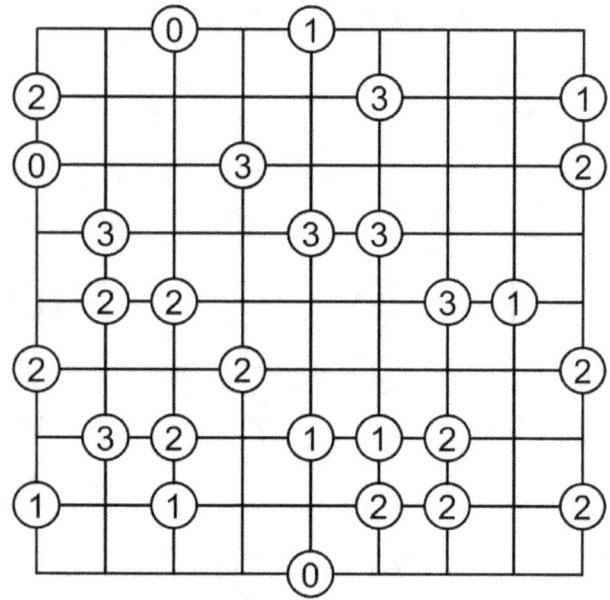

Puzzle (281)

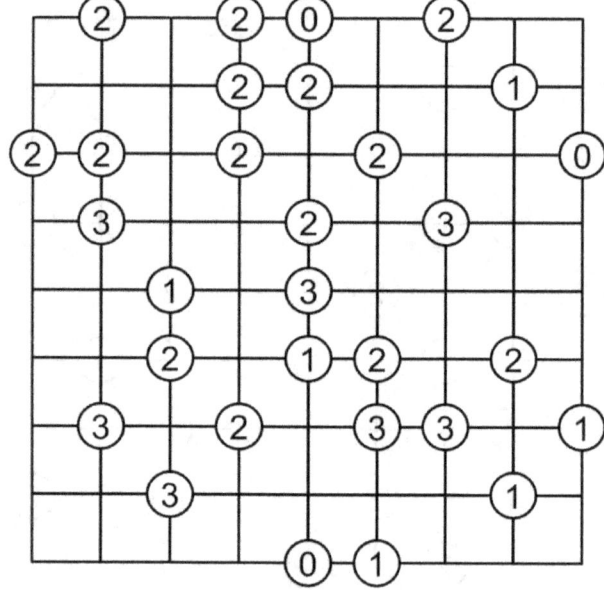

Puzzle (282)

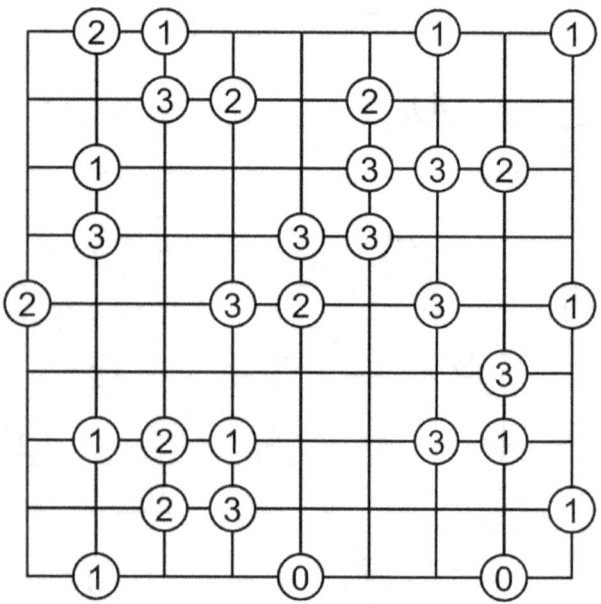

Puzzle (283)

Puzzle (284)

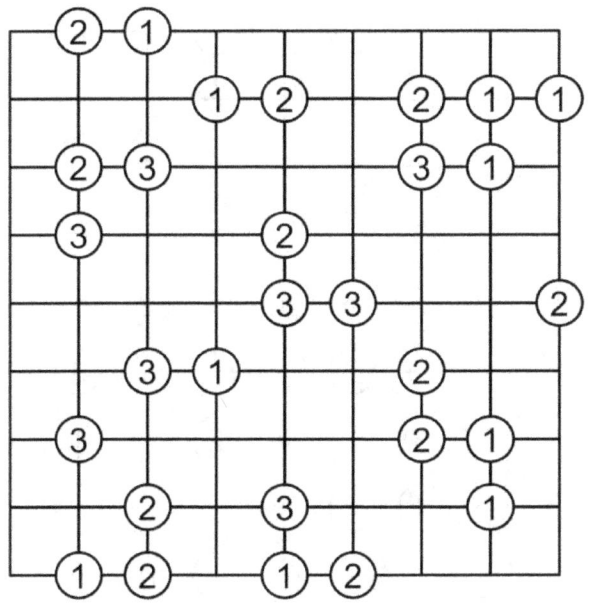

Puzzle (285)

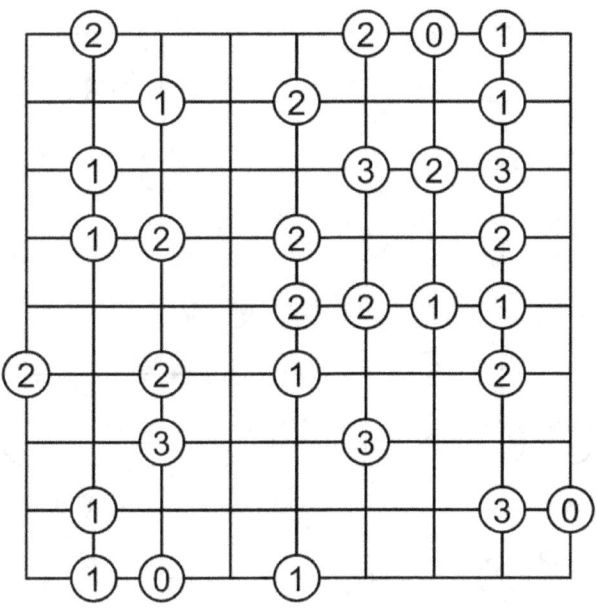

Puzzle (286)

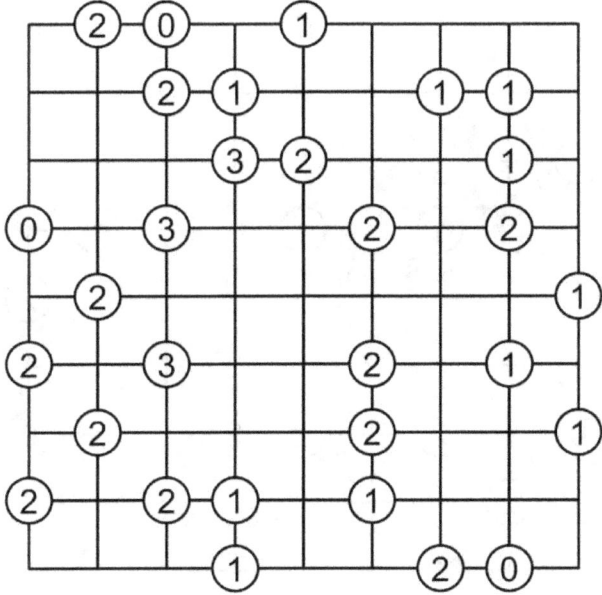

Puzzle (287)

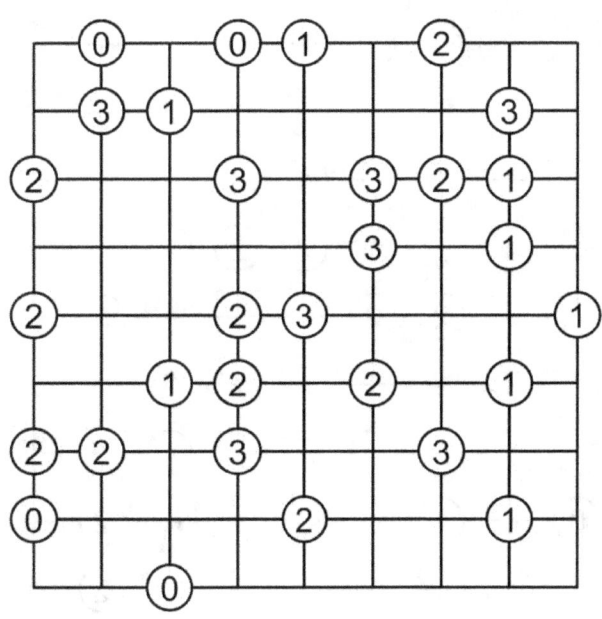

Puzzle (288)

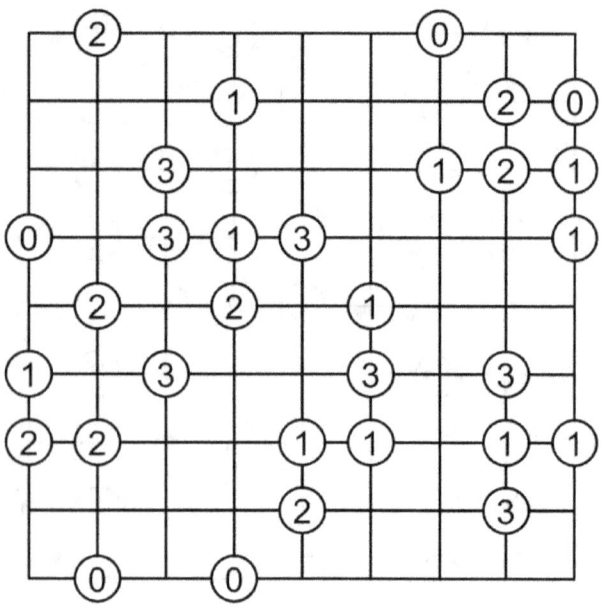

Puzzle (289)

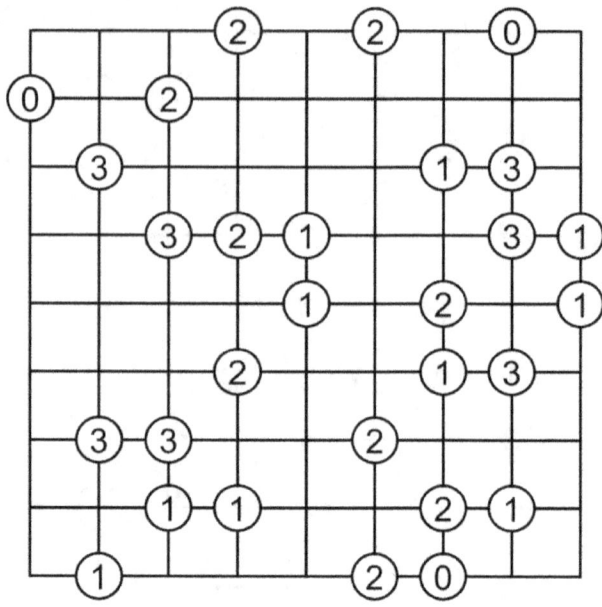

Puzzle (290)

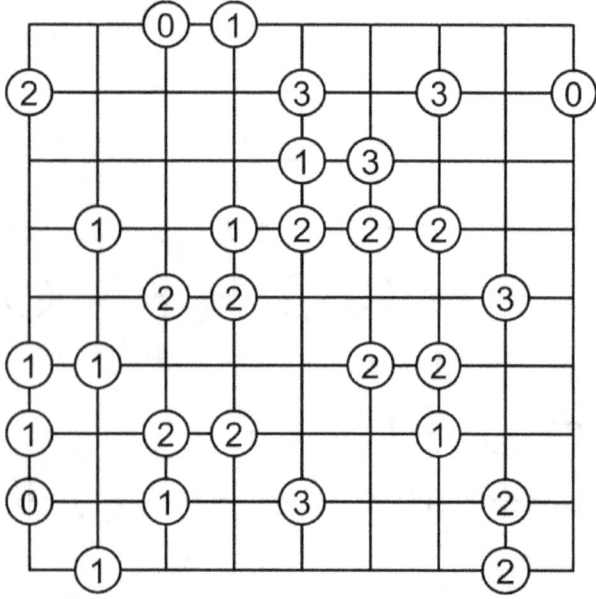

Puzzle (291)

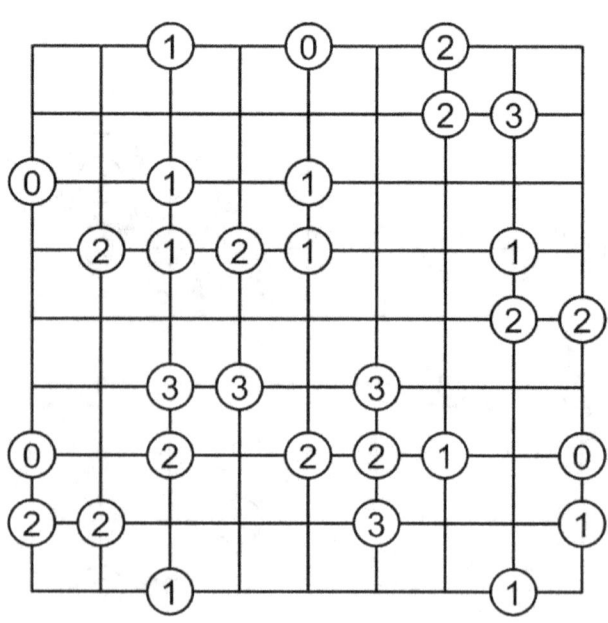

Puzzle (292)

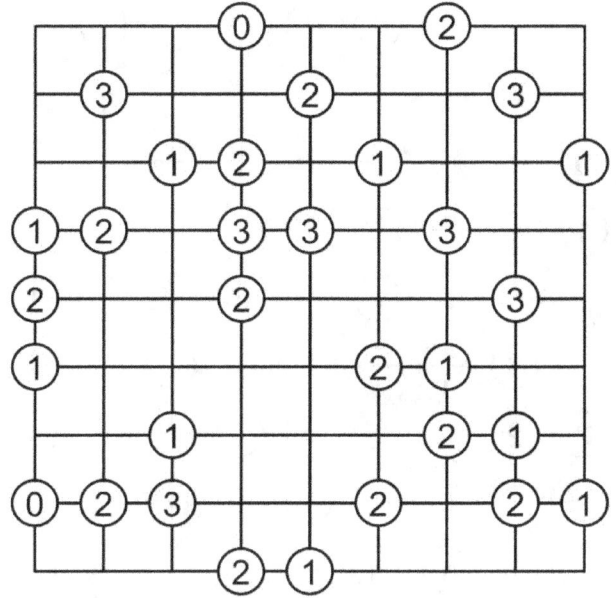

Puzzle (293)

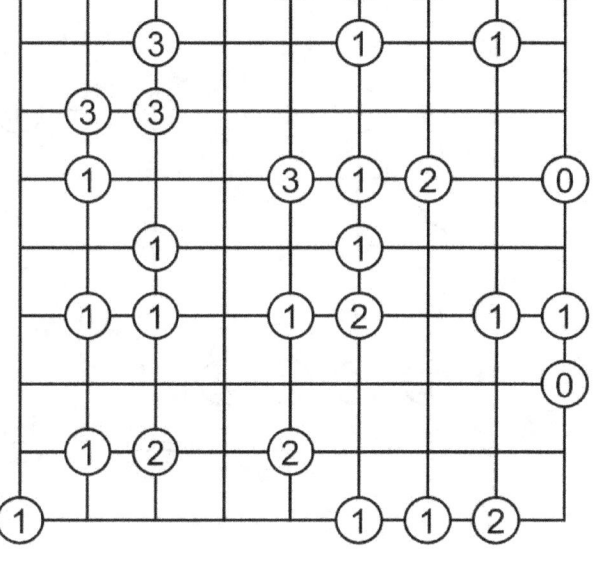

Puzzle (294)

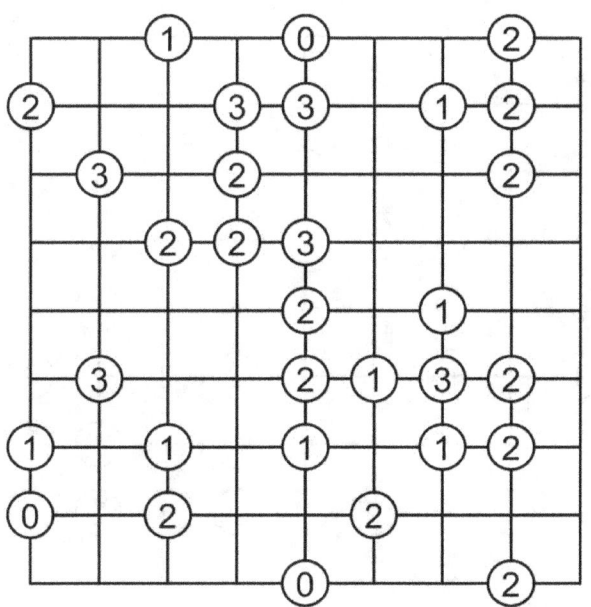

Puzzle (295)

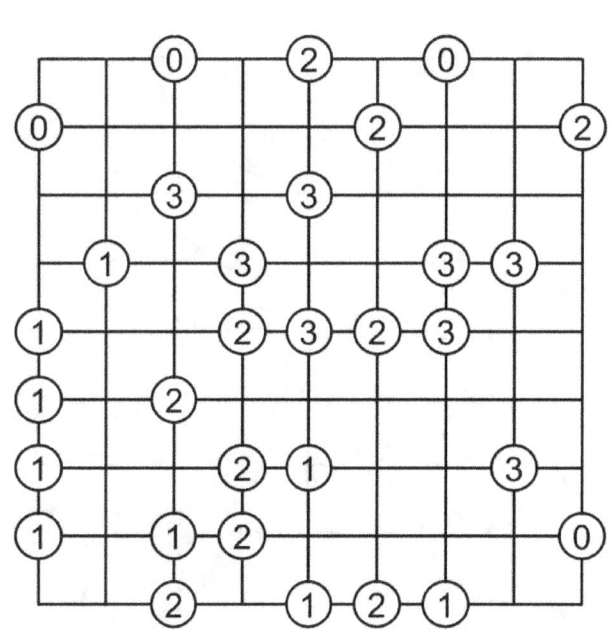

Puzzle (296)

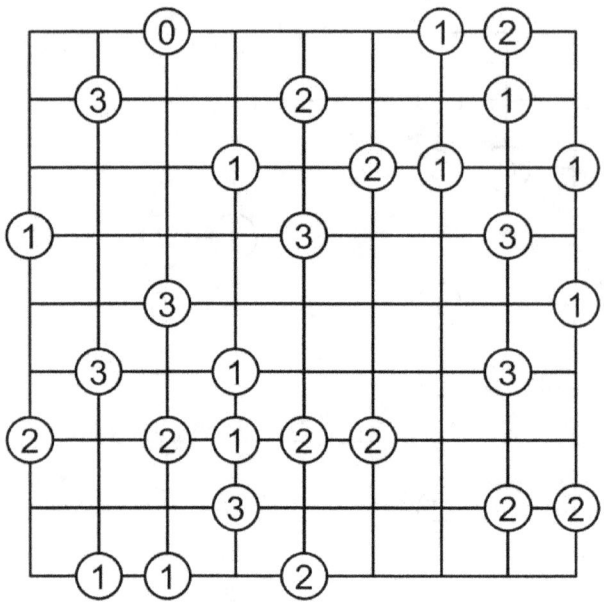

Puzzle (297)

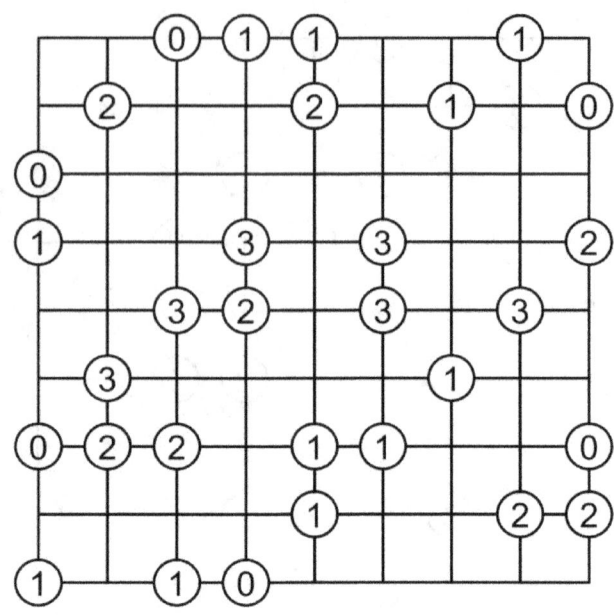

Puzzle (298)

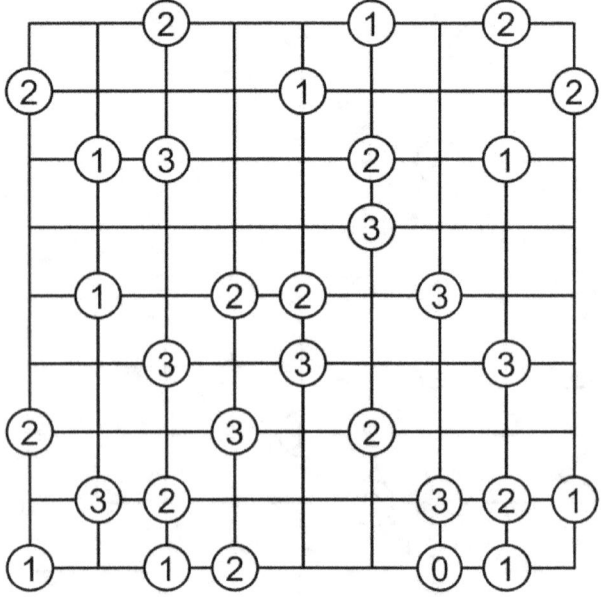

Puzzle (299)

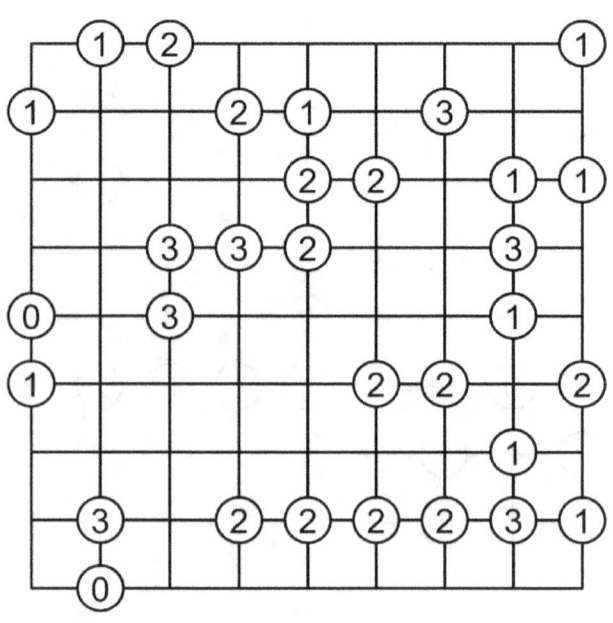

Puzzle (300)

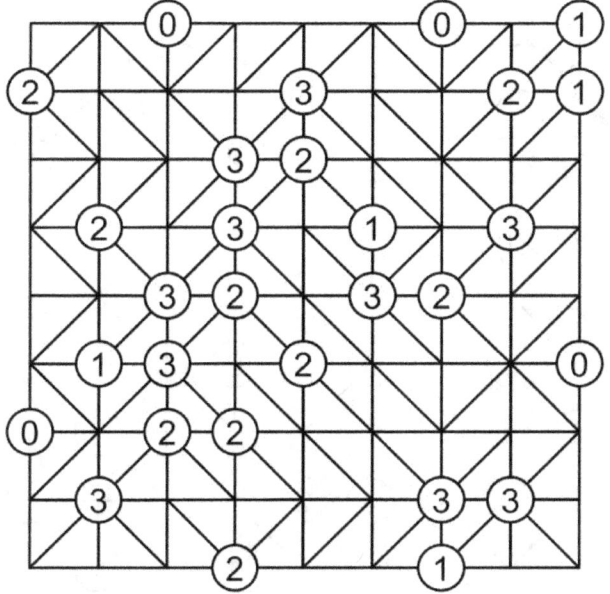

Solution (1)

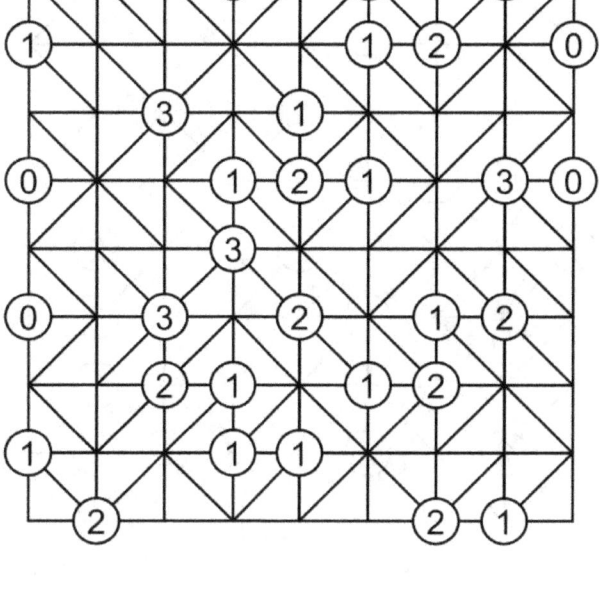

Solution (2)

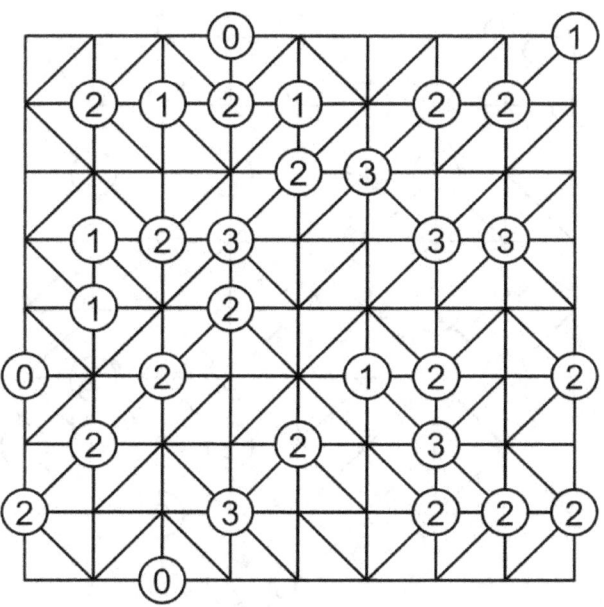

Solution (3)

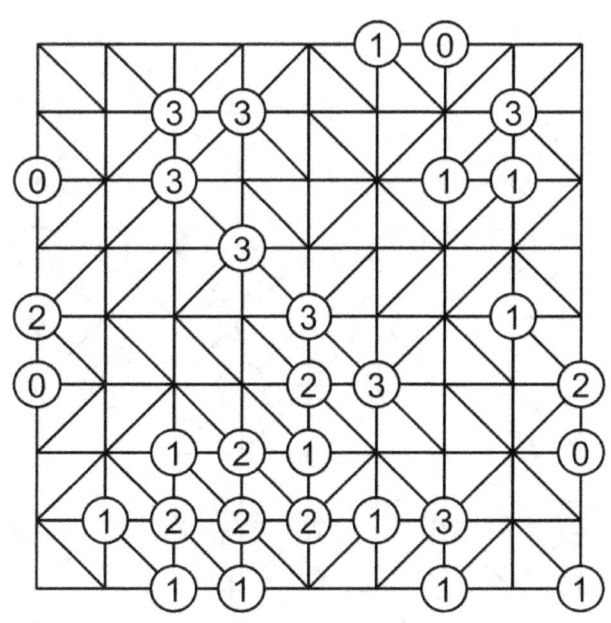

Solution (4)

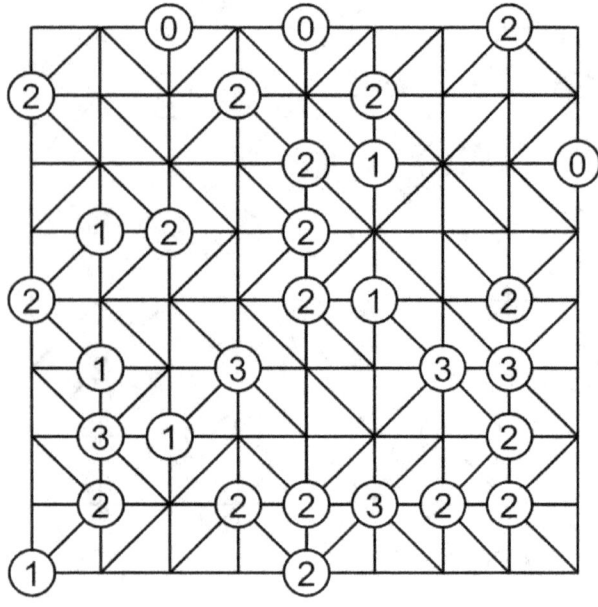

Solution (5)

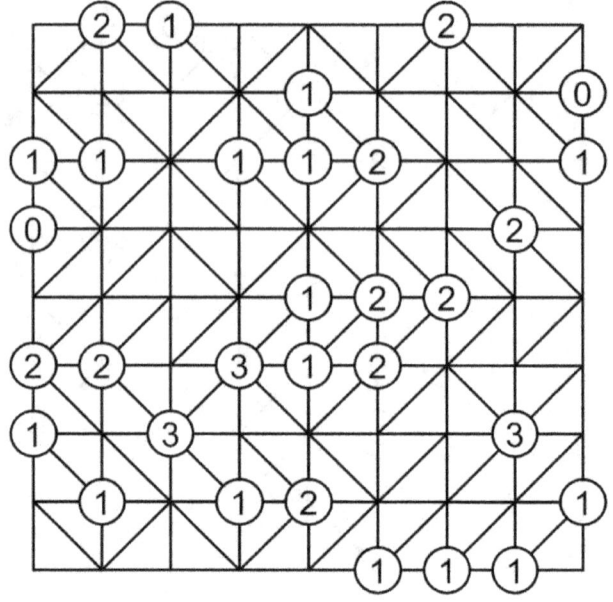

Solution (6)

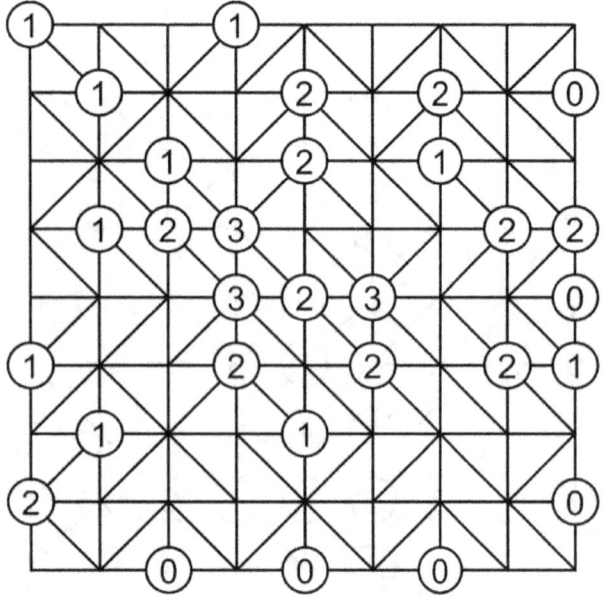

Solution (7)

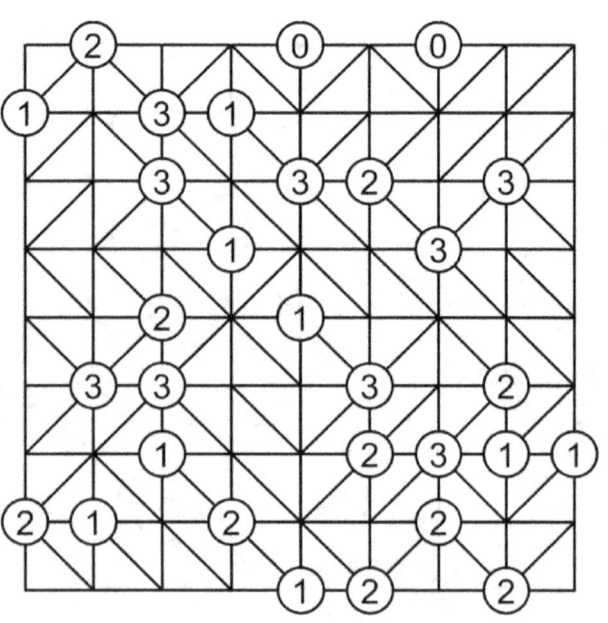

Solution (8)

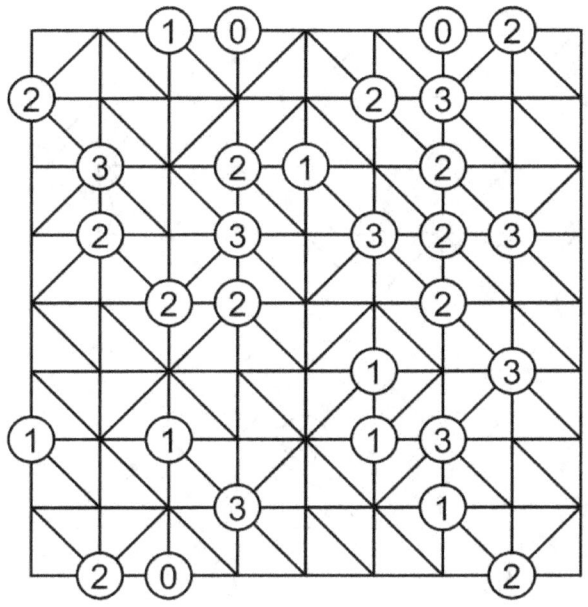

Solution (9)

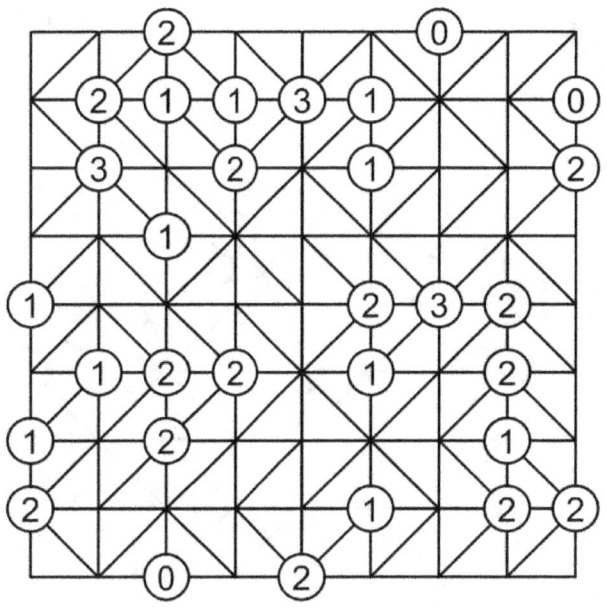

Solution (10)

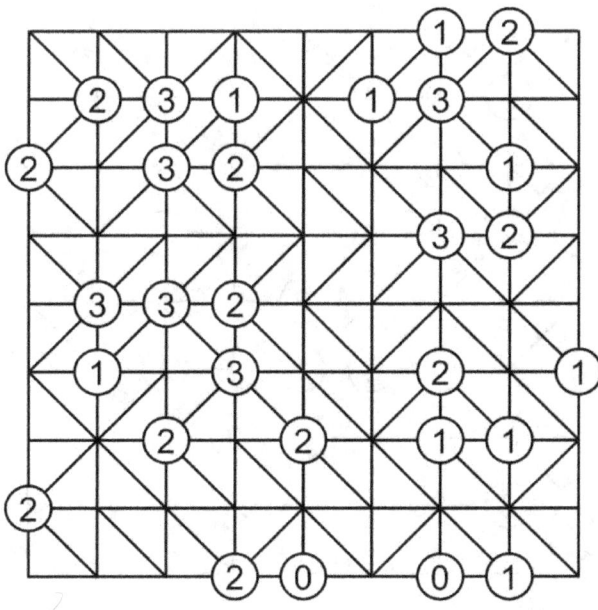

Solution (11)

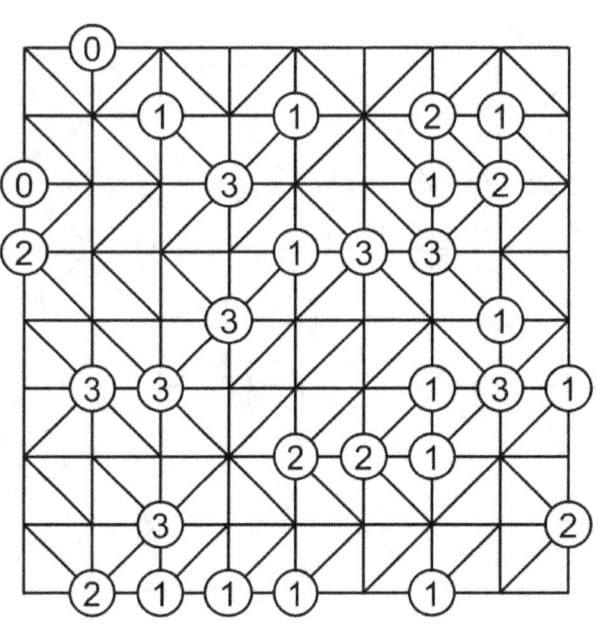

Solution (12)

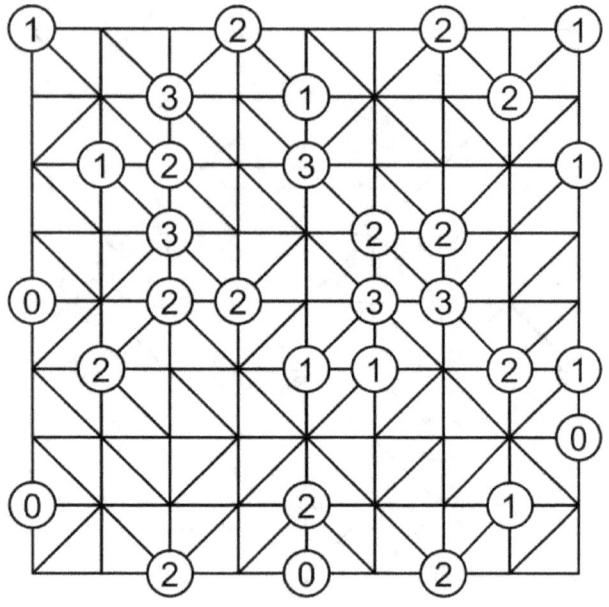

Solution (13)

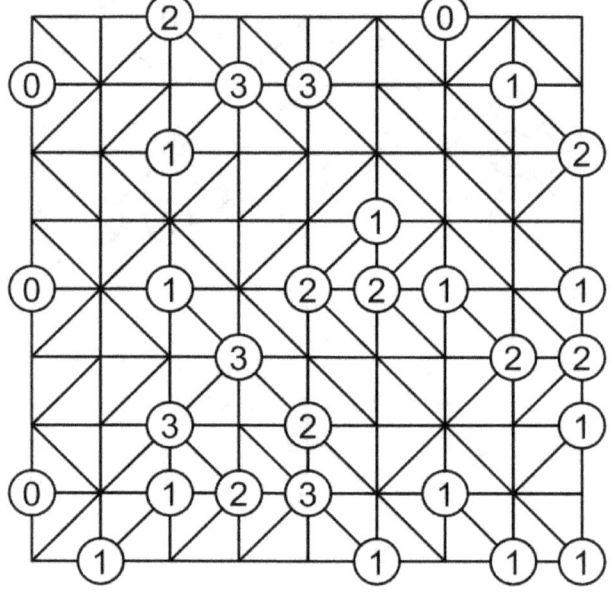

Solution (14)

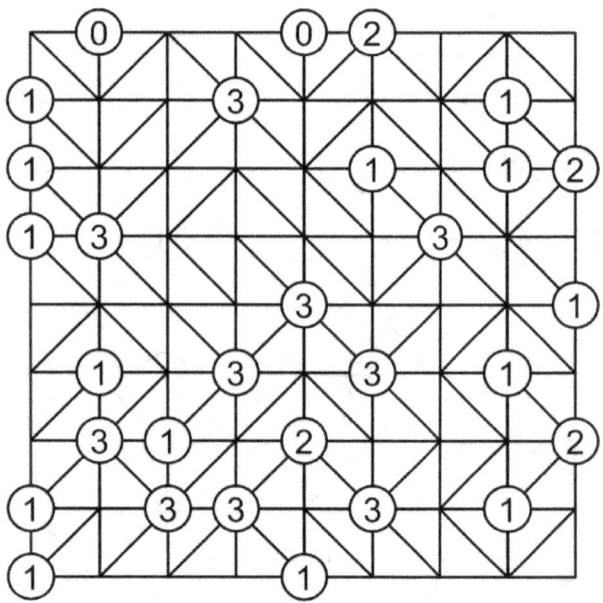

Solution (15)

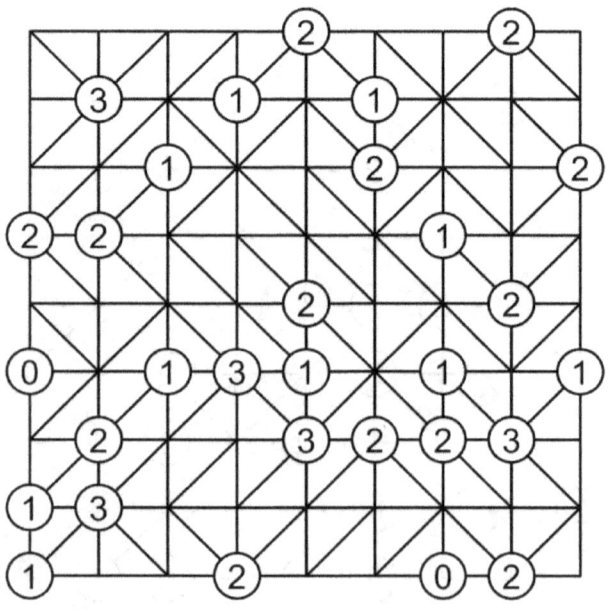

Solution (16)

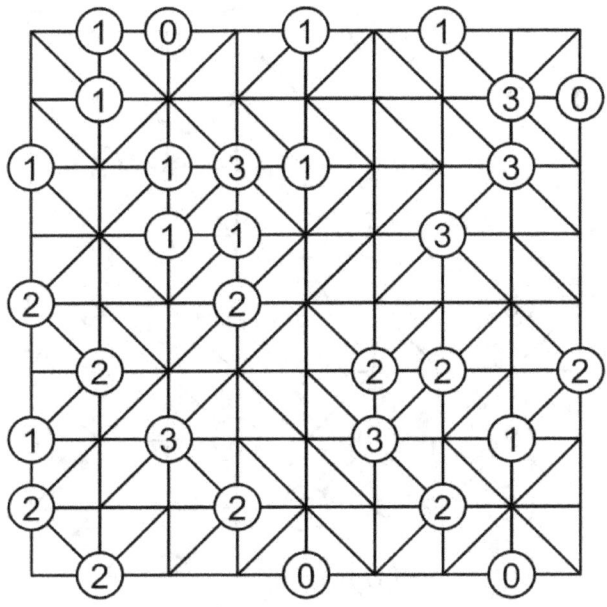

Solution (17)

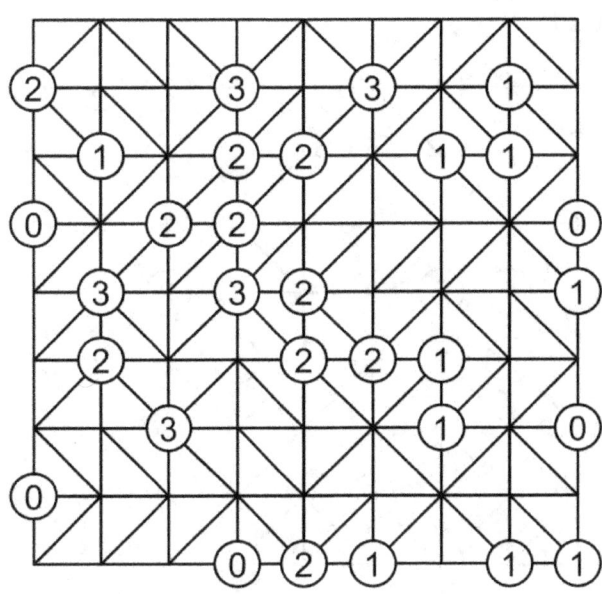

Solution (18)

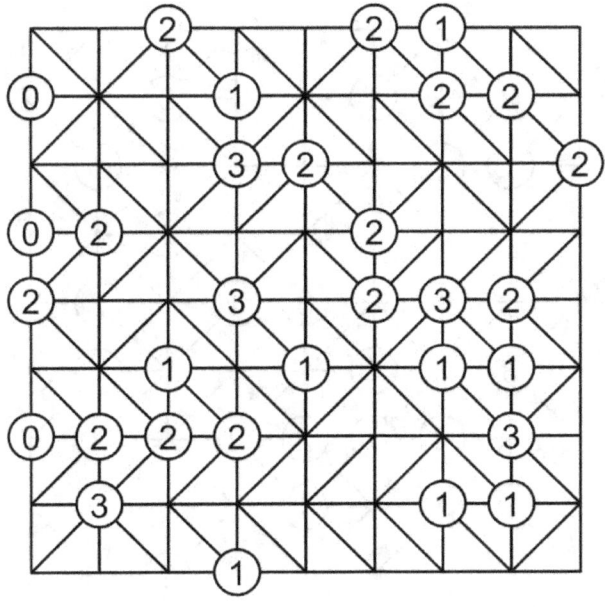

Solution (19)

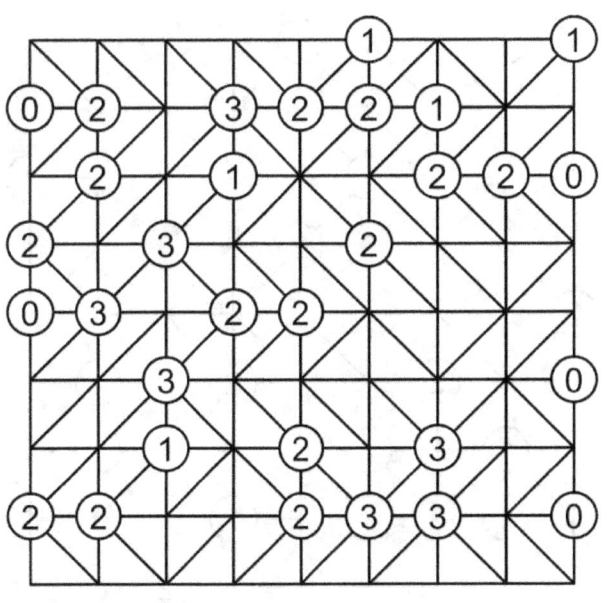

Solution (20)

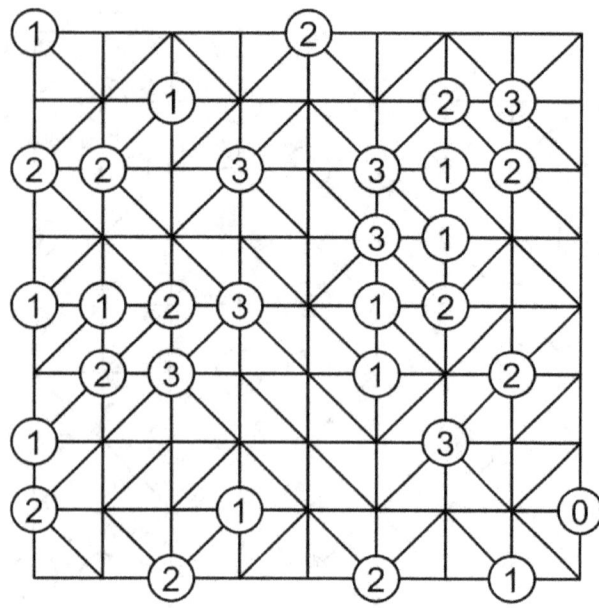

Solution (21)

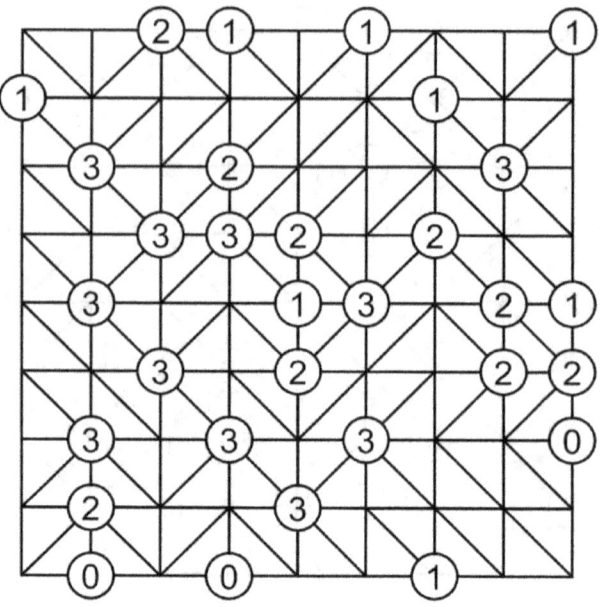

Solution (22)

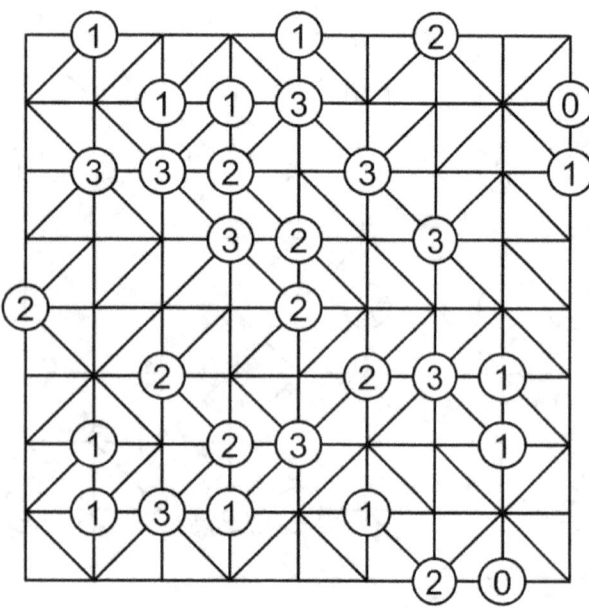

Solution (23)

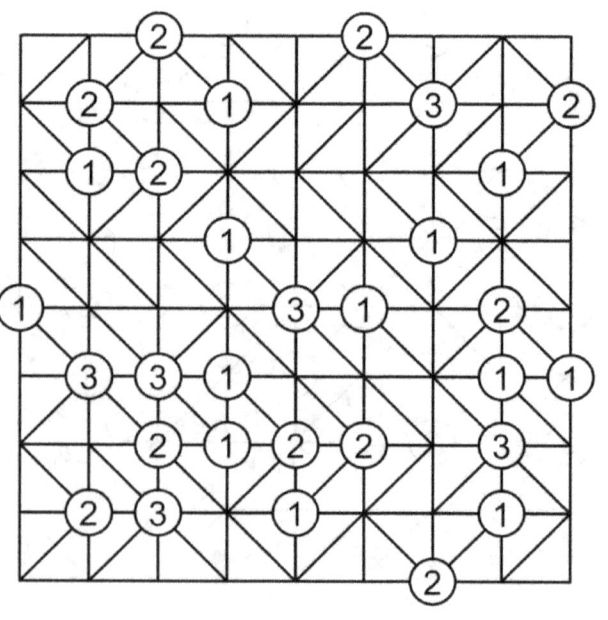

Solution (24)

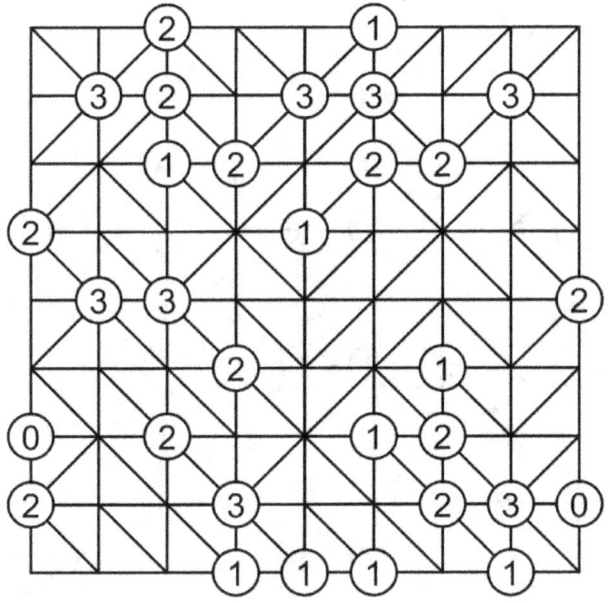

Solution (25)

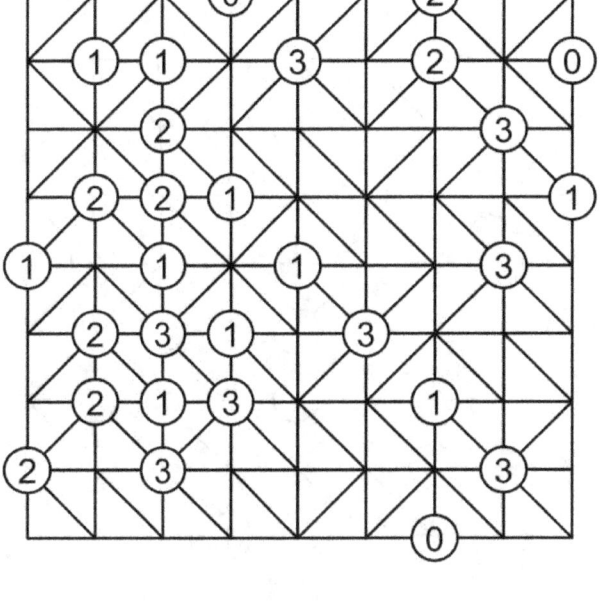

Solution (26)

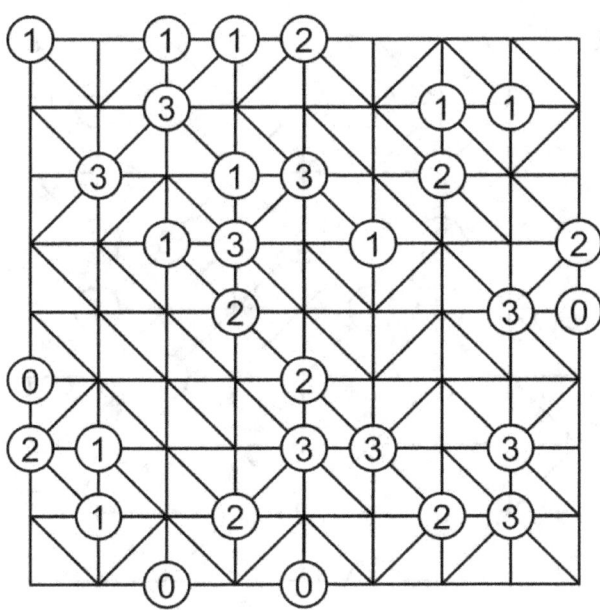

Solution (27)

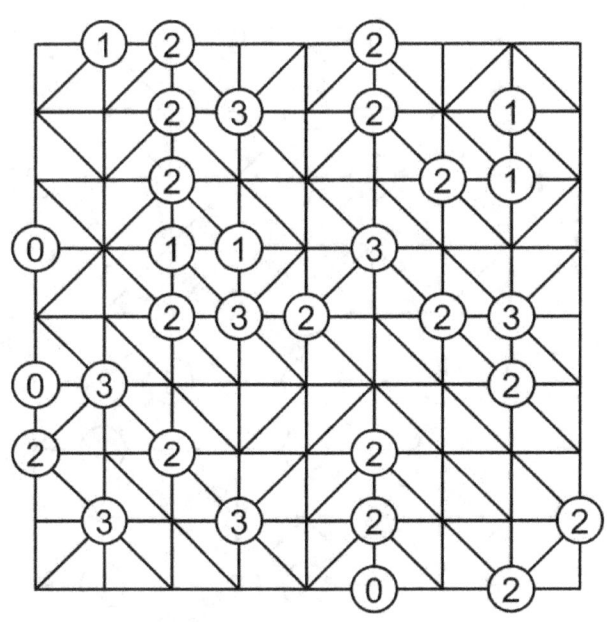

Solution (28)

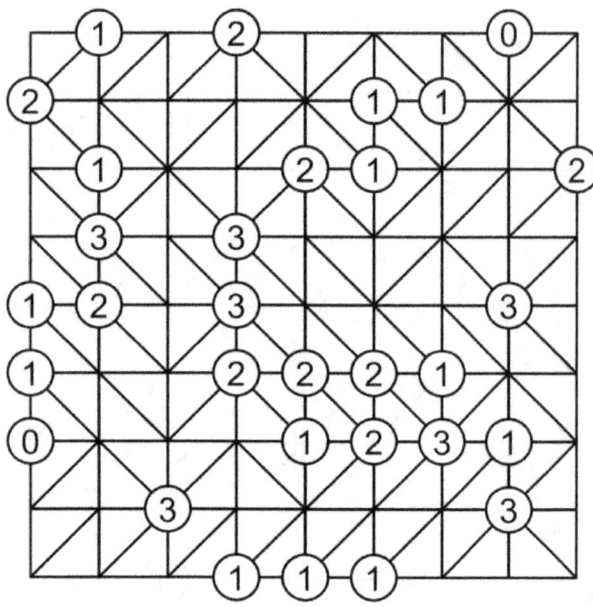

Solution (29)

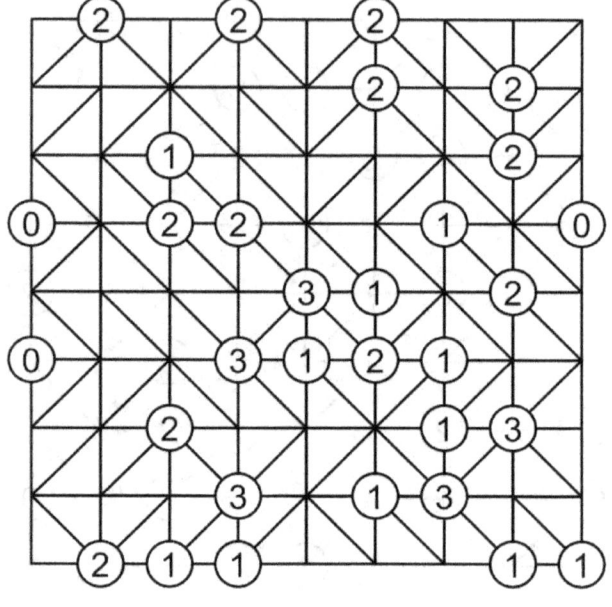

Solution (30)

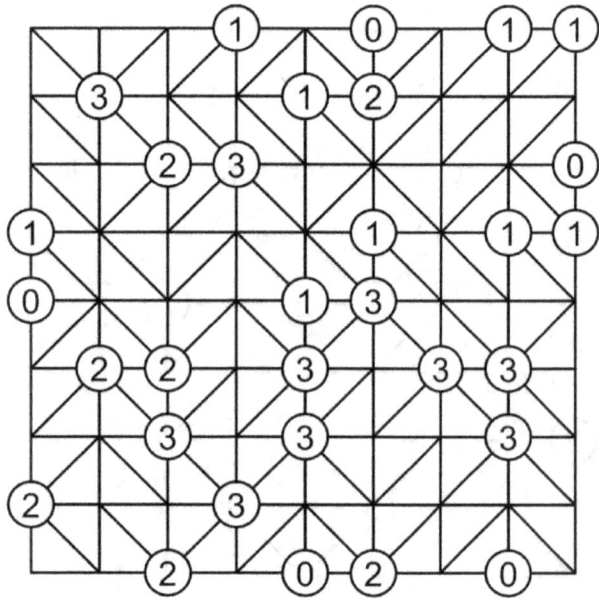

Solution (31)

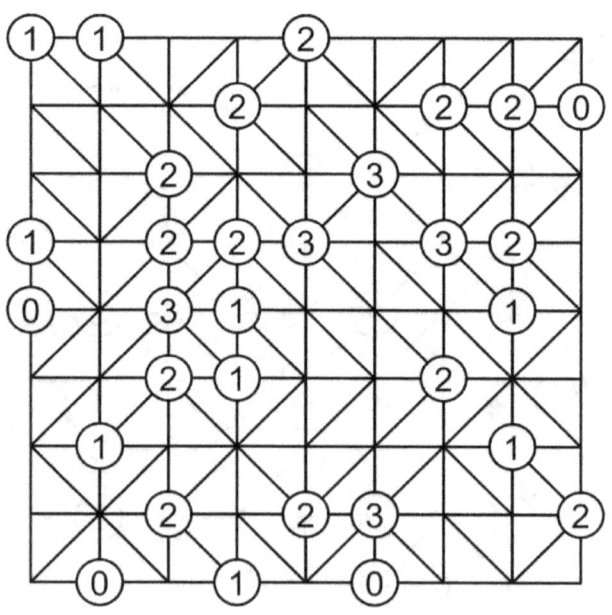

Solution (32)

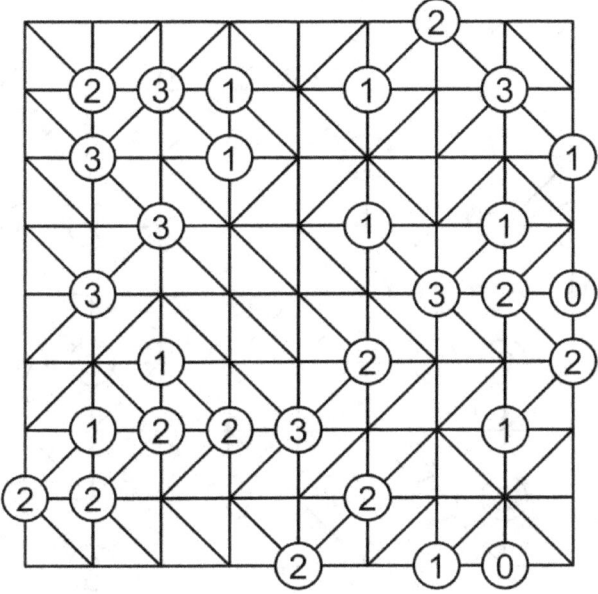

Solution (33)

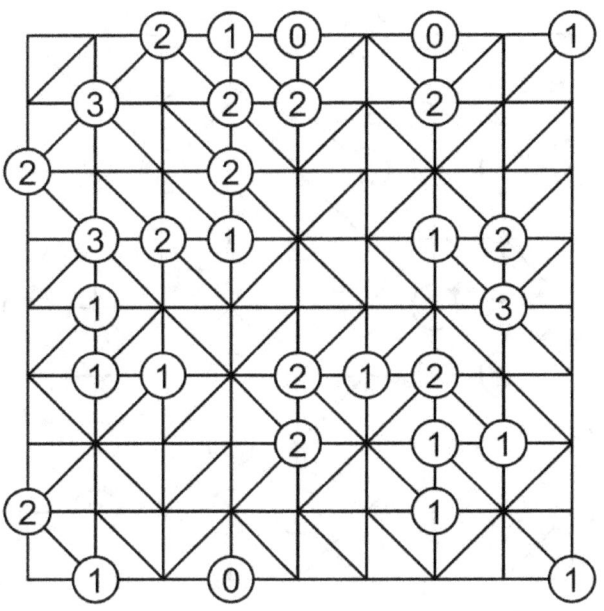

Solution (34)

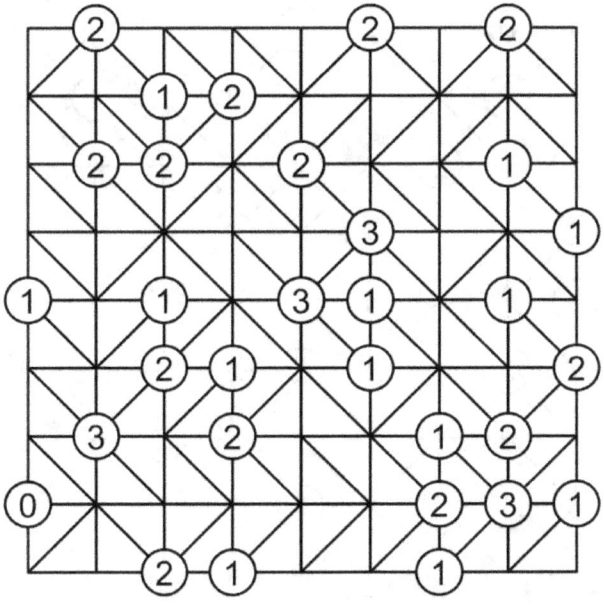

Solution (35)

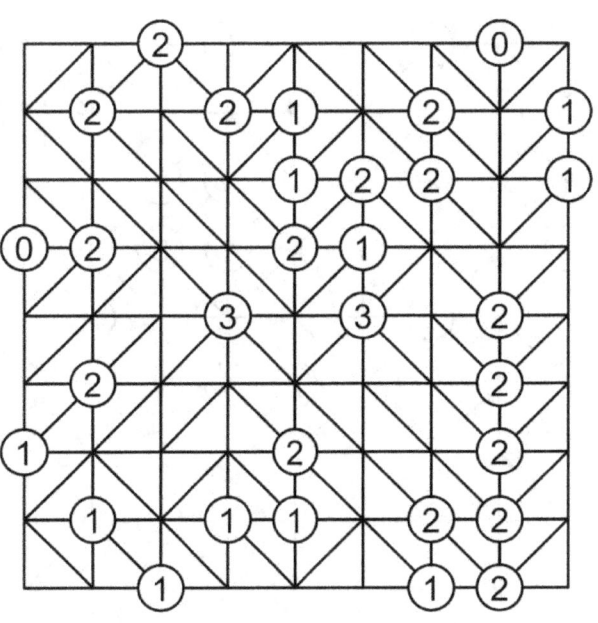

Solution (36)

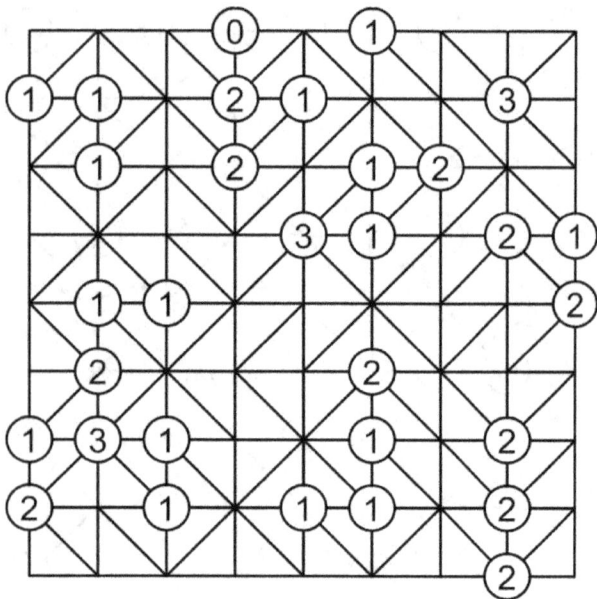

Solution (37)

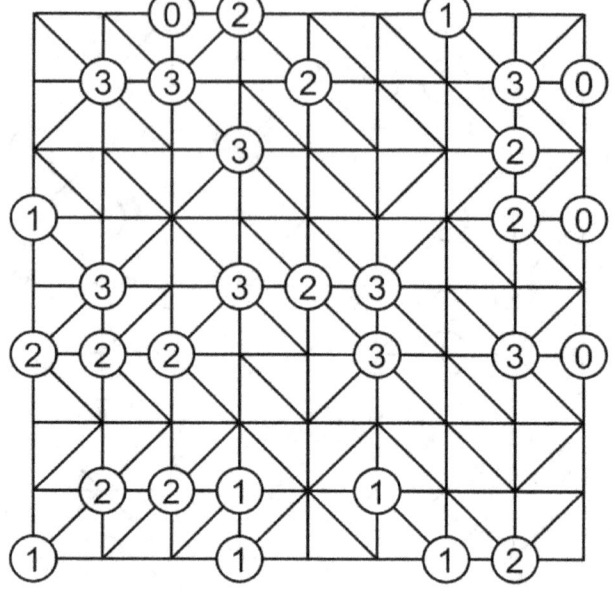

Solution (38)

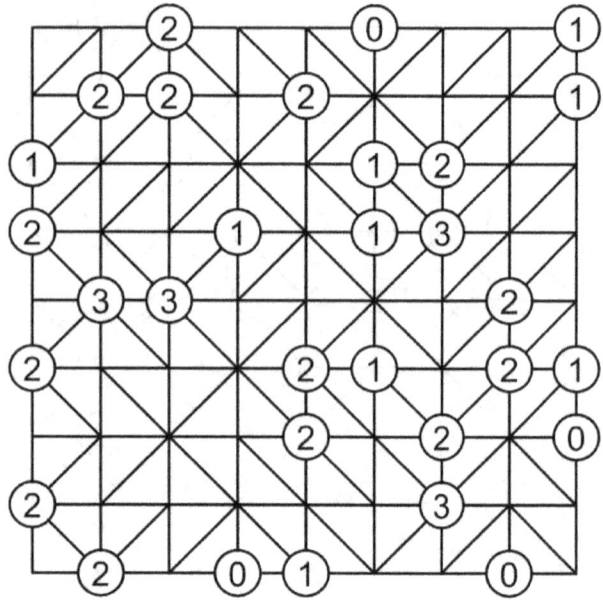

Solution (39)

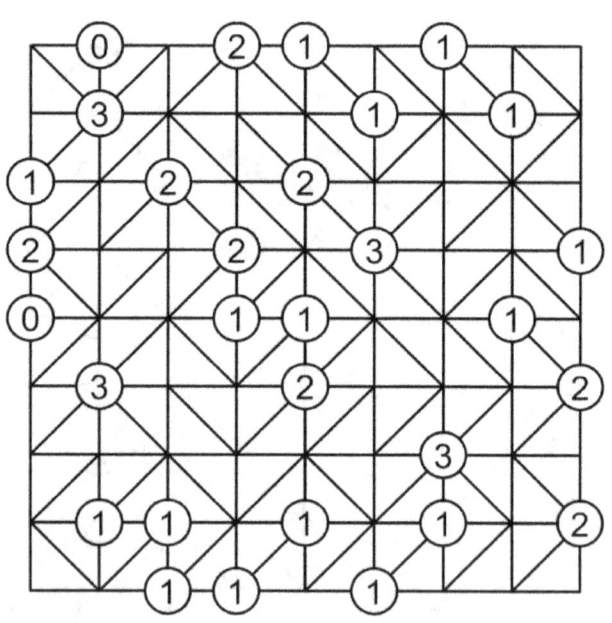

Solution (40)

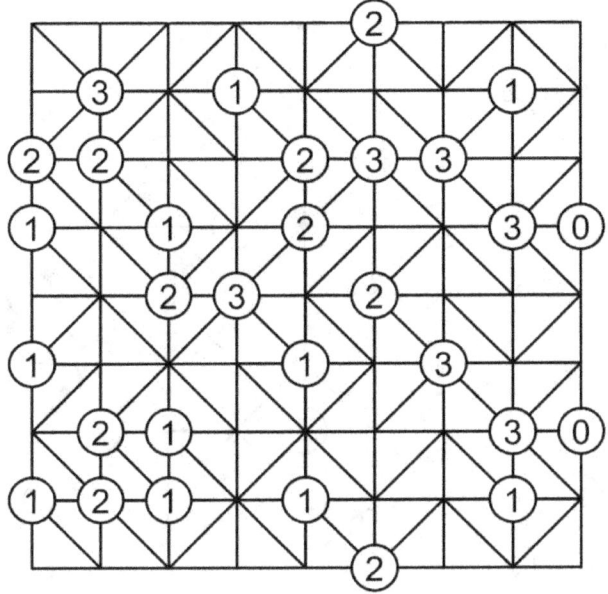

Solution (41)

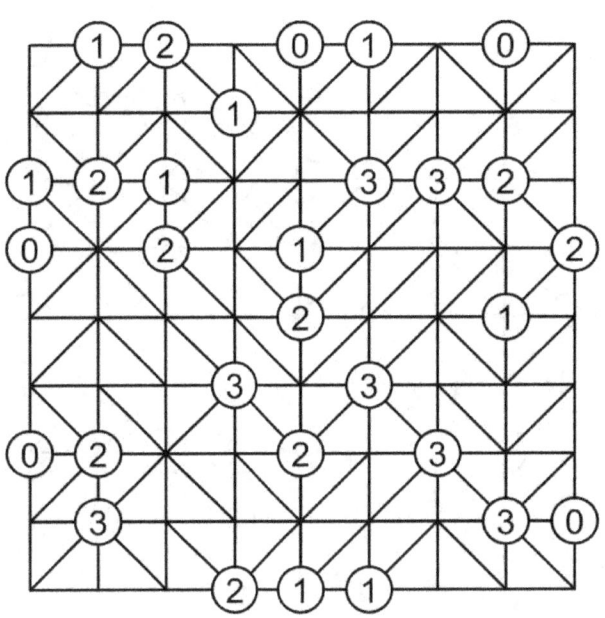

Solution (42)

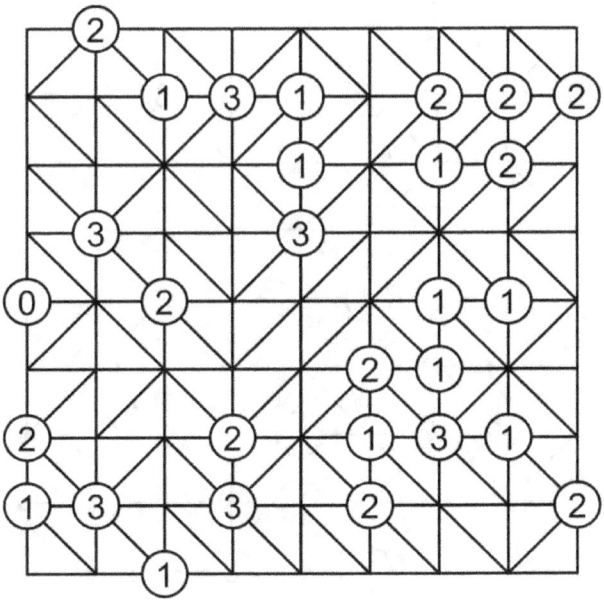

Solution (43)

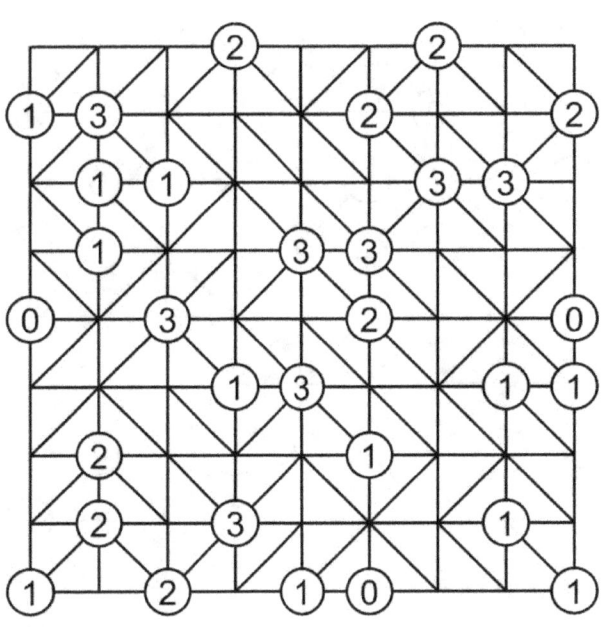

Solution (44)

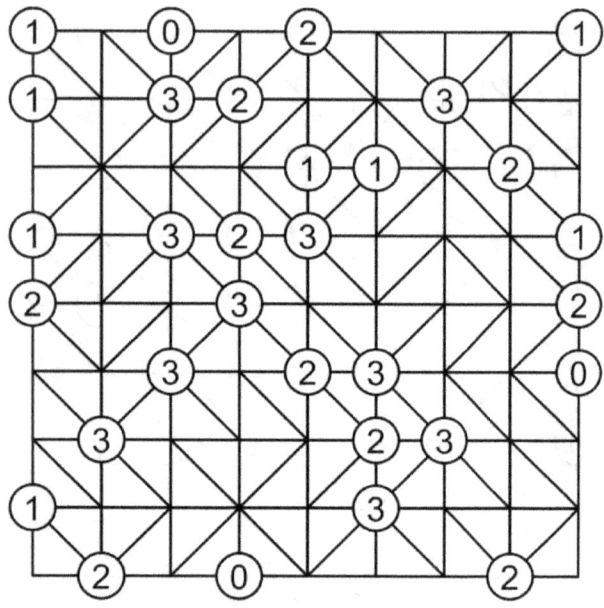

Solution (45)

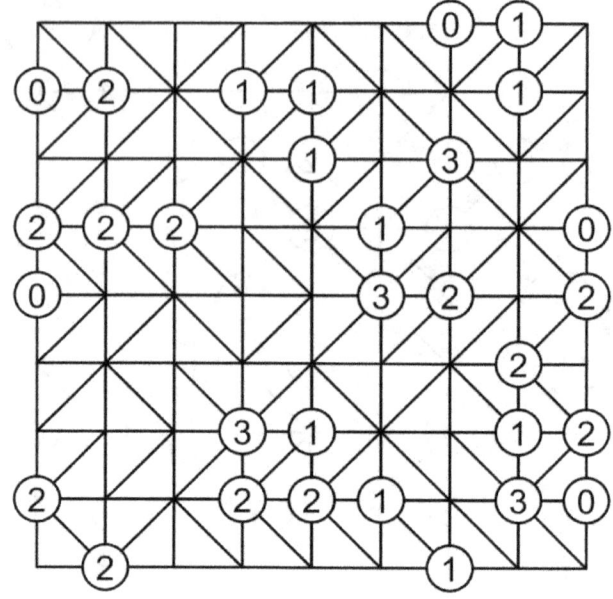

Solution (46)

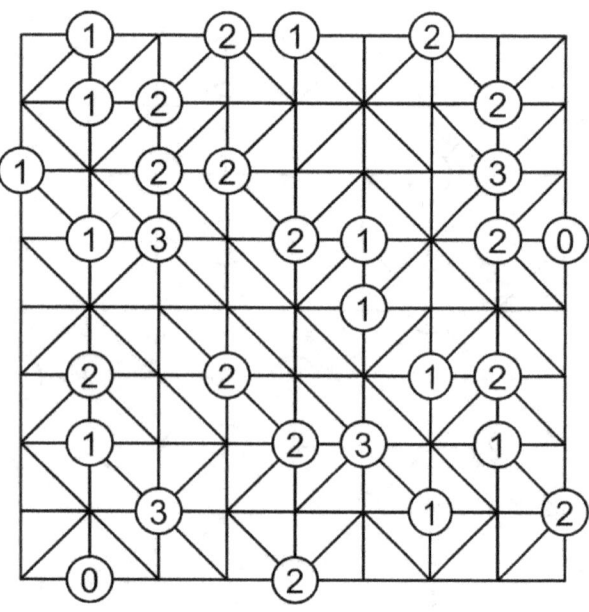

Solution (47)

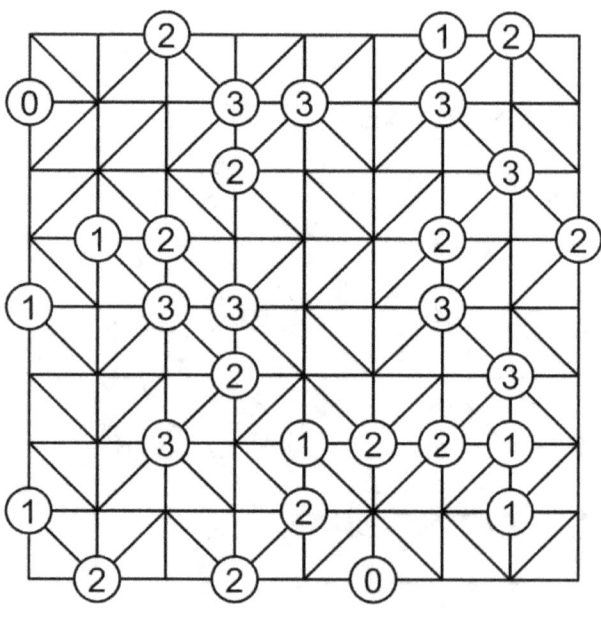

Solution (48)

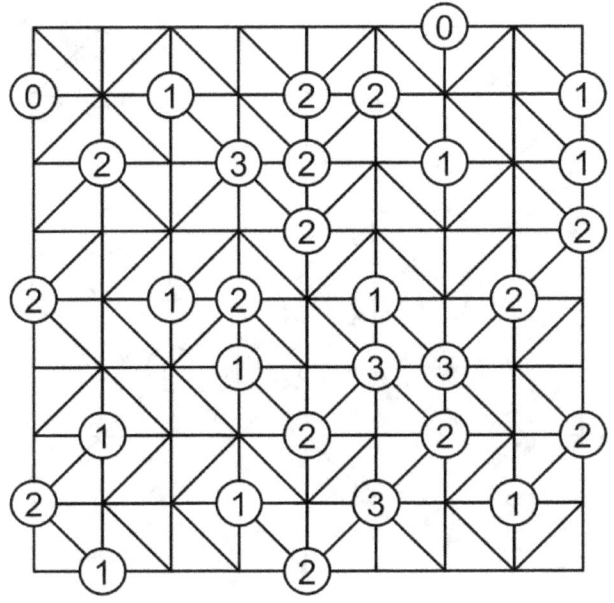

Solution (49)

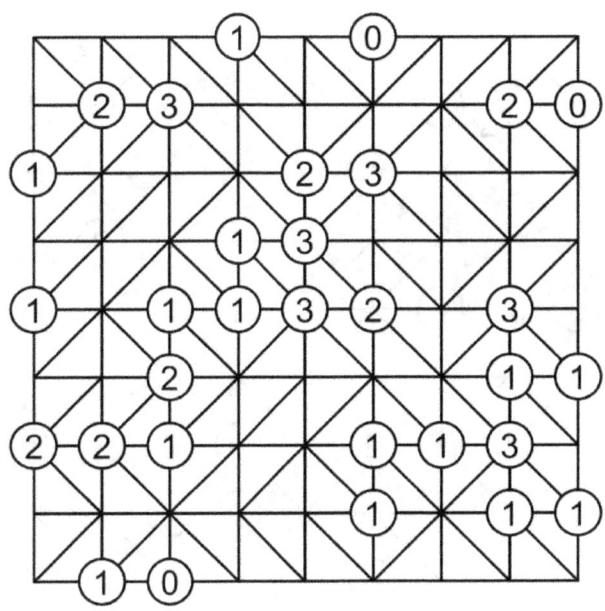

Solution (50)

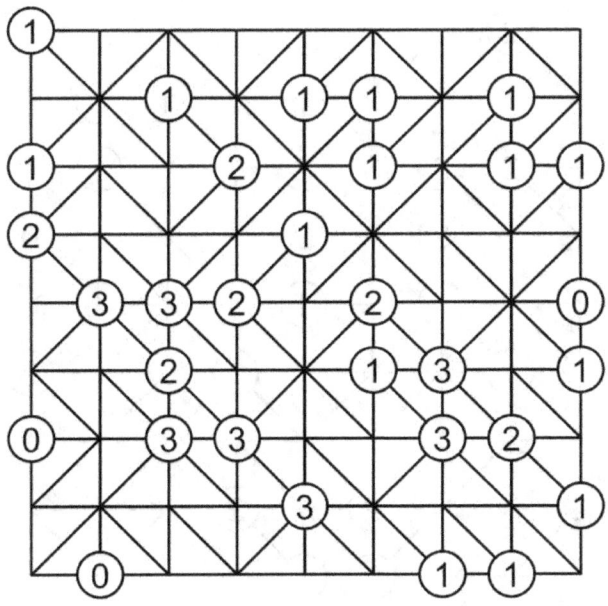

Solution (51)

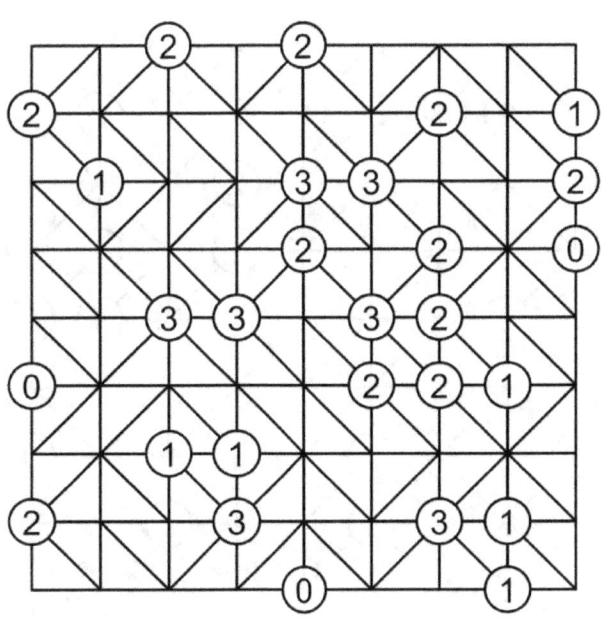

Solution (52)

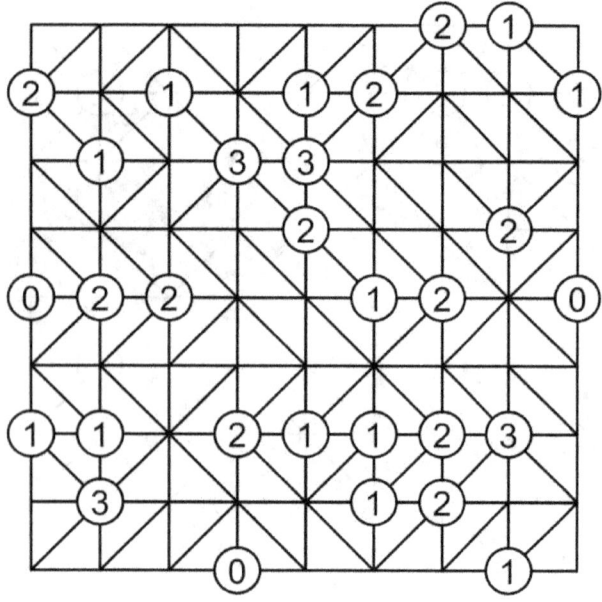

Solution (53)

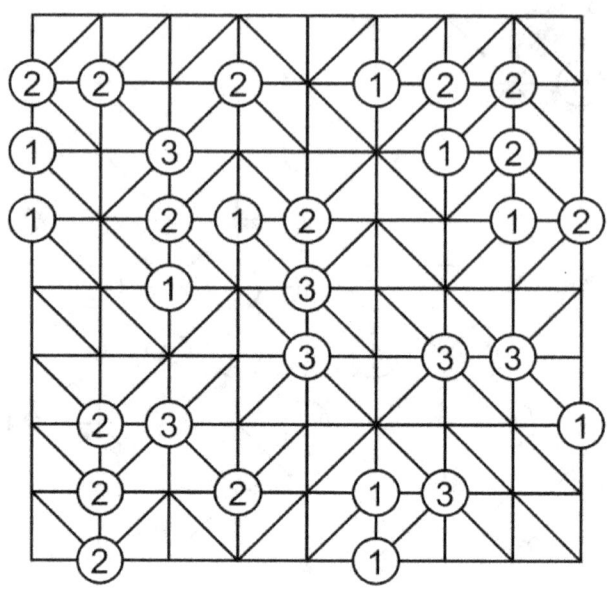

Solution (54)

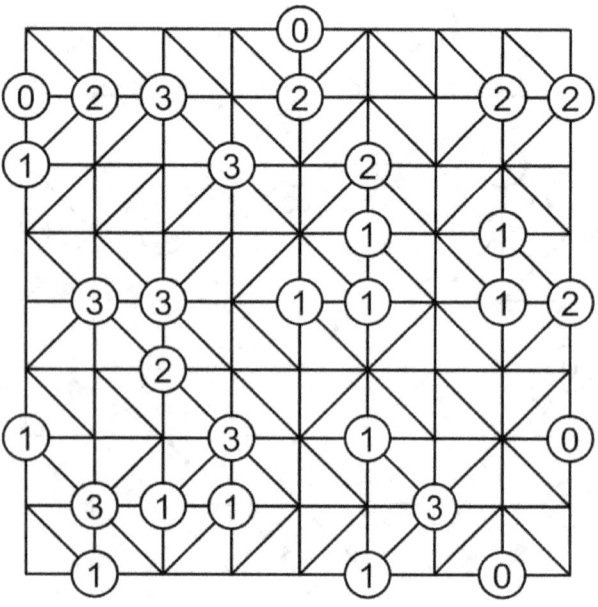

Solution (55)

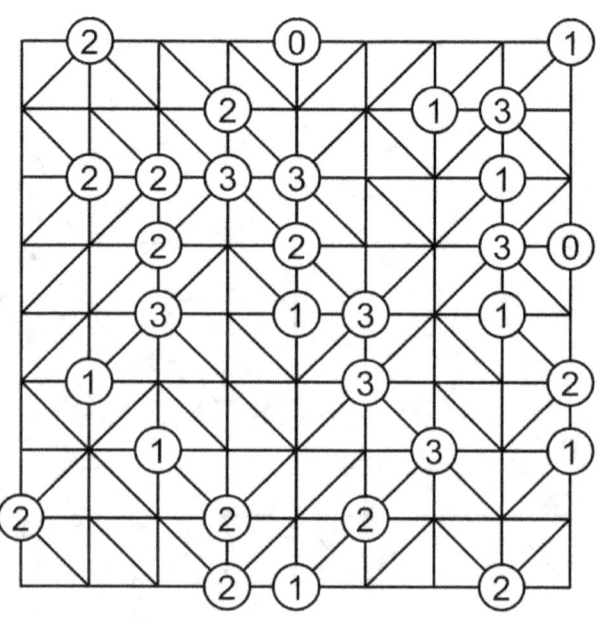

Solution (56)

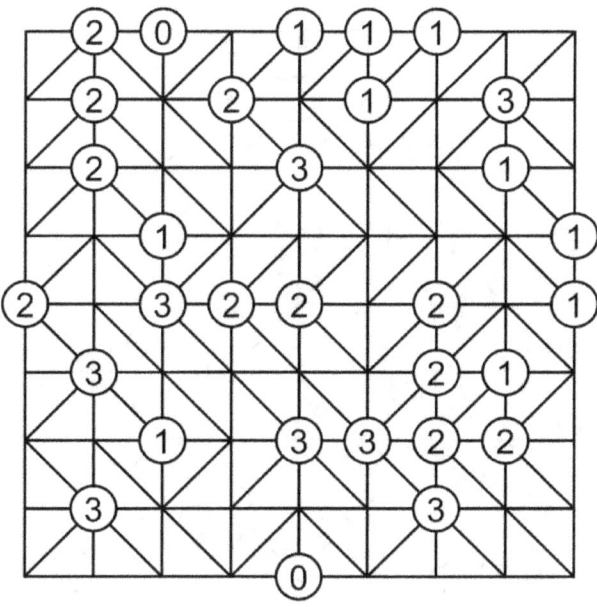

Solution (57)

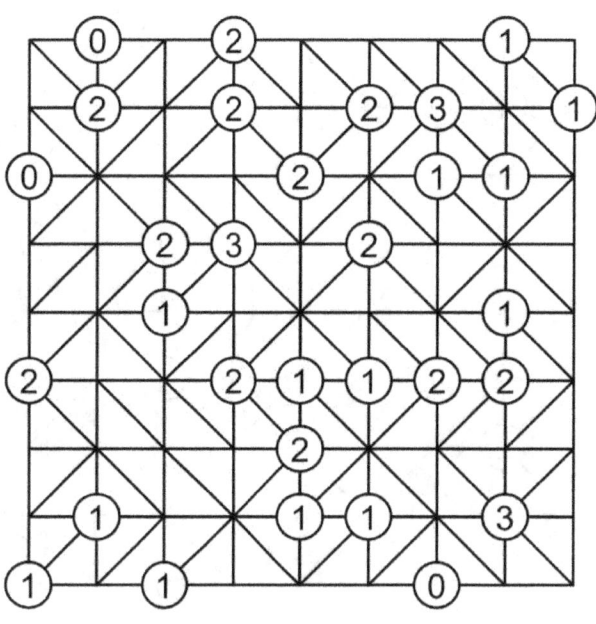

Solution (58)

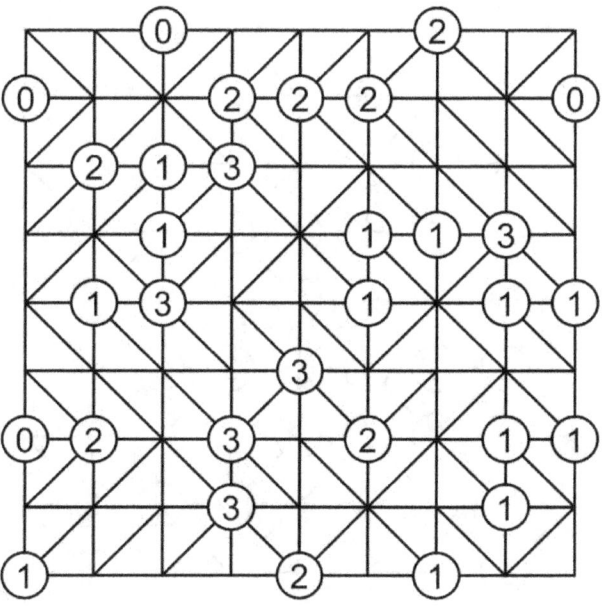

Solution (59)

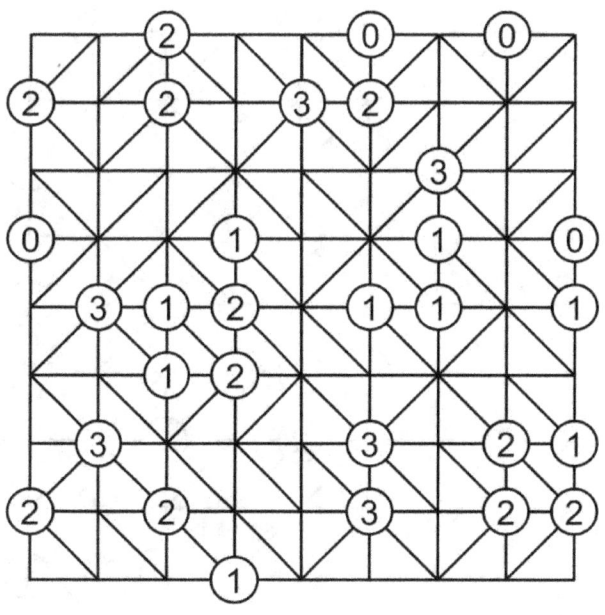

Solution (60)

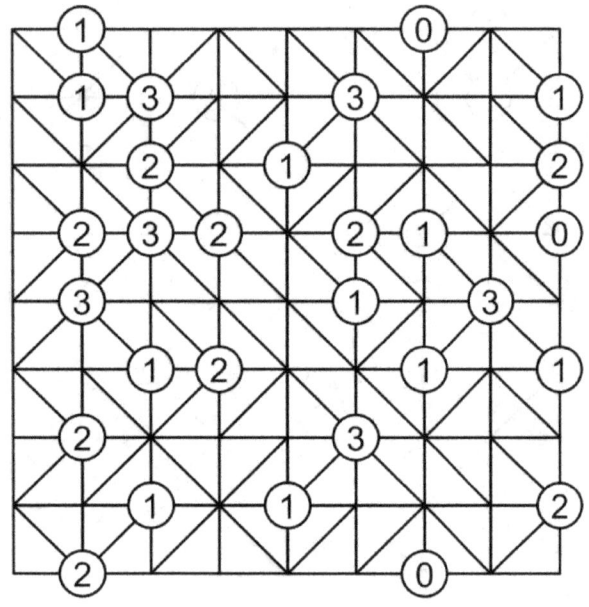

Solution (61)

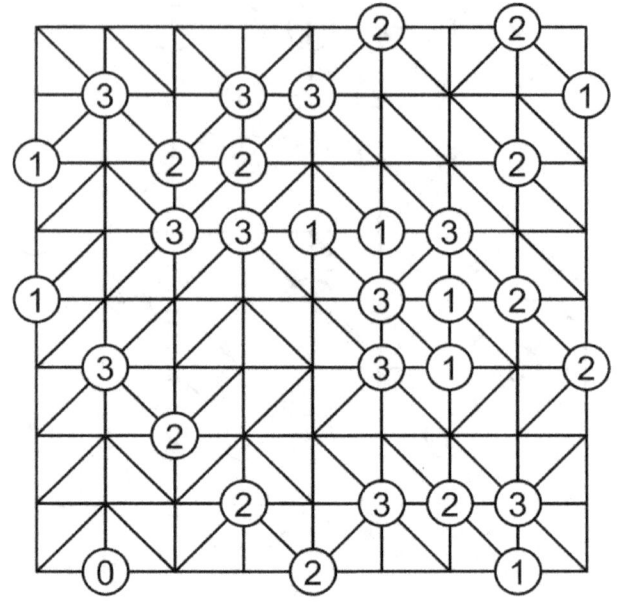

Solution (62)

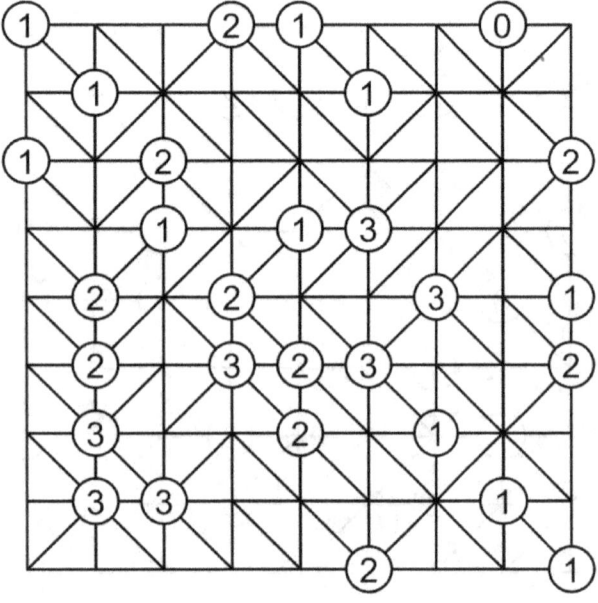

Solution (63)

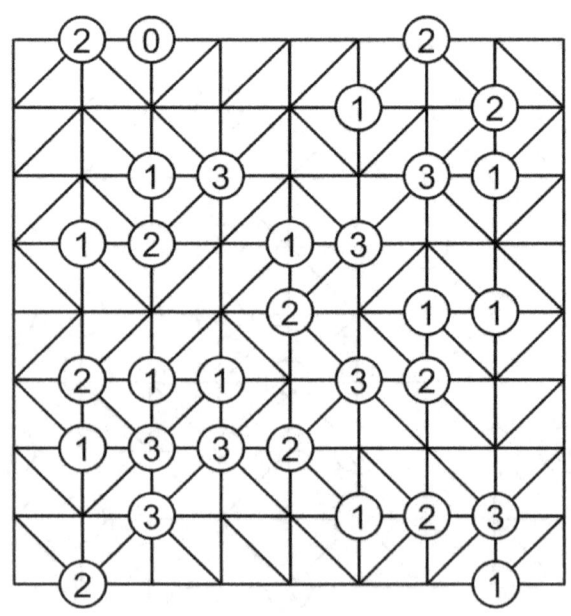

Solution (64)

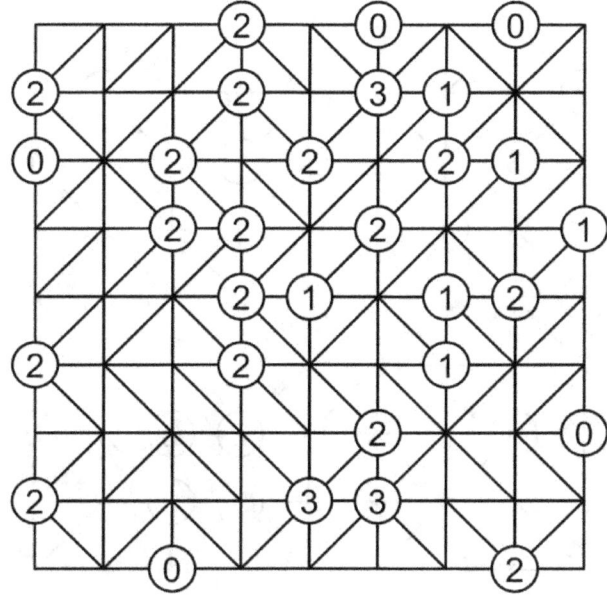

Solution (65)

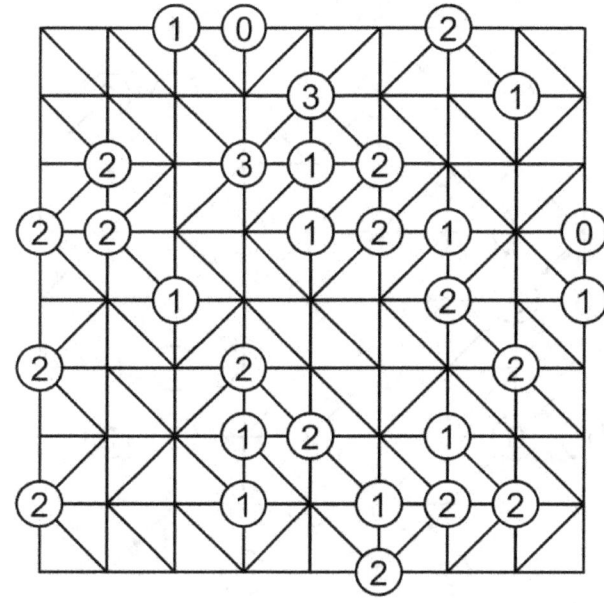

Solution (66)

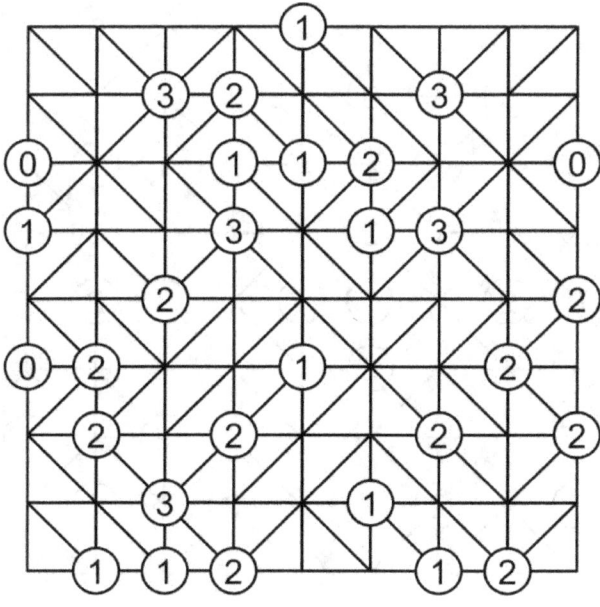

Solution (67)

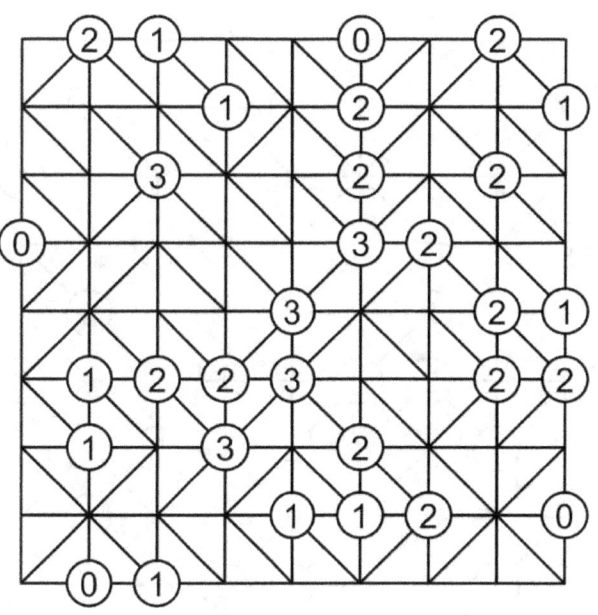

Solution (68)

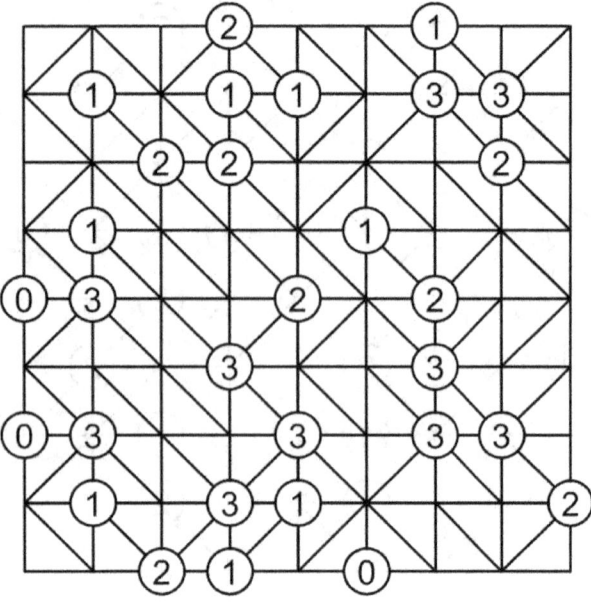

Solution (69)

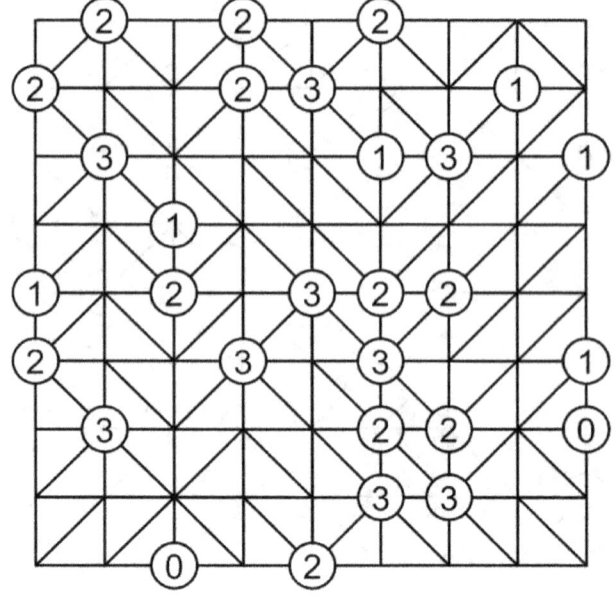

Solution (70)

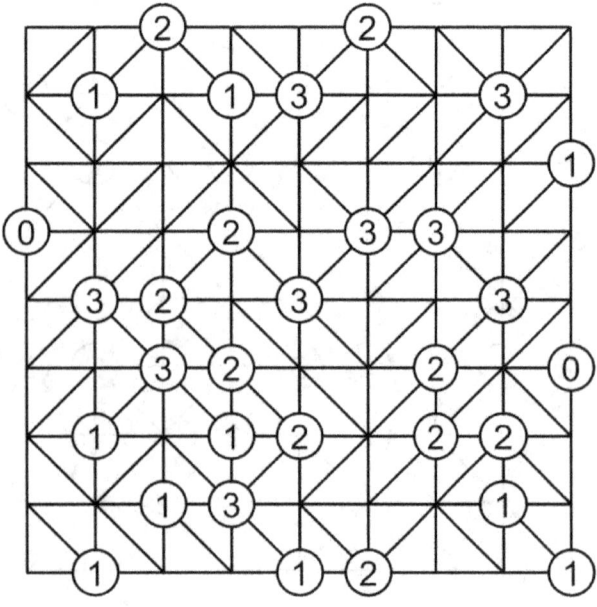

Solution (71)

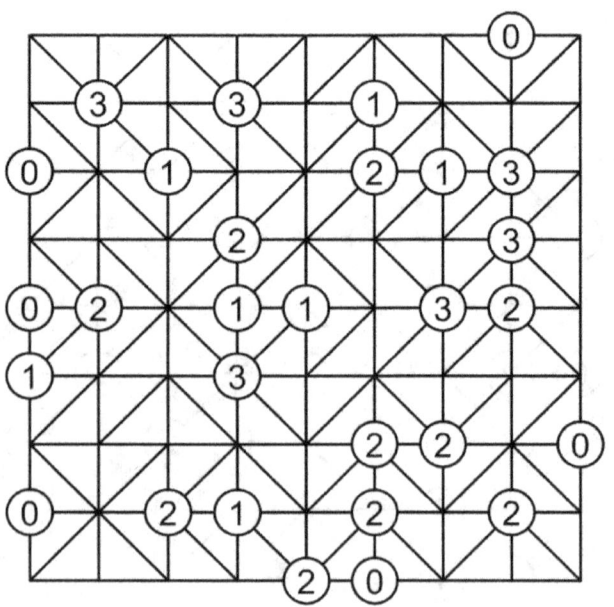

Solution (72)

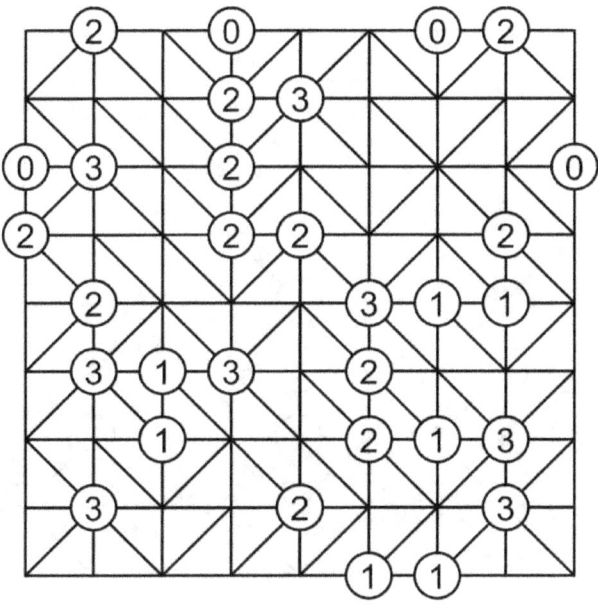

Solution (73)

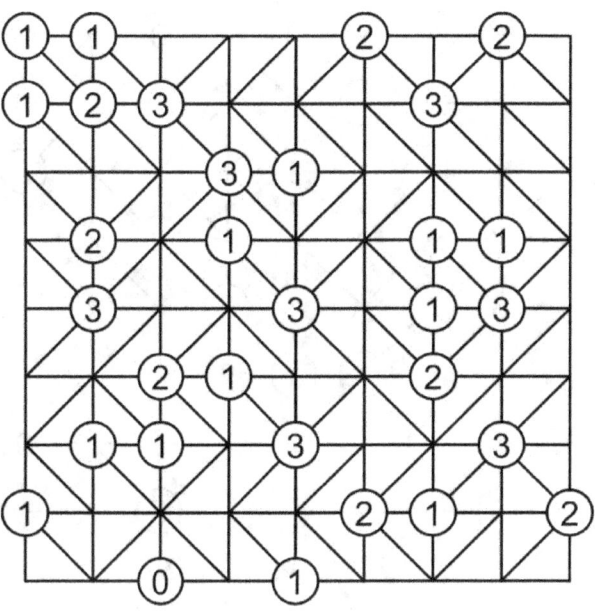

Solution (74)

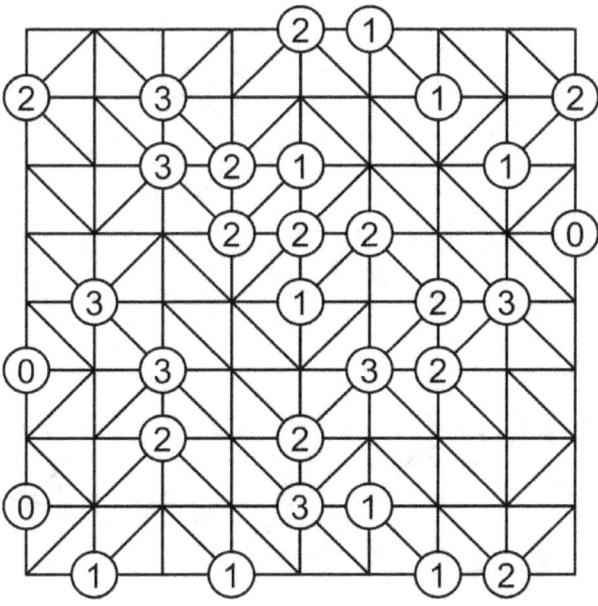

Solution (75)

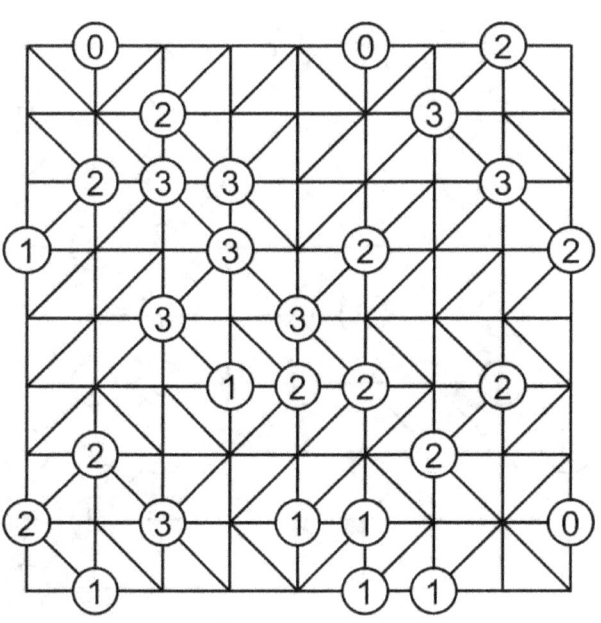

Solution (76)

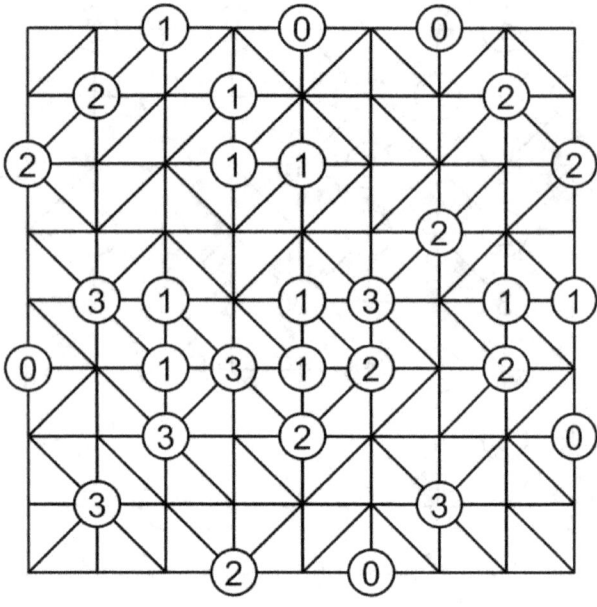

Solution (77)

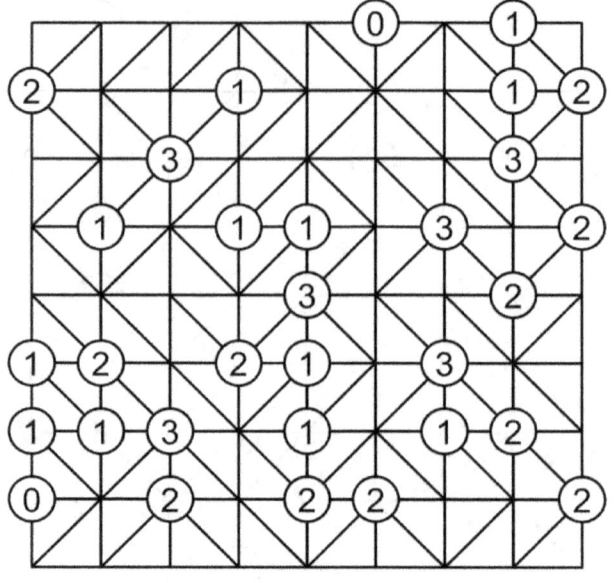

Solution (78)

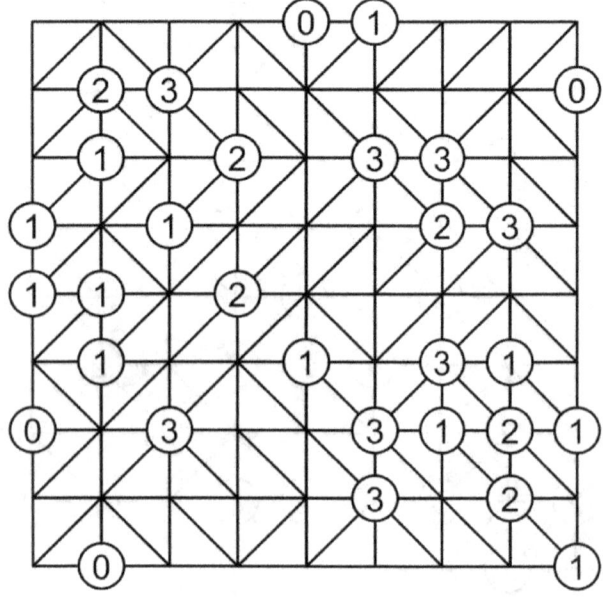

Solution (79)

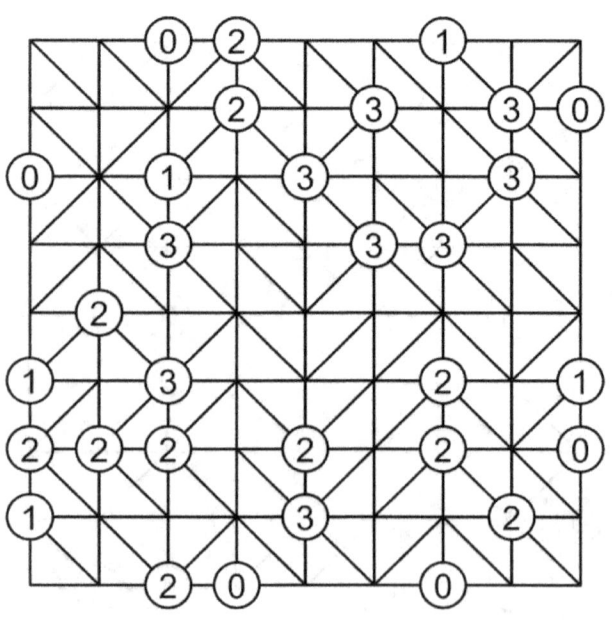

Solution (80)

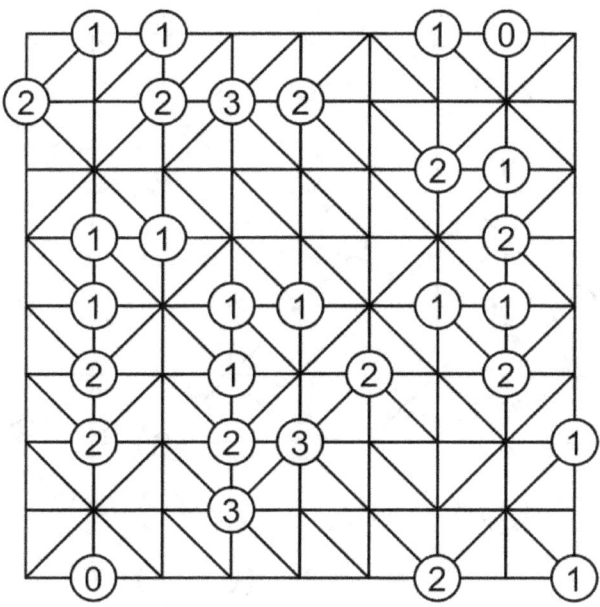

Solution (81)

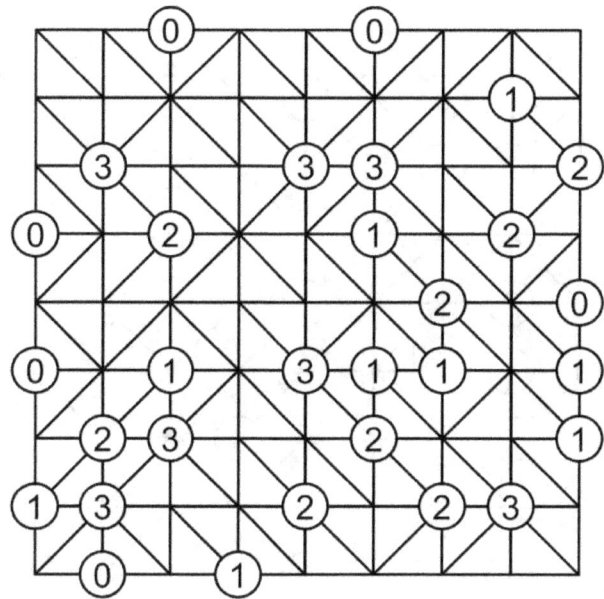

Solution (82)

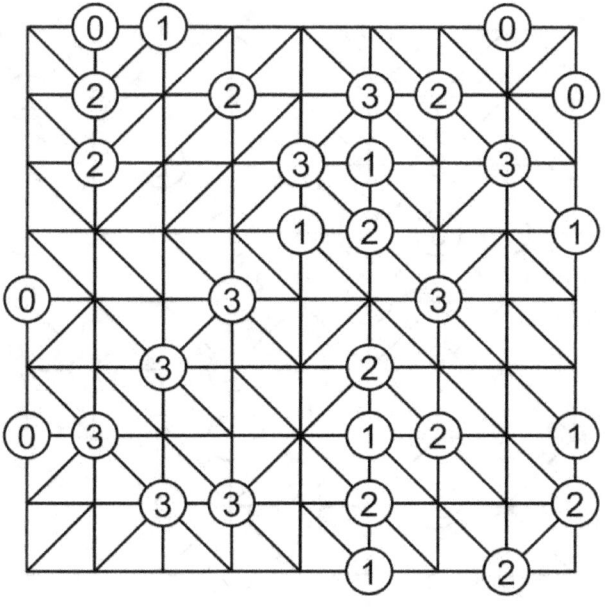

Solution (83)

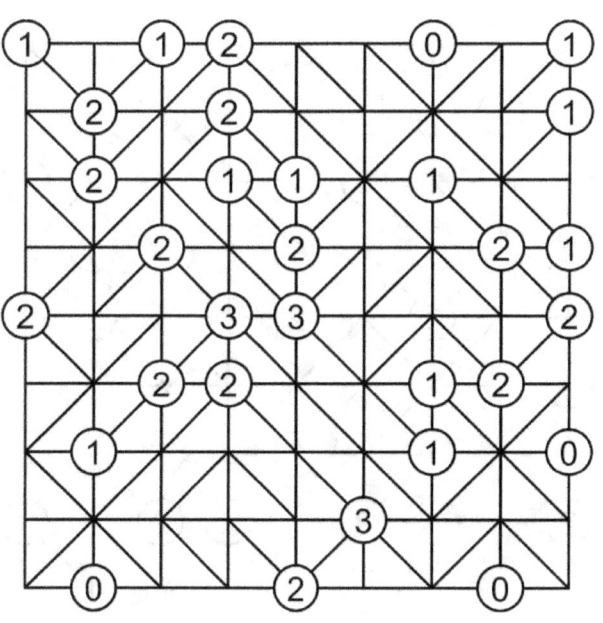

Solution (84)

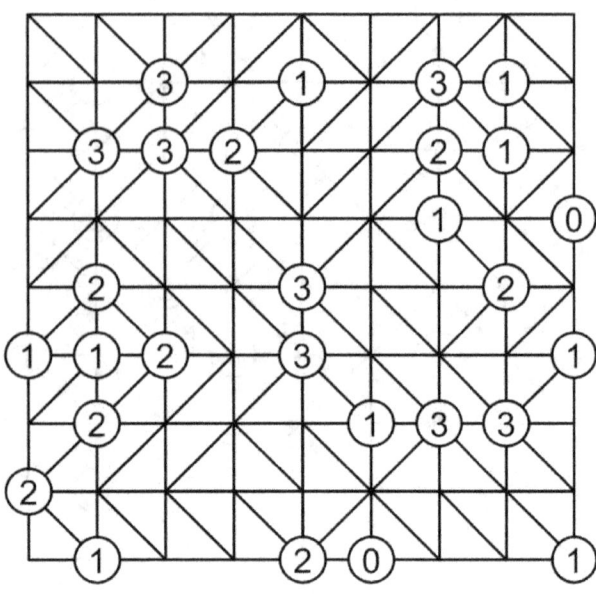

Solution (85)

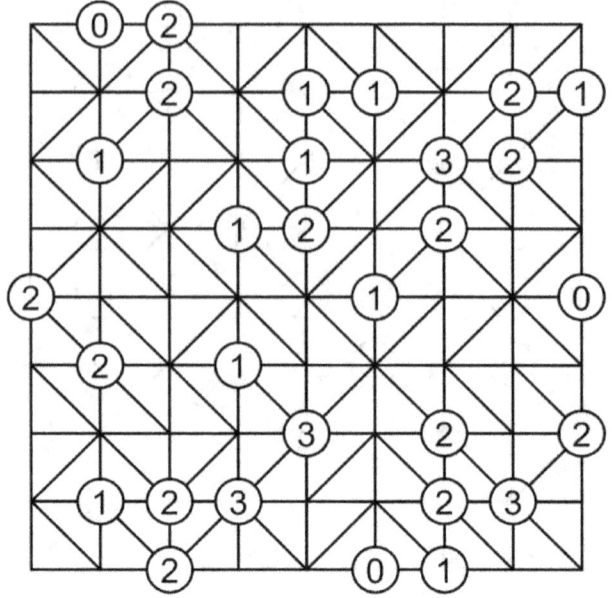

Solution (86)

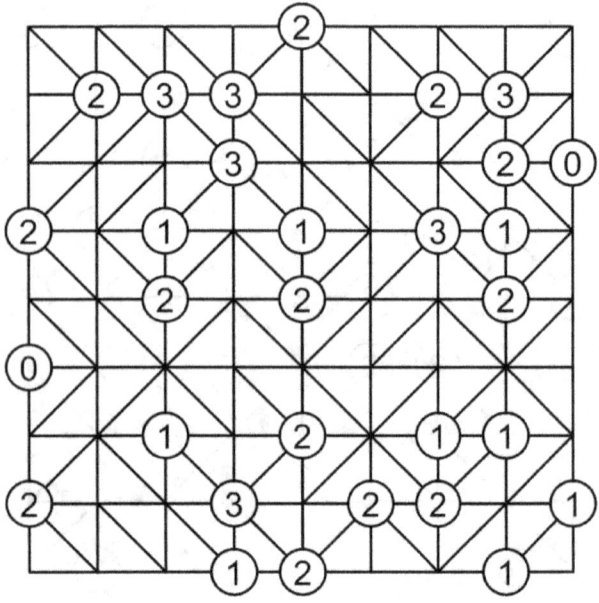

Solution (87)

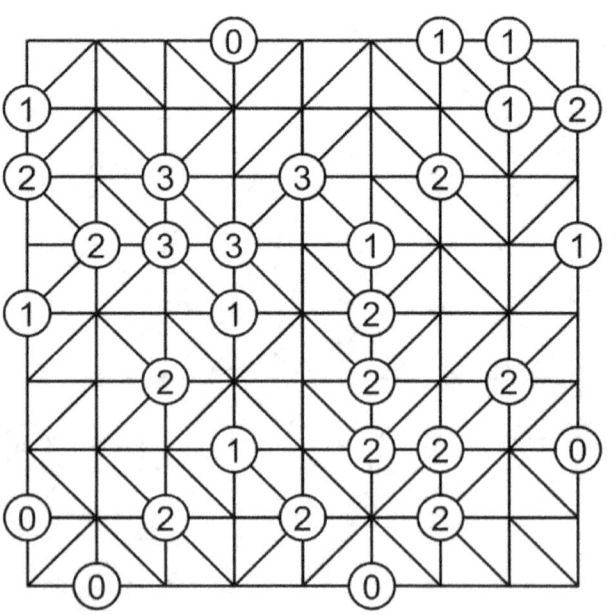

Solution (88)

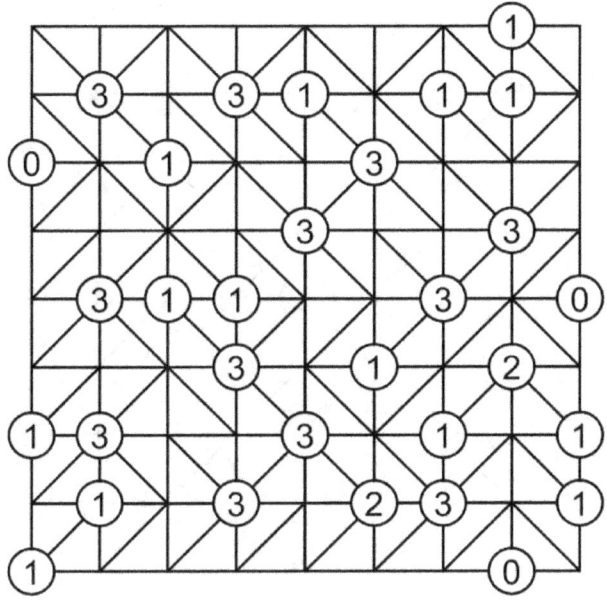

Solution (89)

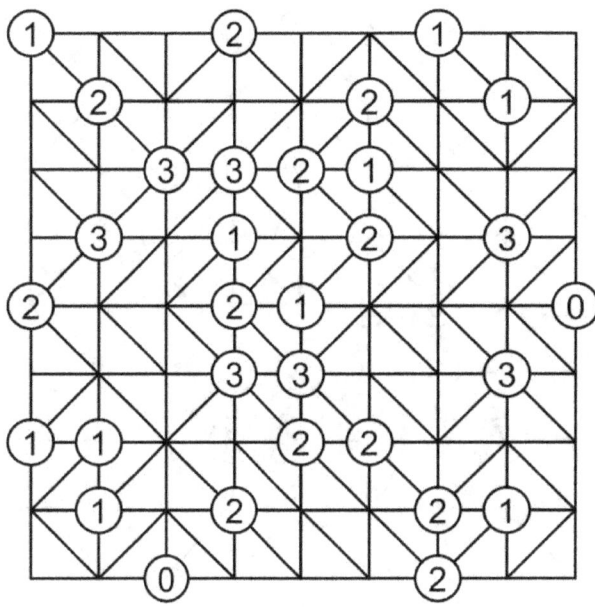

Solution (90)

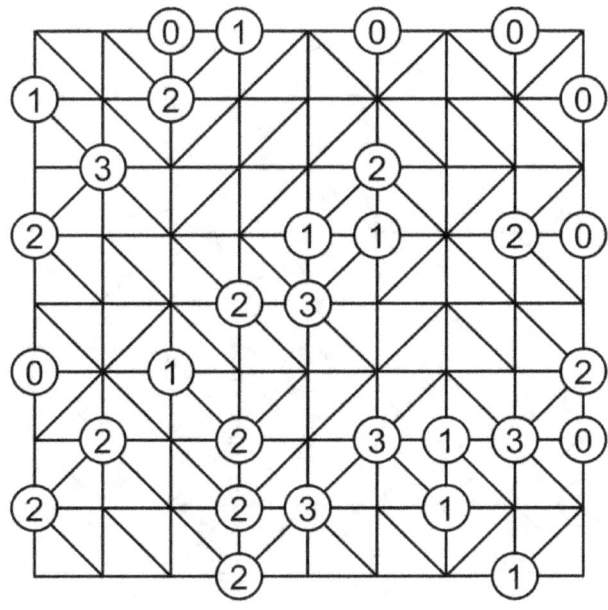

Solution (91)

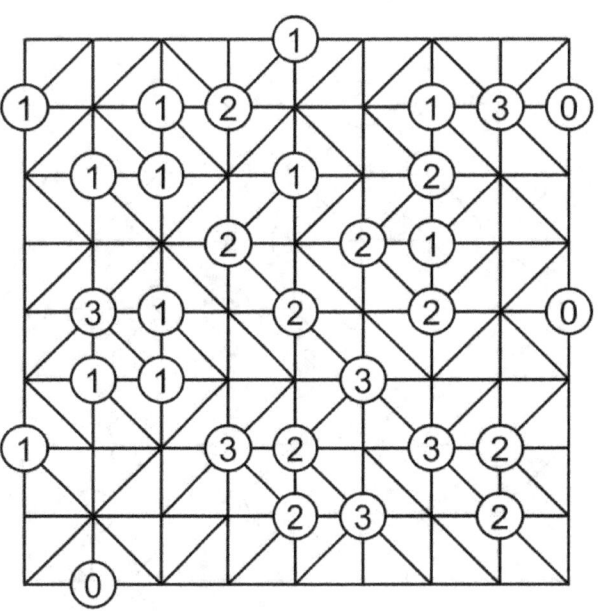

Solution (92)

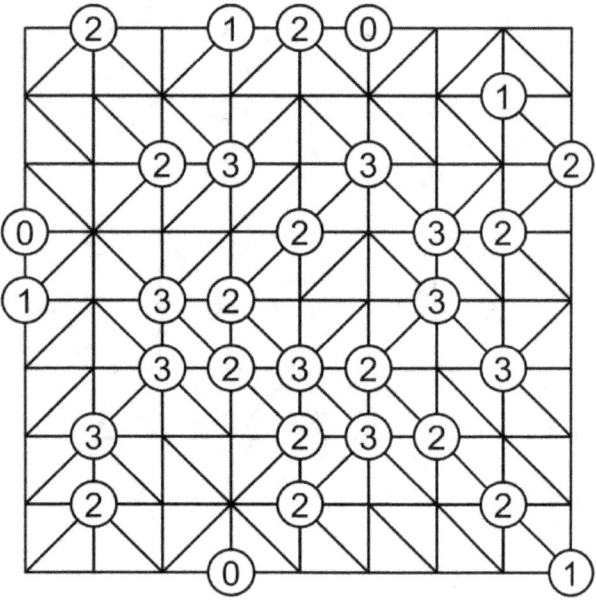

Solution (93)

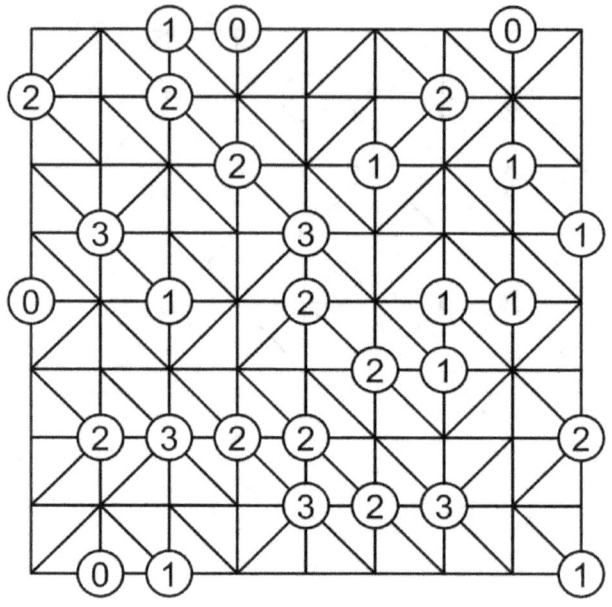

Solution (94)

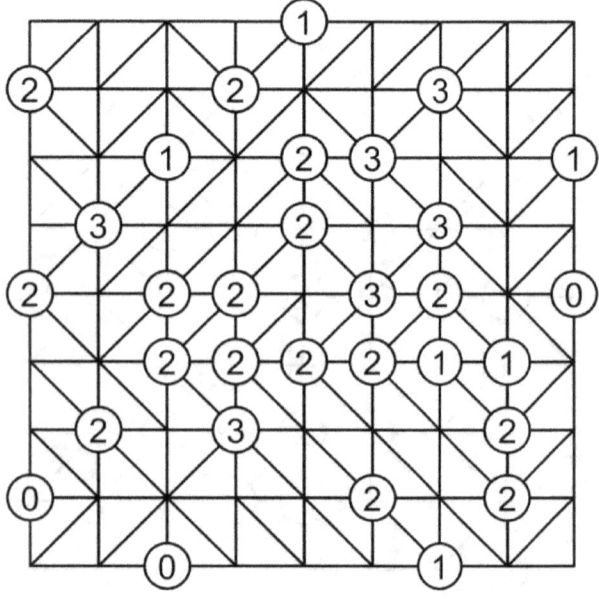

Solution (95)

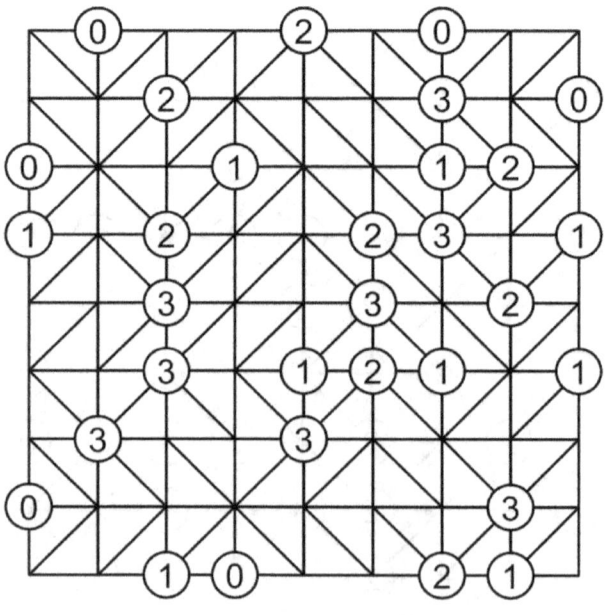

Solution (96)

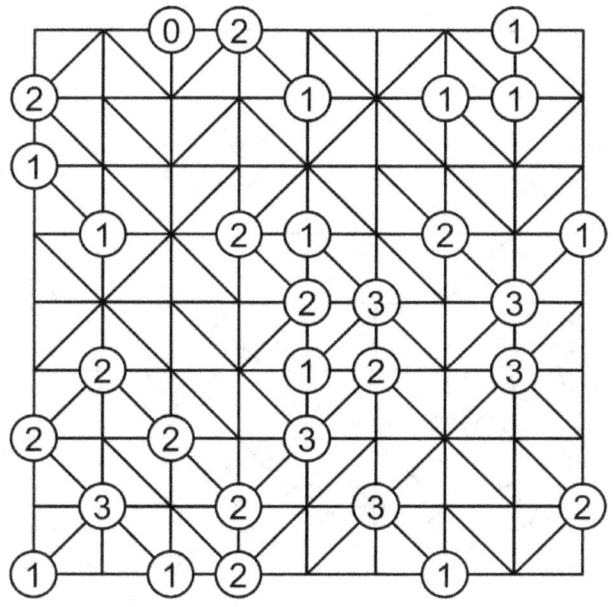

Solution (97)

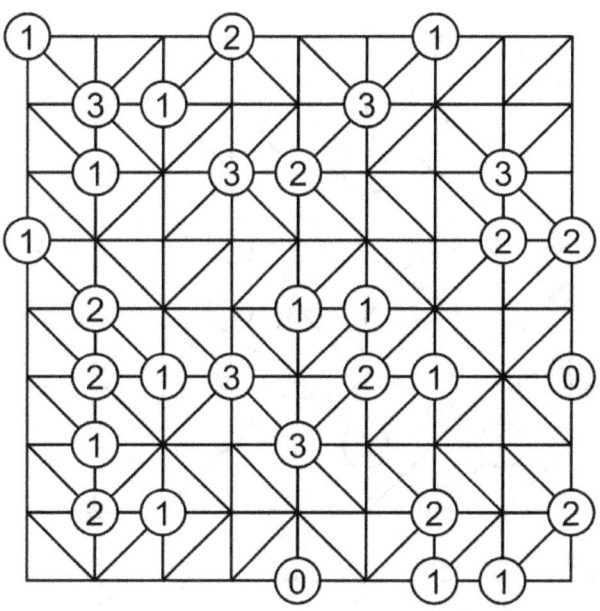

Solution (98)

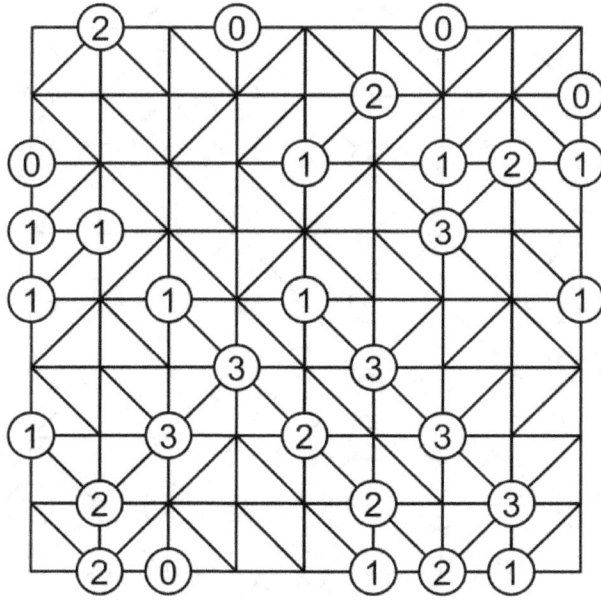

Solution (99)

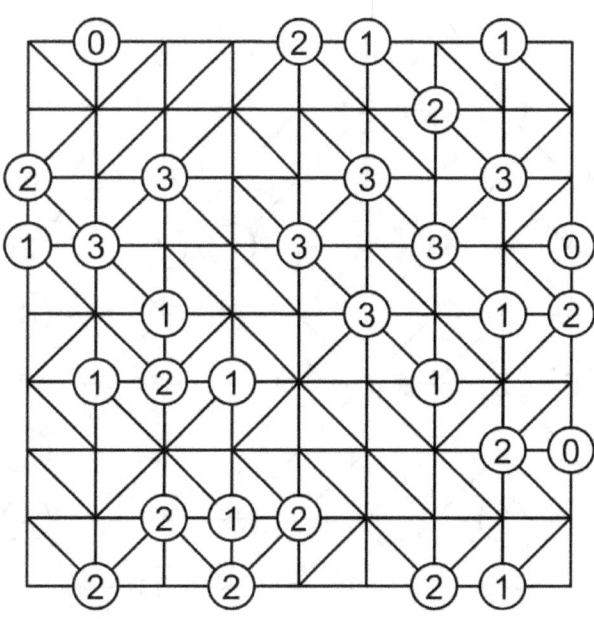

Solution (100)

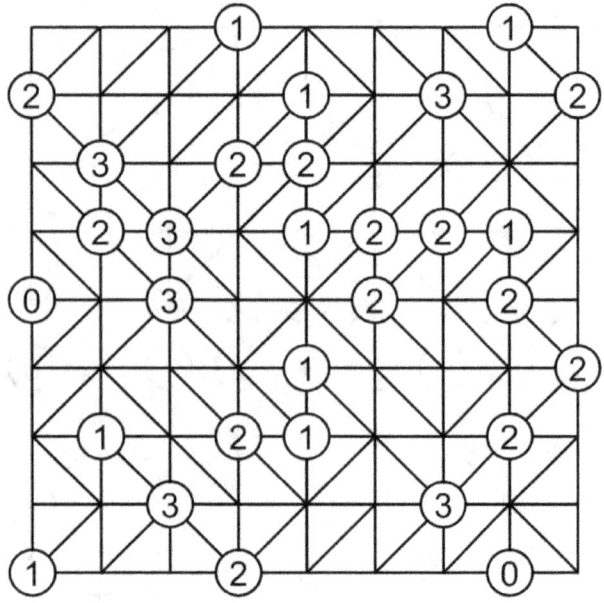

Solution (101)

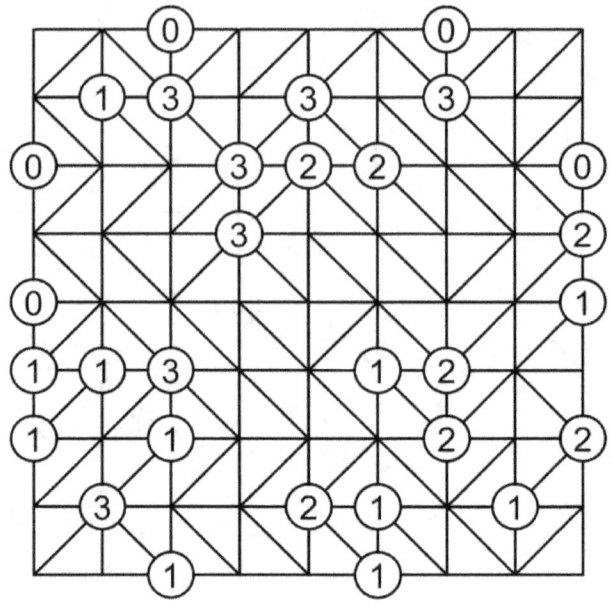

Solution (102)

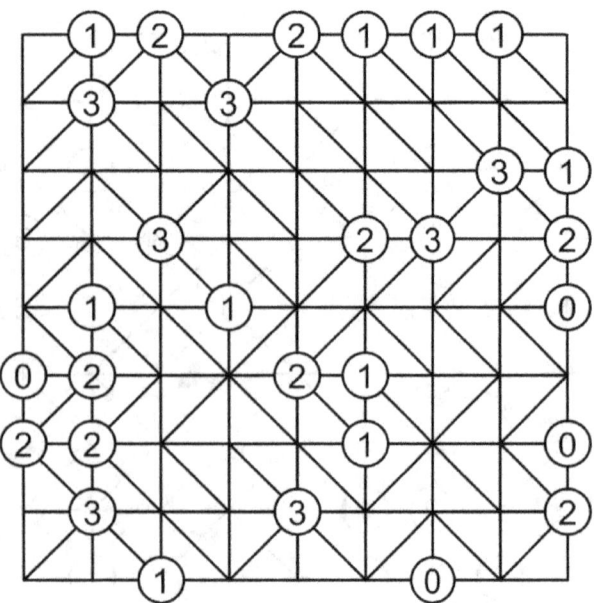

Solution (103)

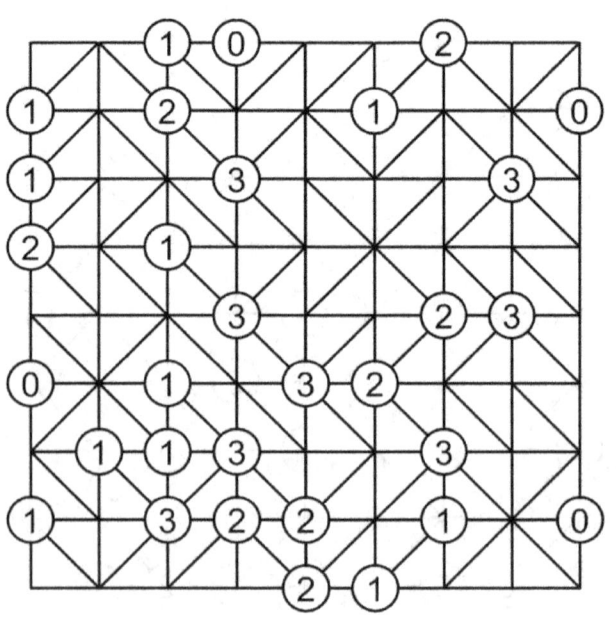

Solution (104)

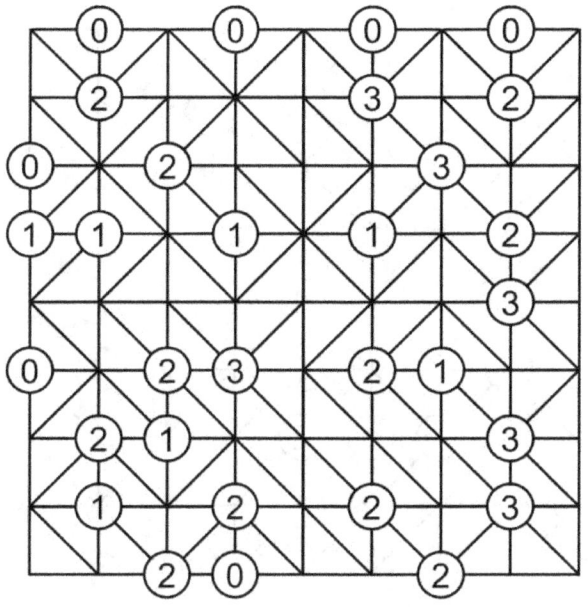

Solution (105)

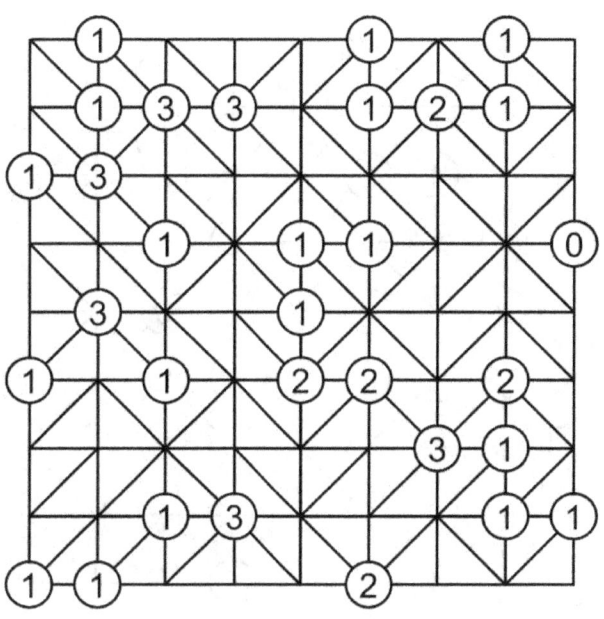

Solution (106)

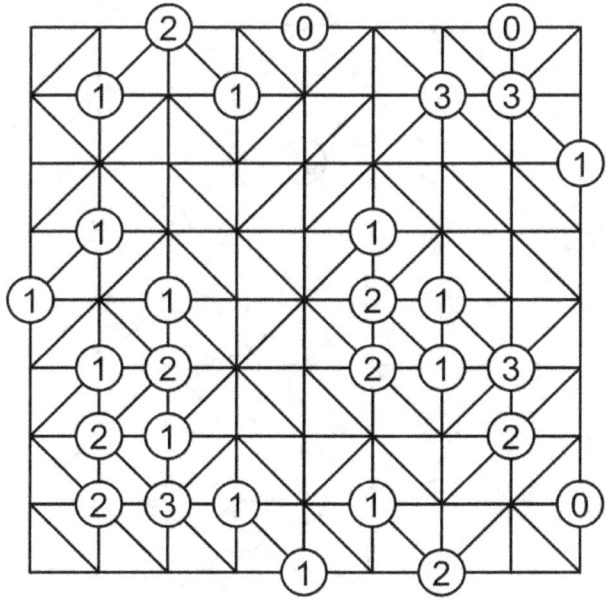

Solution (107)

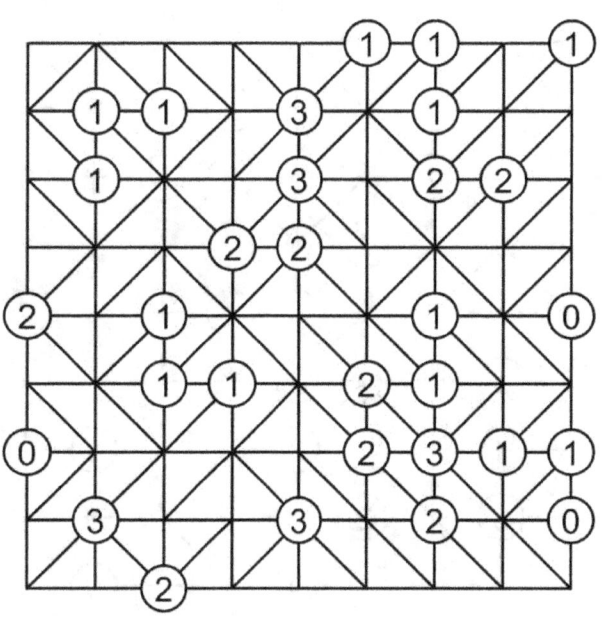

Solution (108)

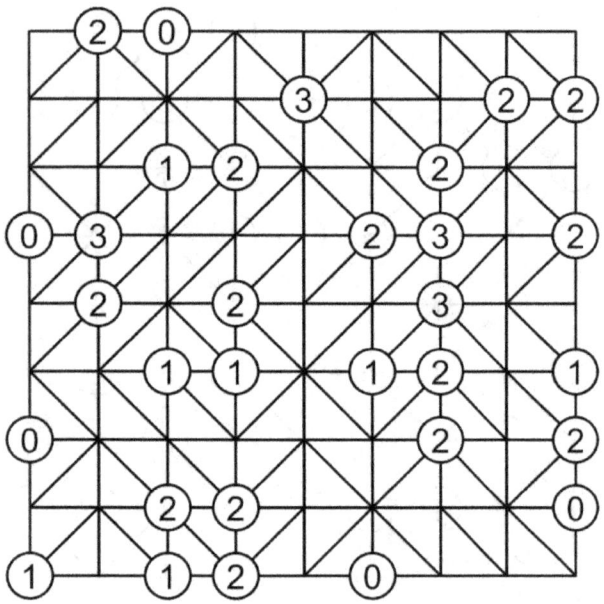

Solution (109)

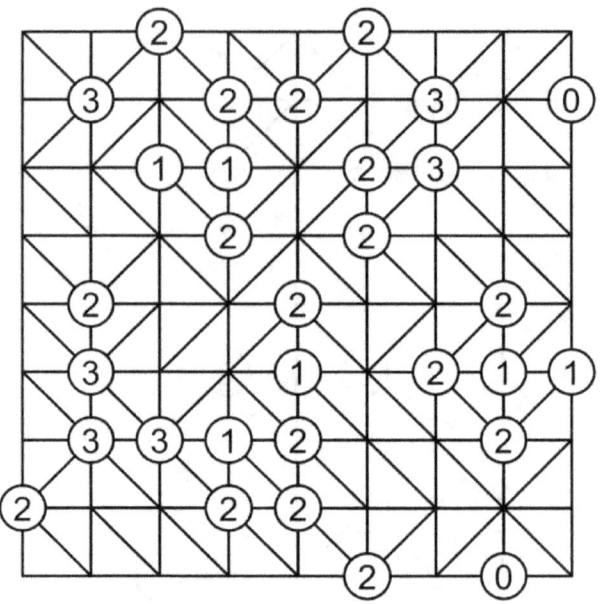

Solution (110)

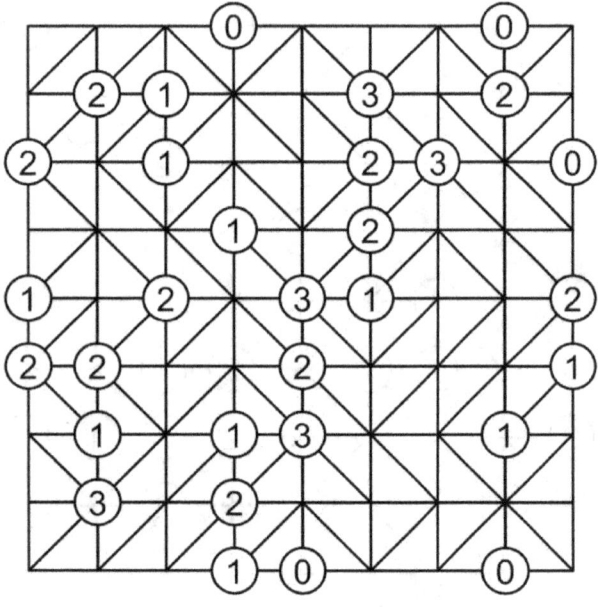

Solution (111)

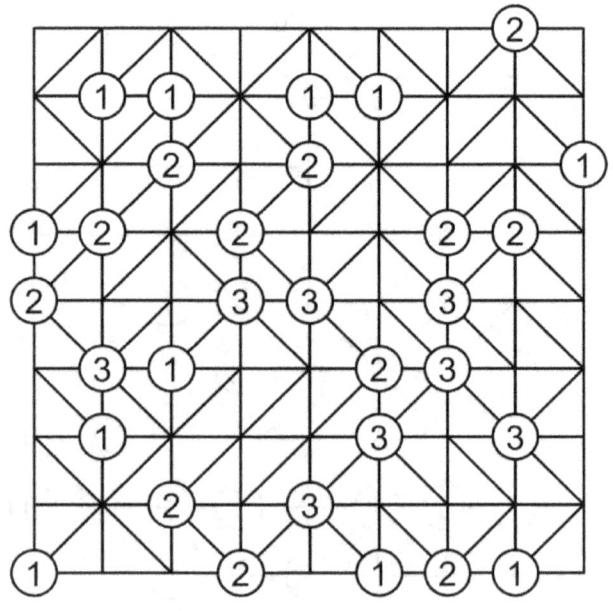

Solution (112)

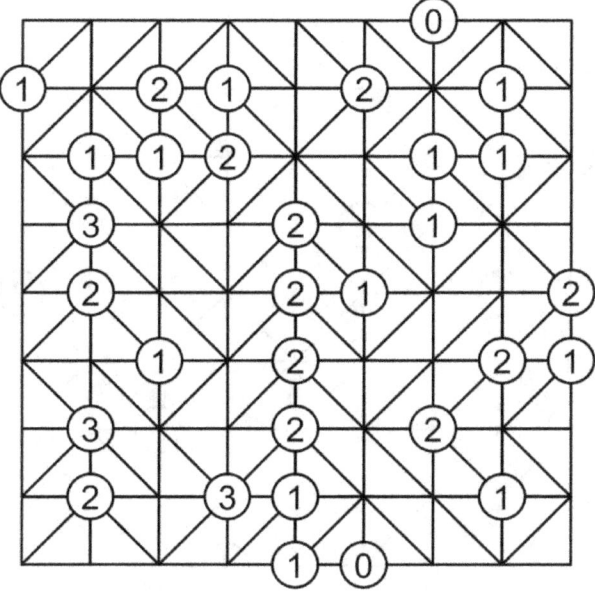

Solution (113)

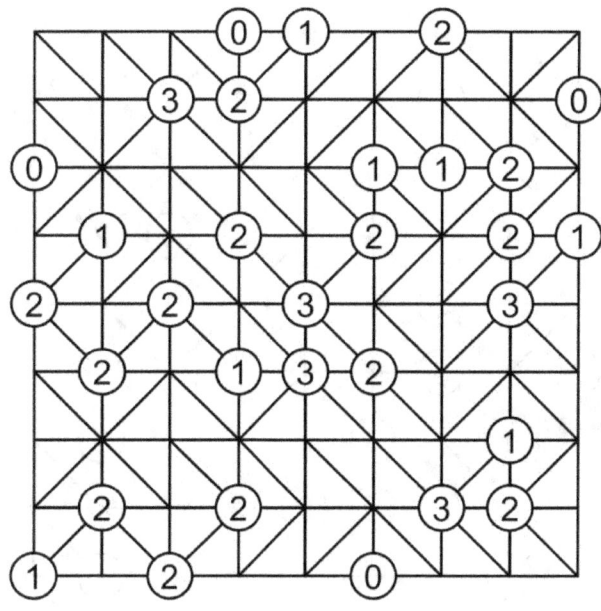

Solution (114)

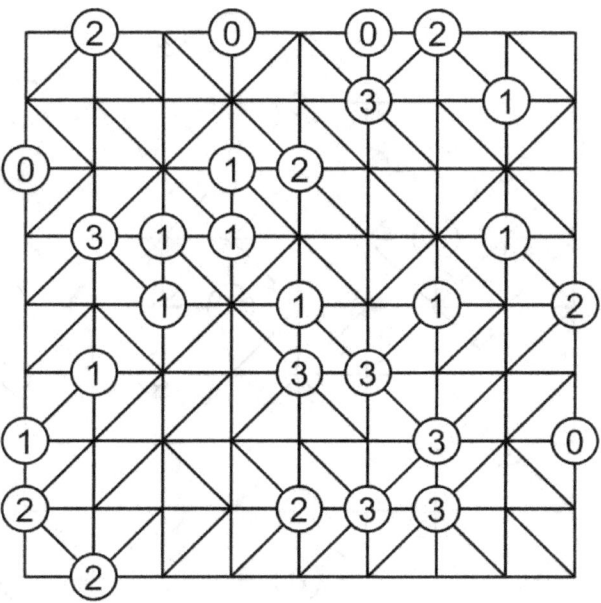

Solution (115)

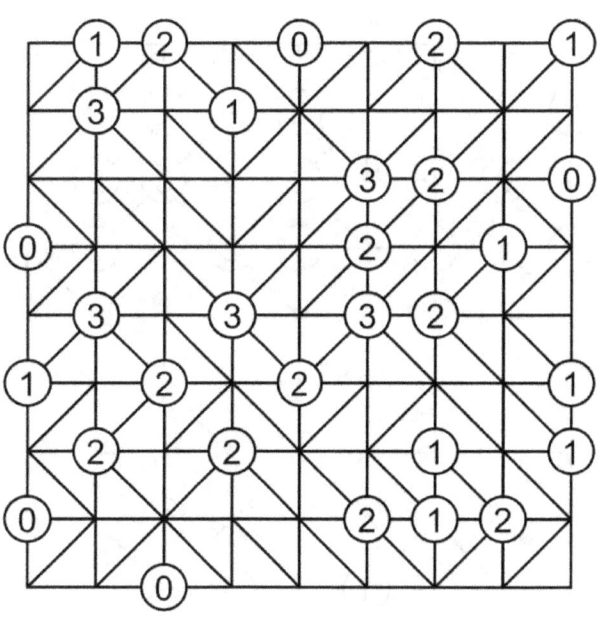

Solution (116)

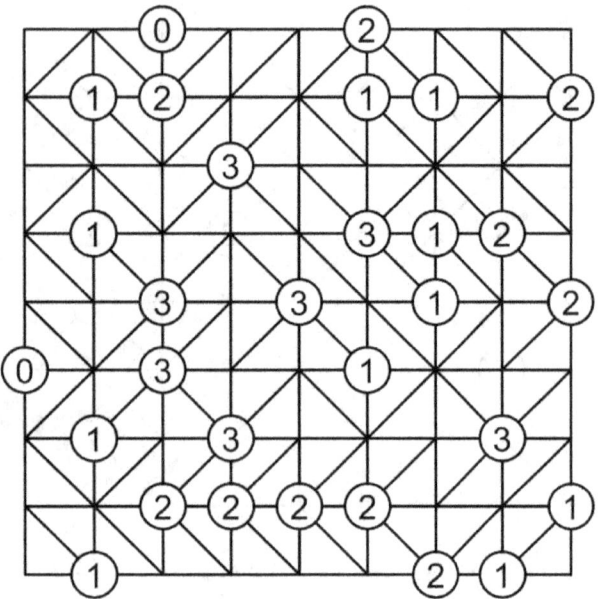

Solution (117)

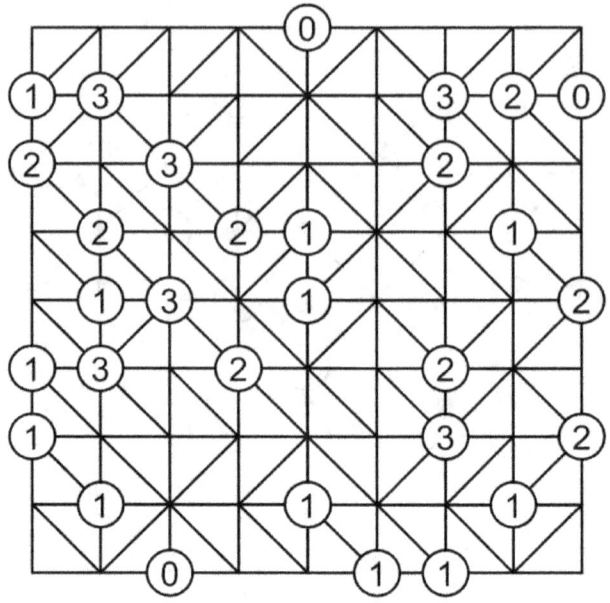

Solution (118)

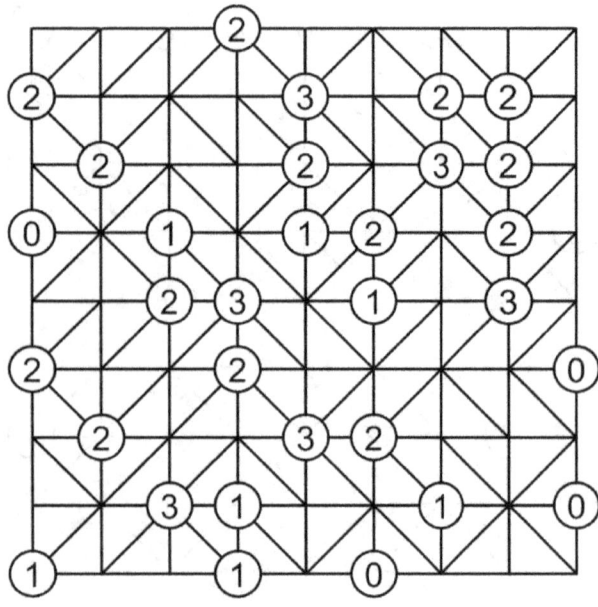

Solution (119)

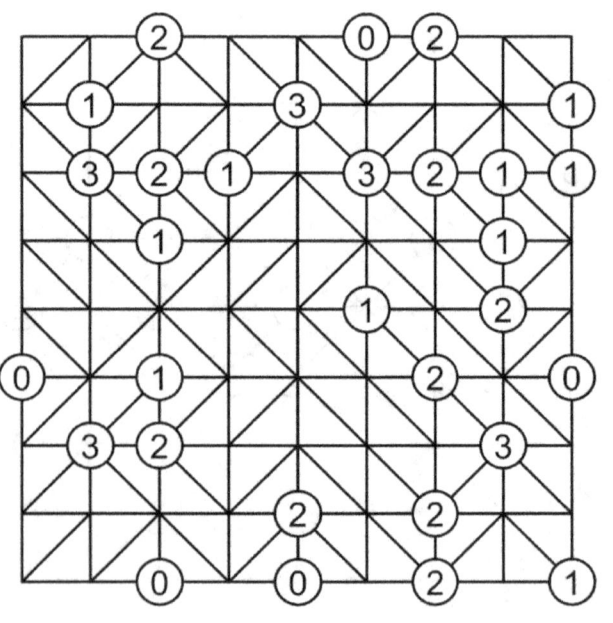

Solution (120)

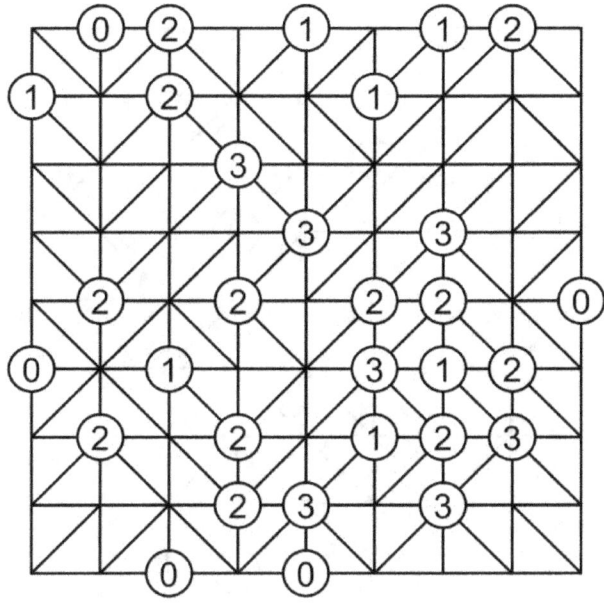

Solution (121)

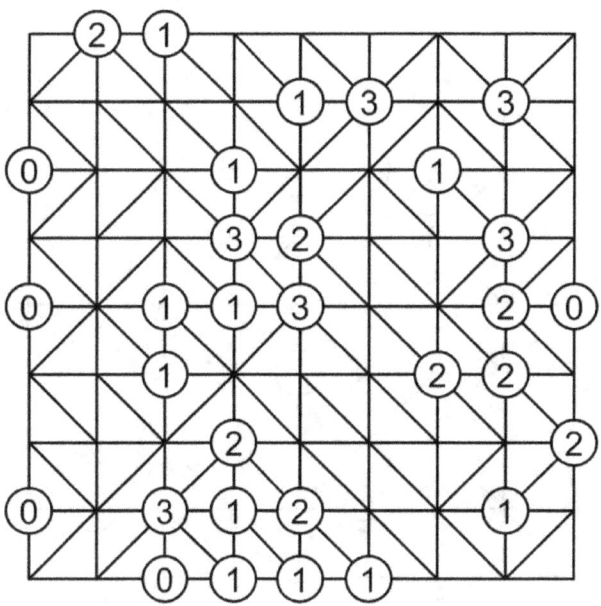

Solution (122)

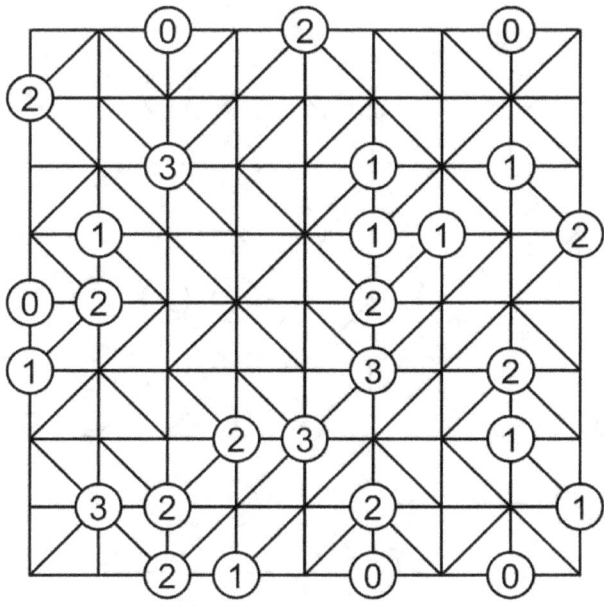

Solution (123)

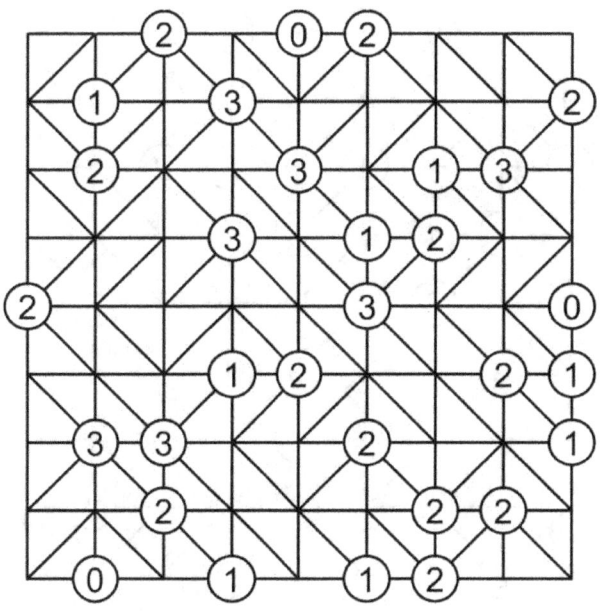

Solution (124)

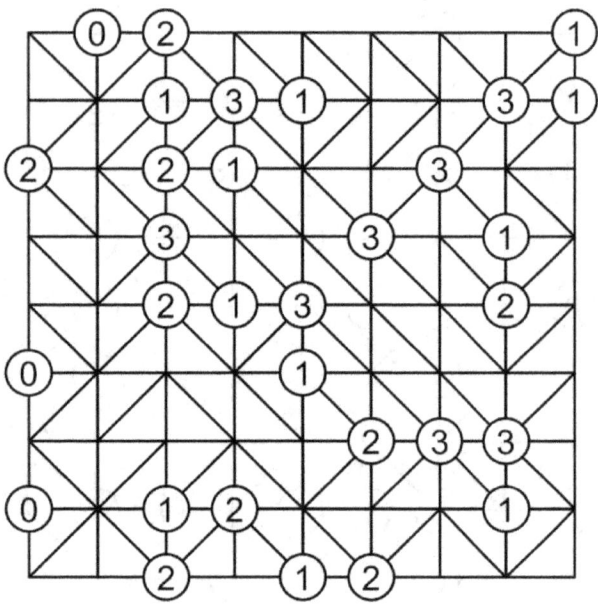

Solution (125)

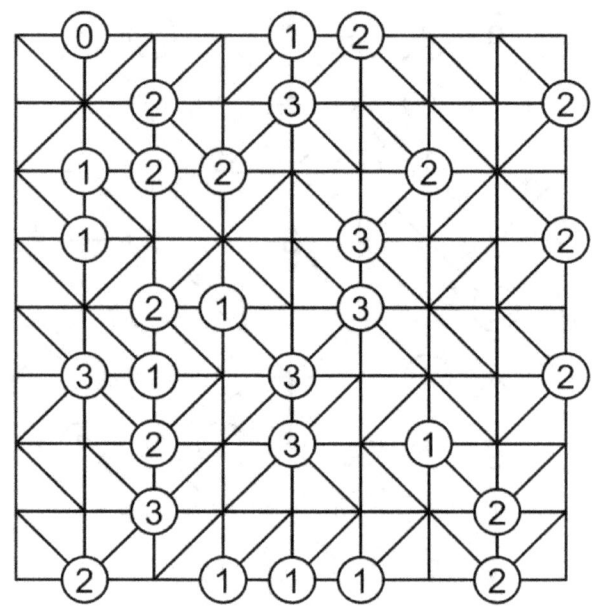

Solution (126)

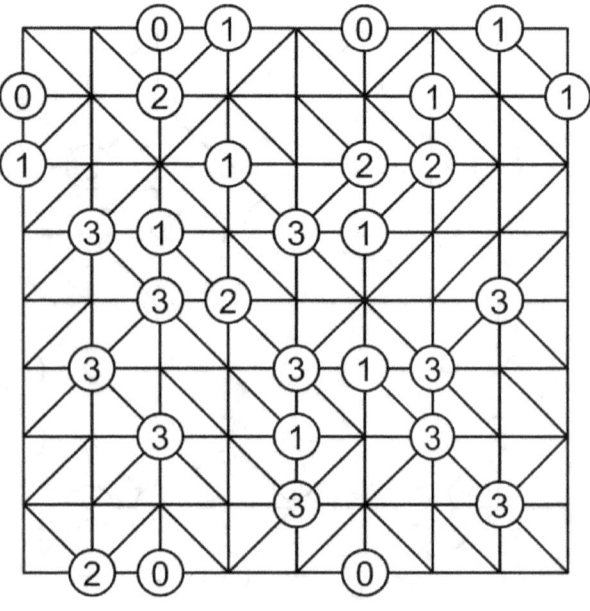

Solution (127)

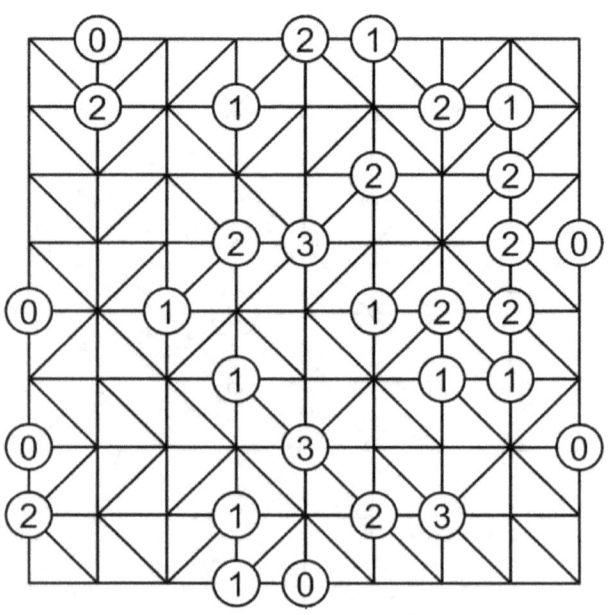

Solution (128)

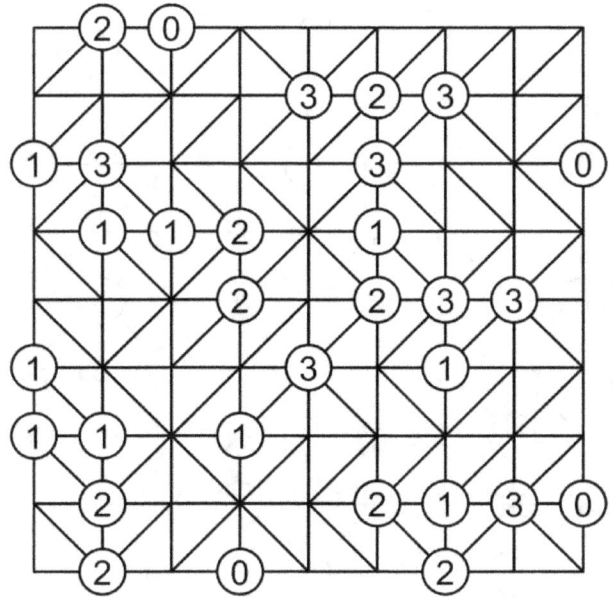

Solution (129)

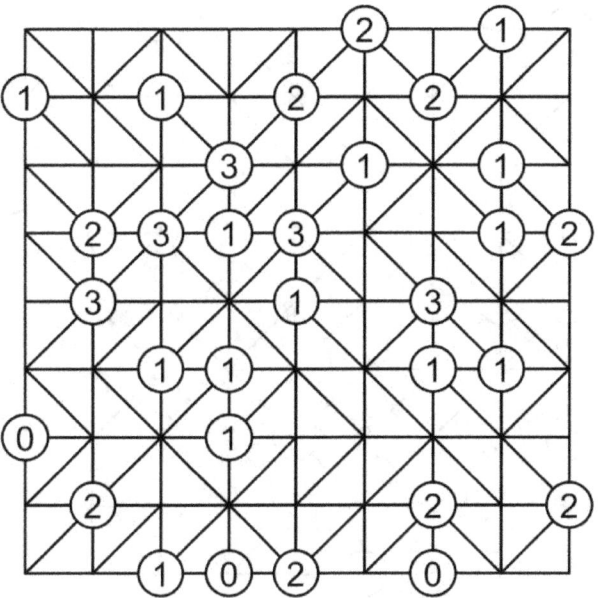

Solution (130)

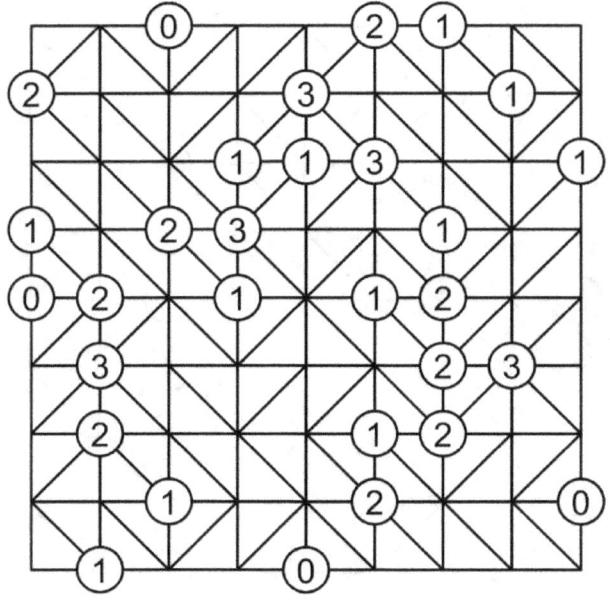

Solution (131)

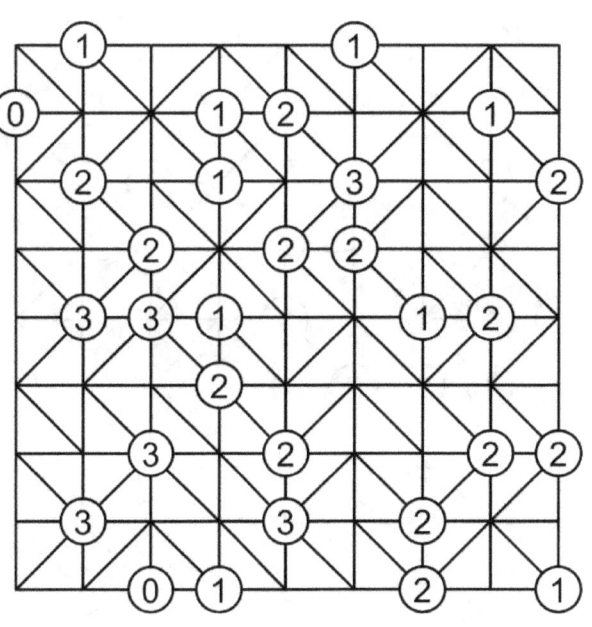

Solution (132)

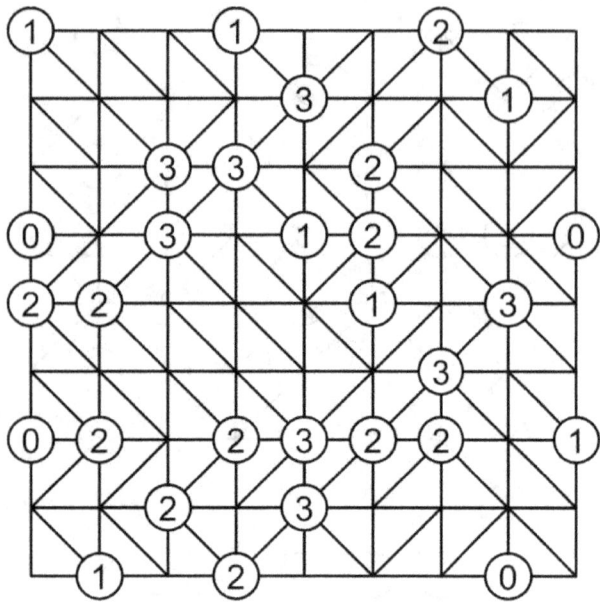

Solution (133)

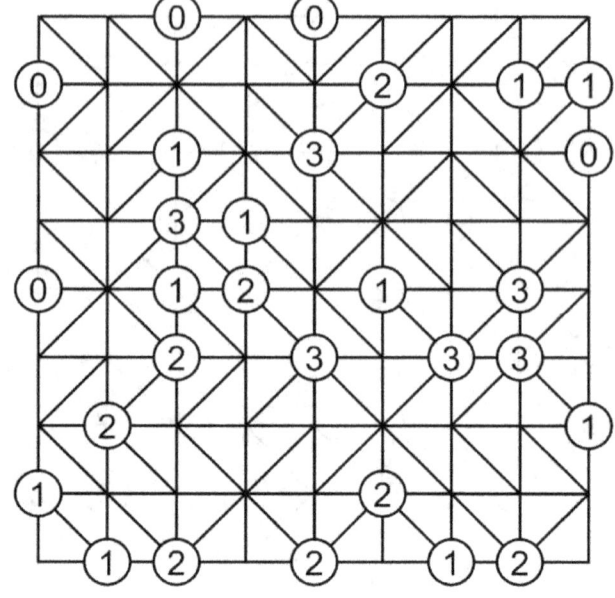

Solution (134)

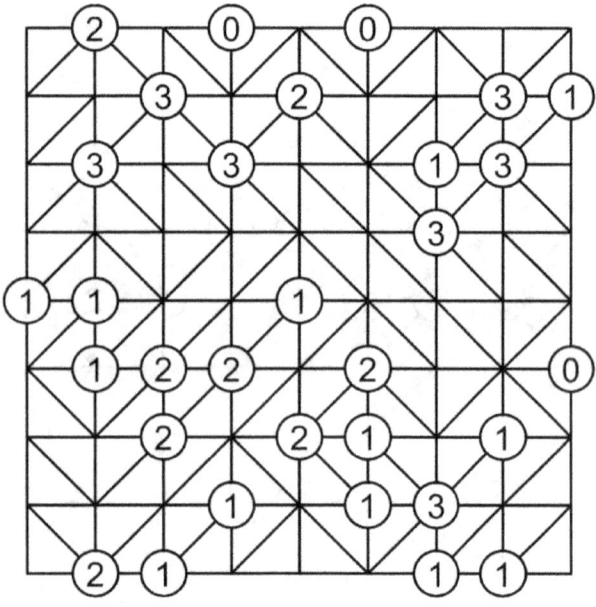

Solution (135)

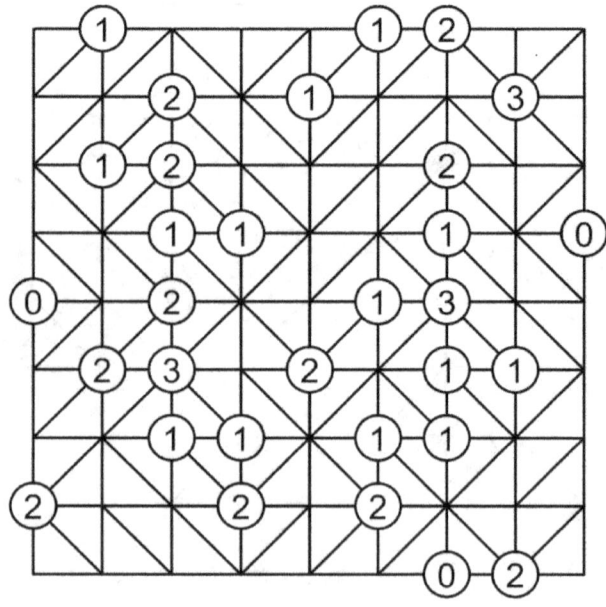

Solution (136)

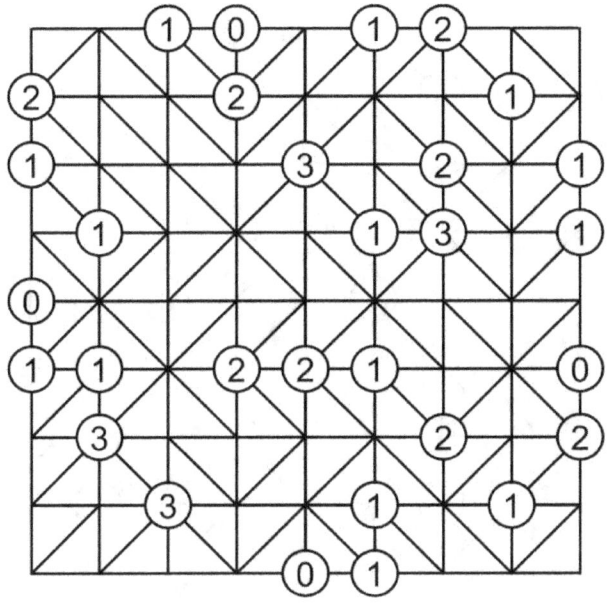

Solution (137)

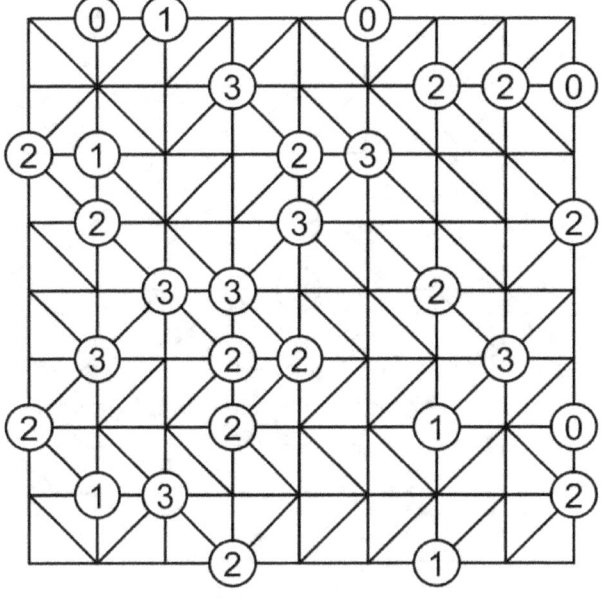

Solution (138)

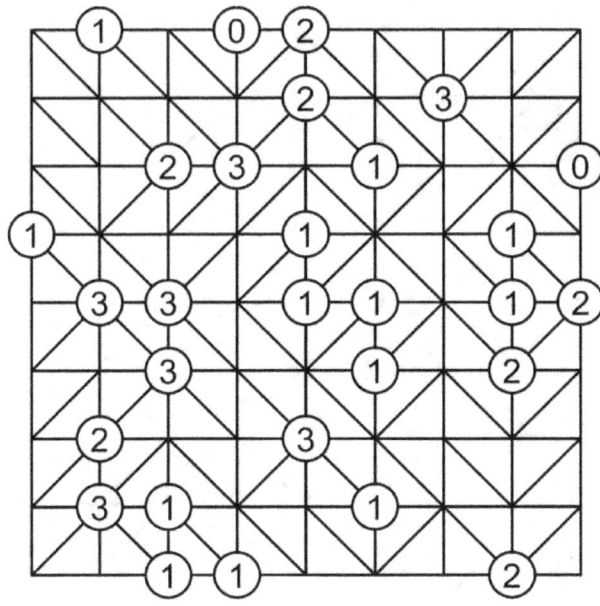

Solution (139)

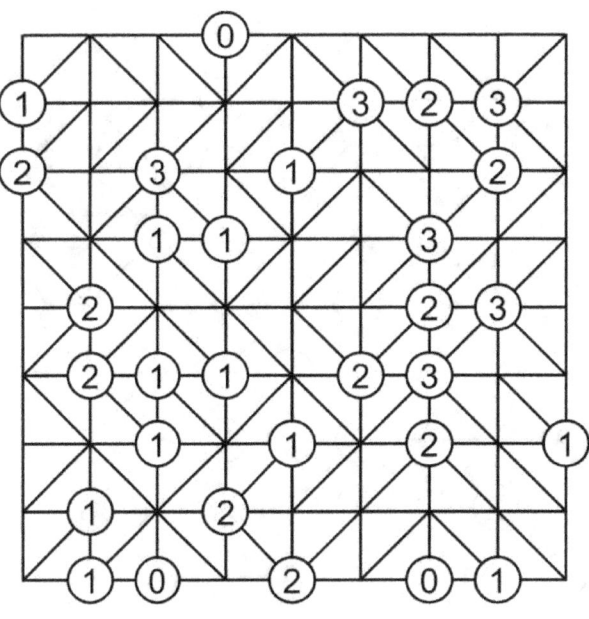

Solution (140)

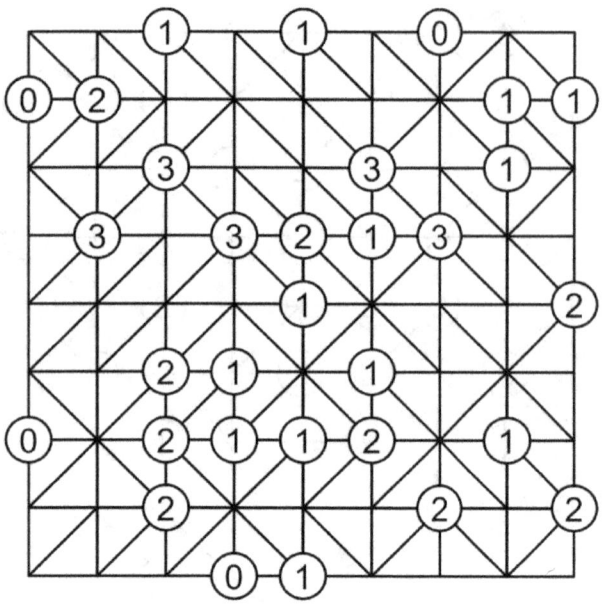

Solution (141)

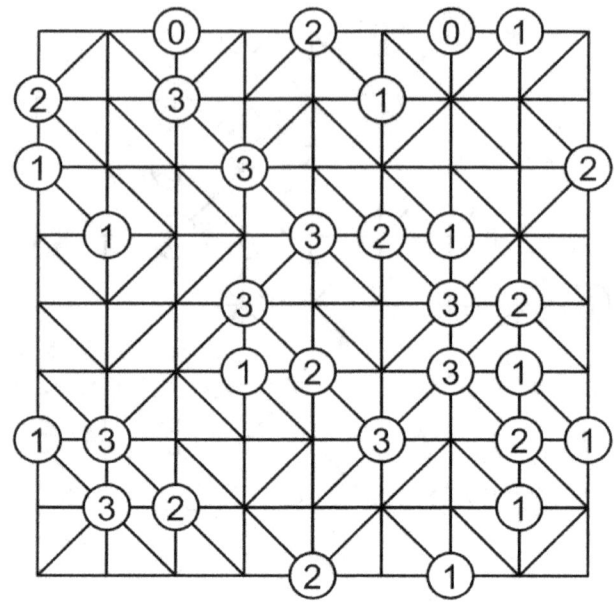

Solution (142)

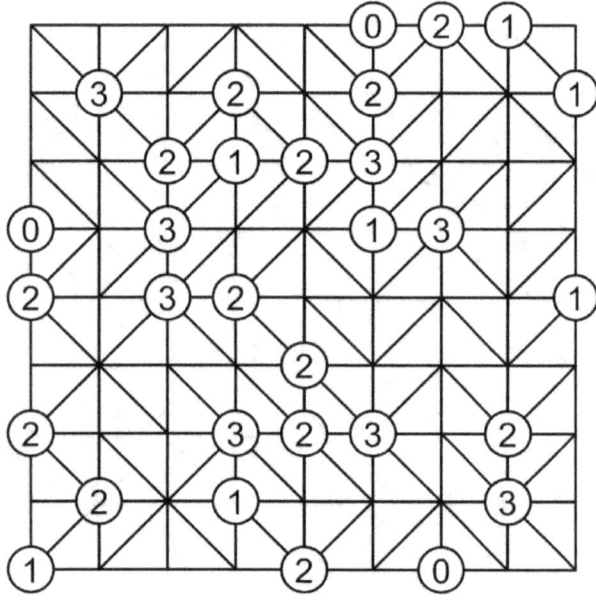

Solution (143)

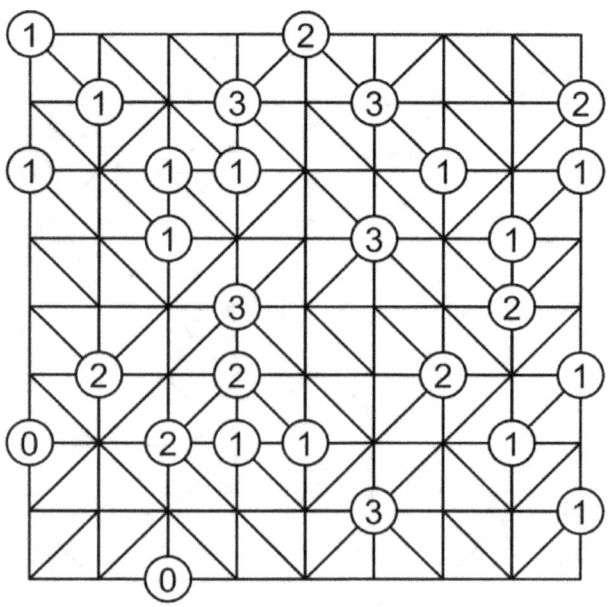

Solution (144)

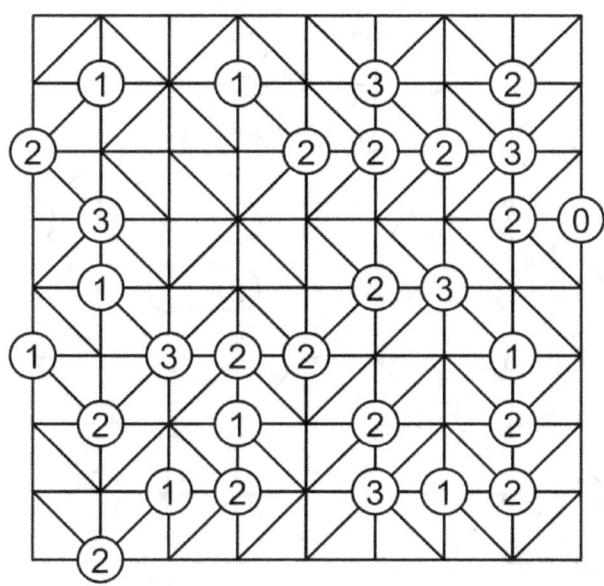

Solution (145)

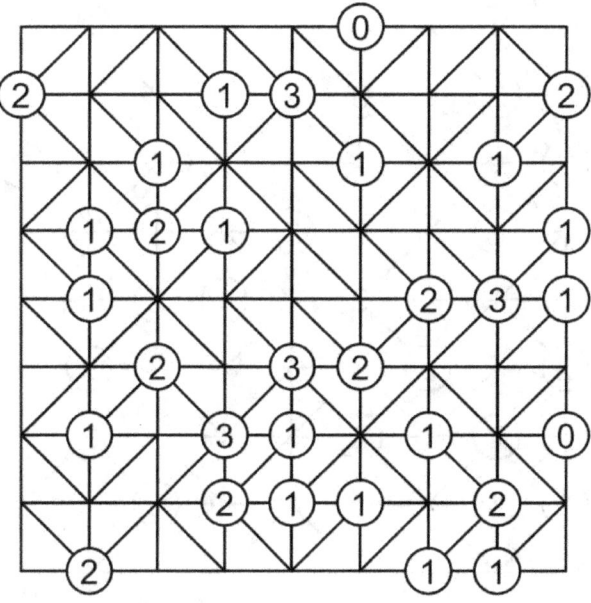

Solution (146)

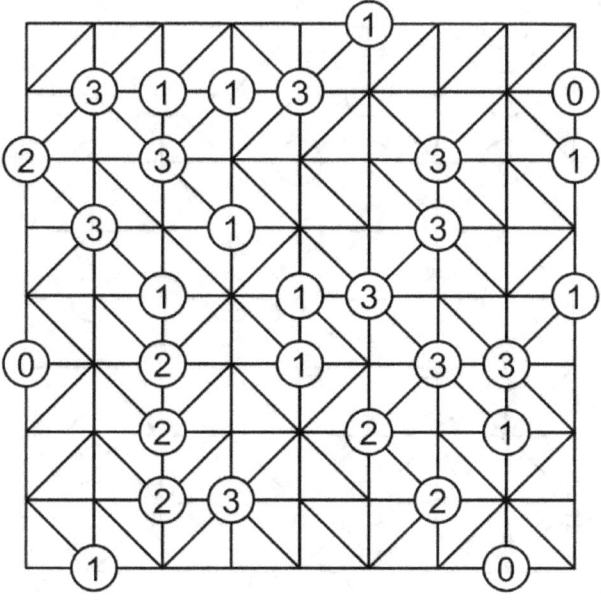

Solution (147)

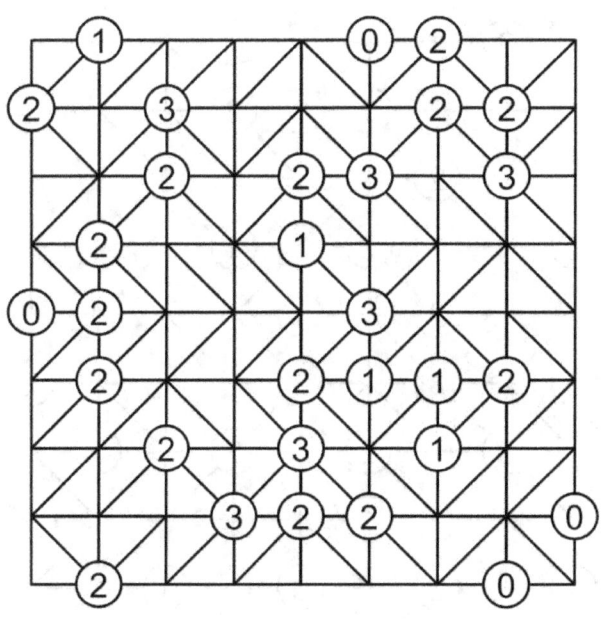

Solution (148)

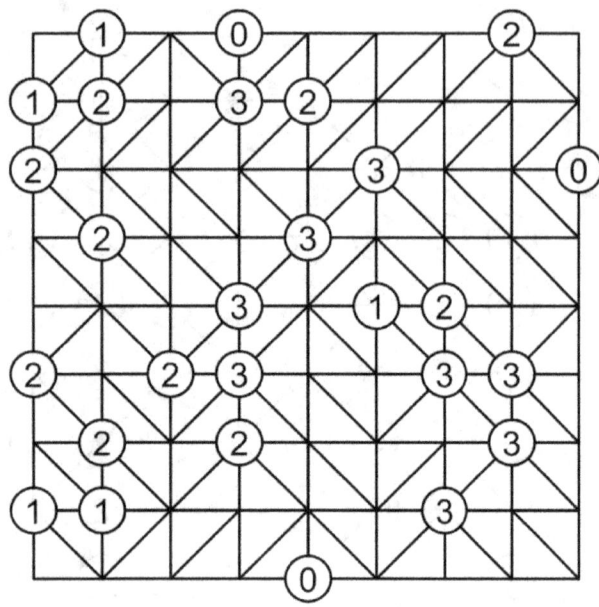

Solution (149)

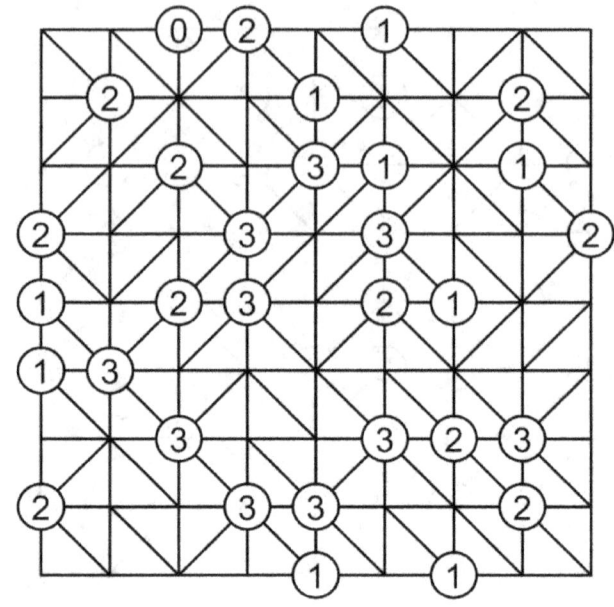

Solution (150)

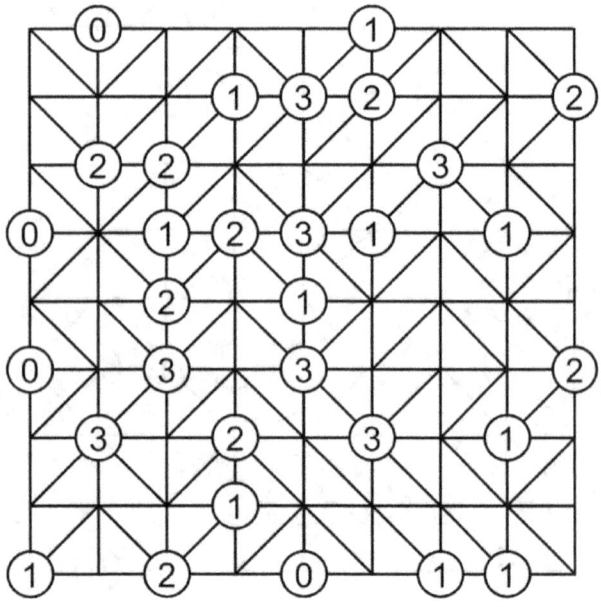

Solution (151)

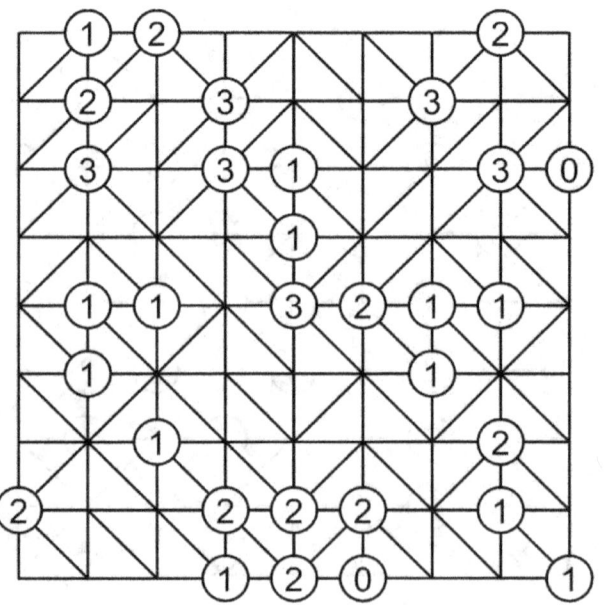

Solution (152)

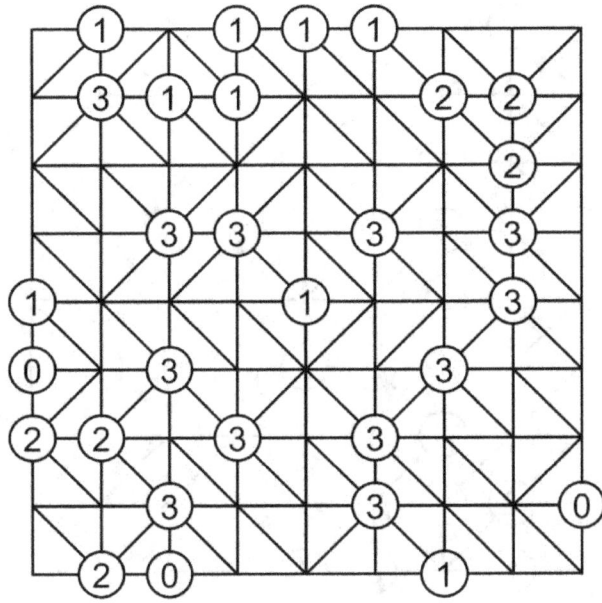

Solution (153)

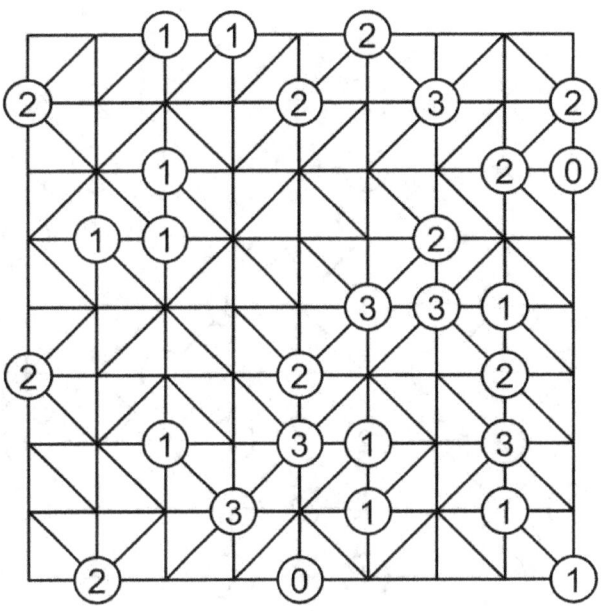

Solution (154)

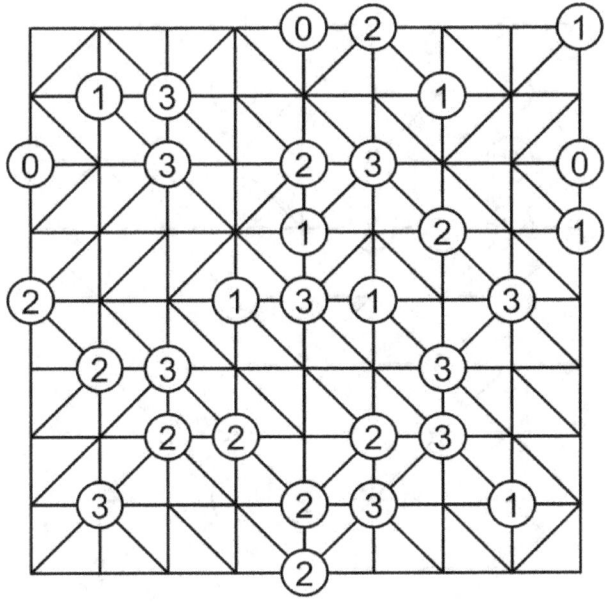

Solution (155)

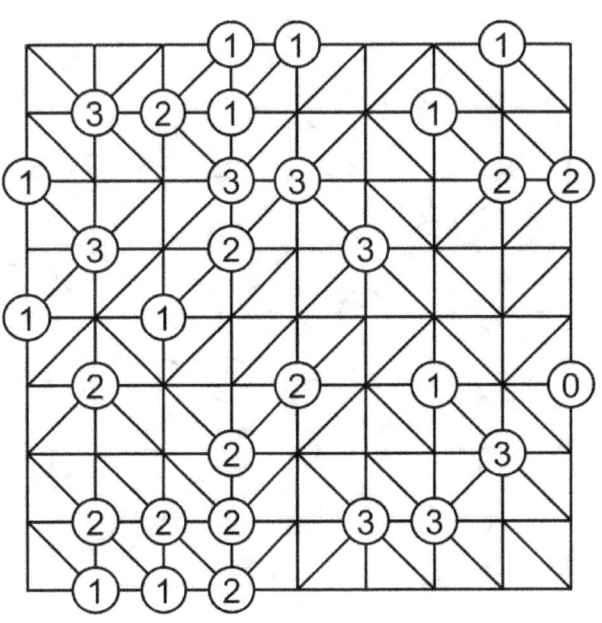

Solution (156)

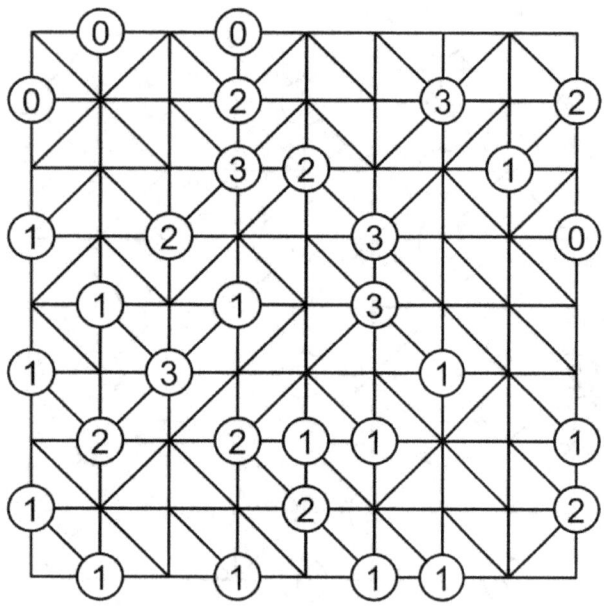

Solution (157)

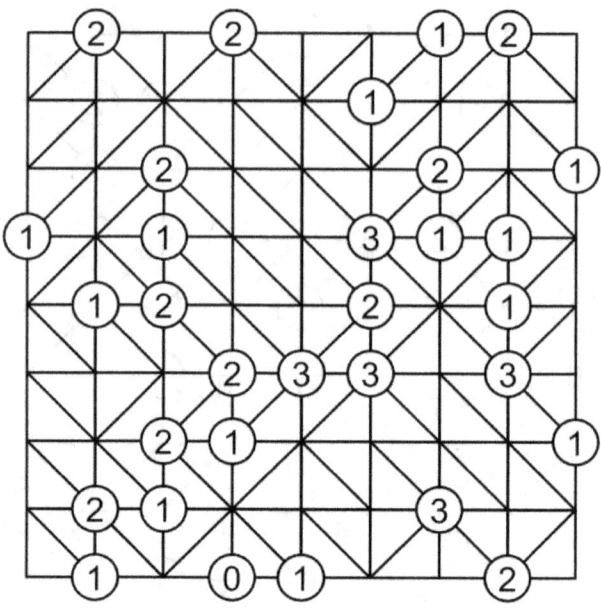

Solution (158)

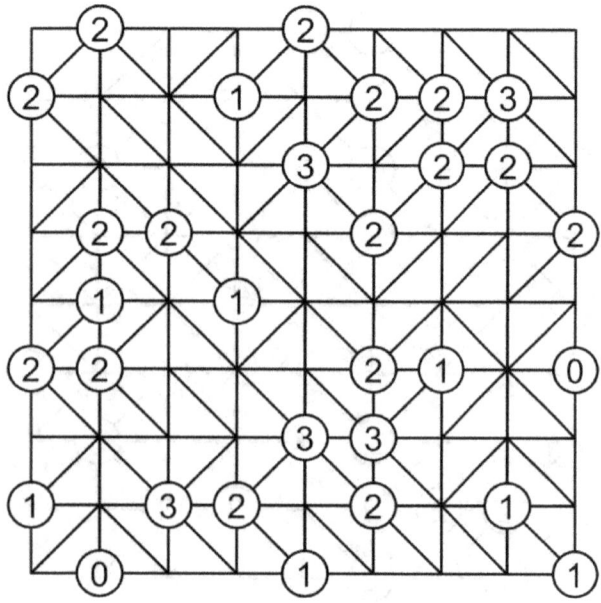

Solution (159)

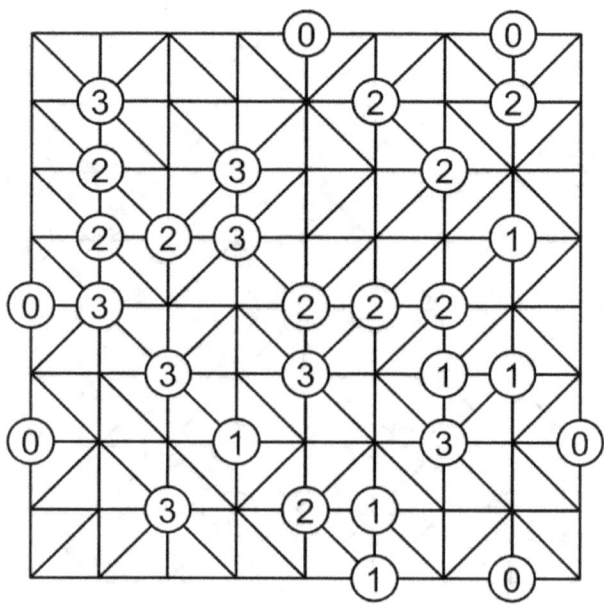

Solution (160)

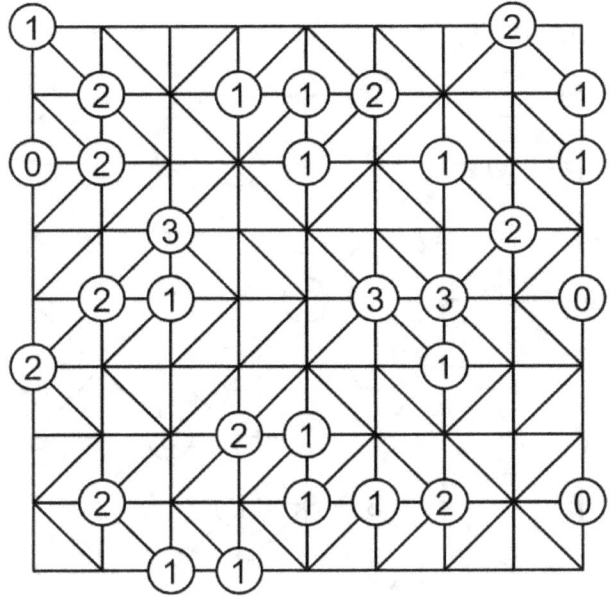

Solution (161)

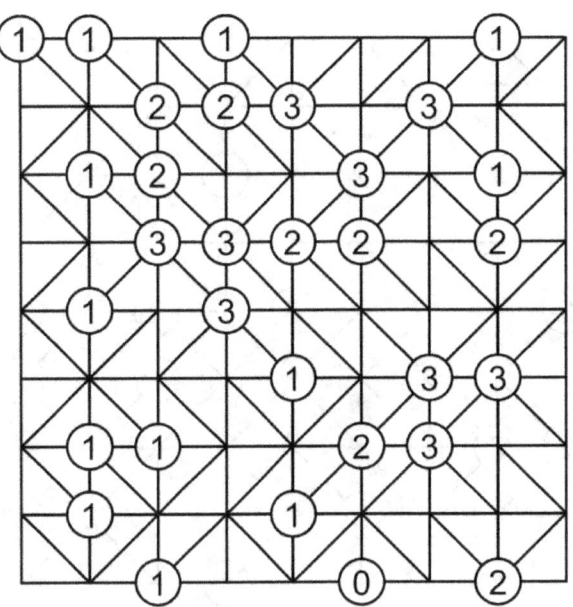

Solution (162)

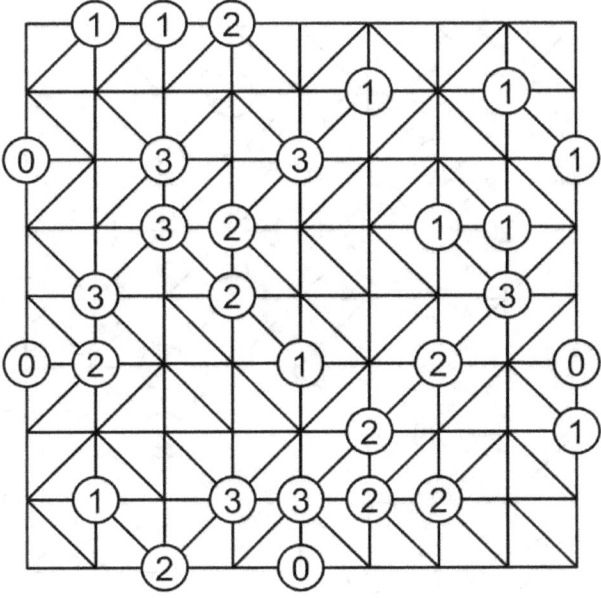

Solution (163)

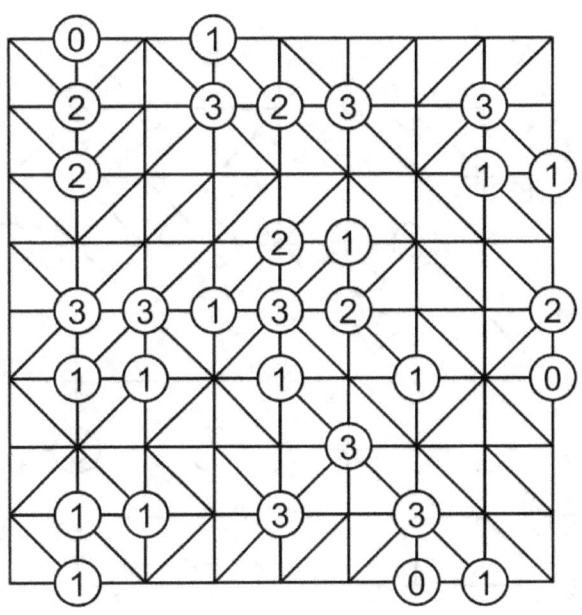

Solution (164)

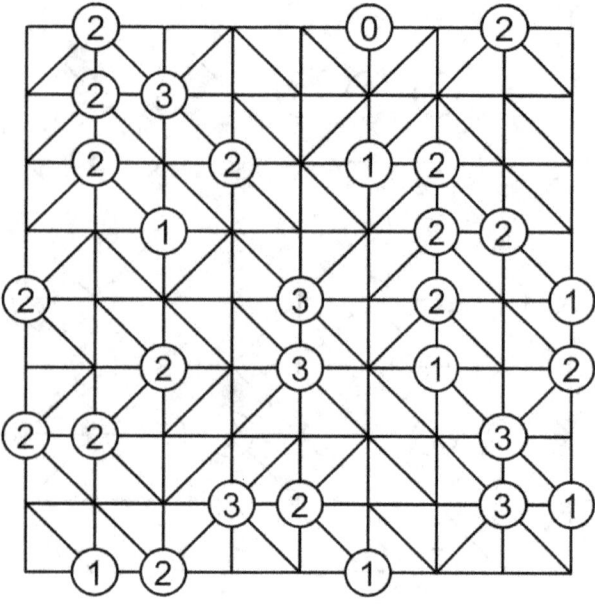

Solution (165)

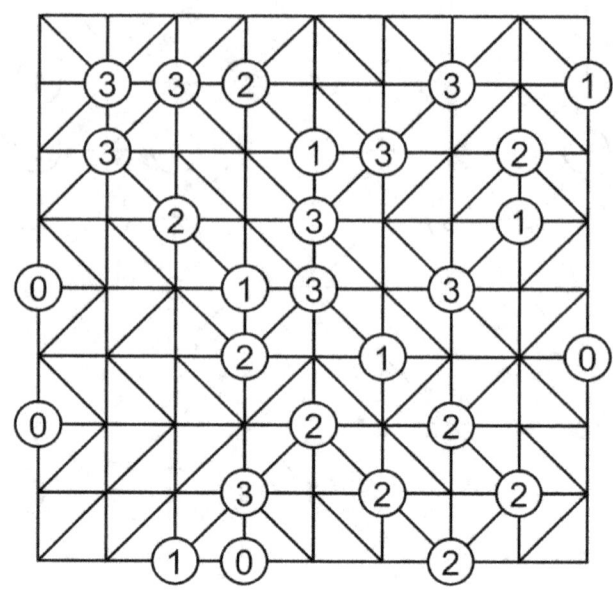

Solution (166)

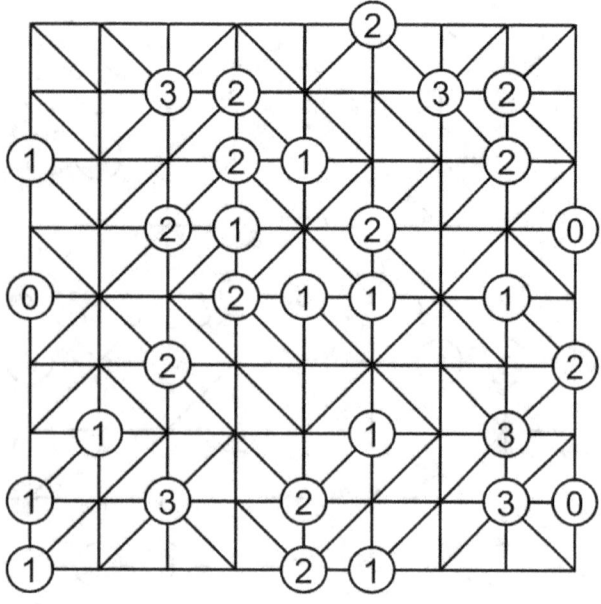

Solution (167)

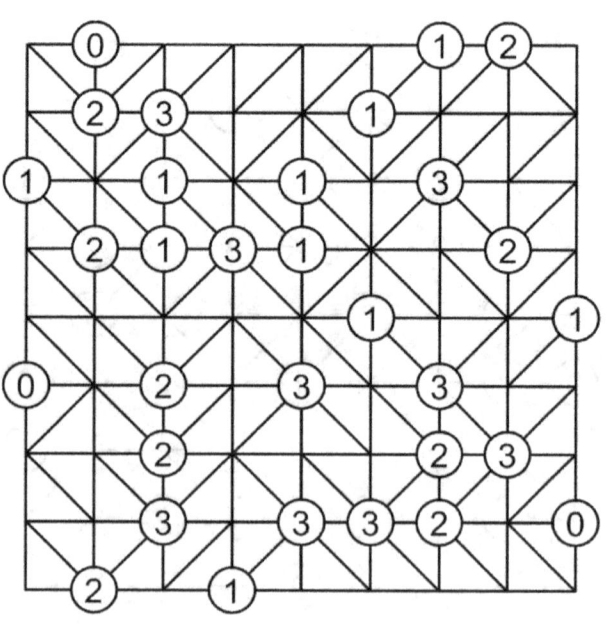

Solution (168)

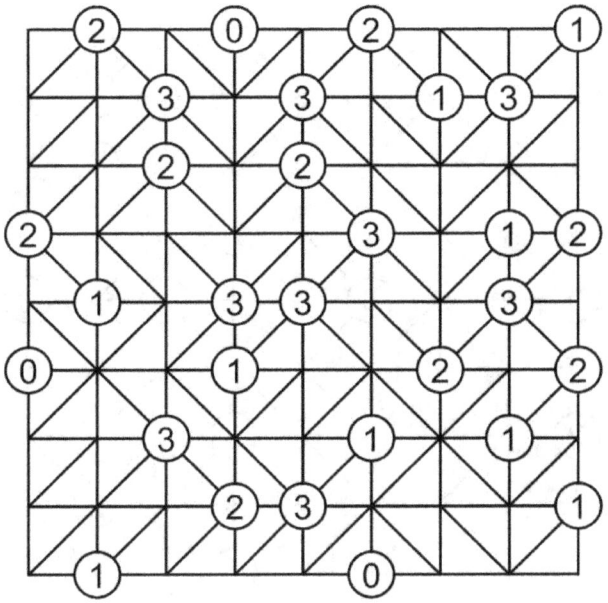

Solution (169)

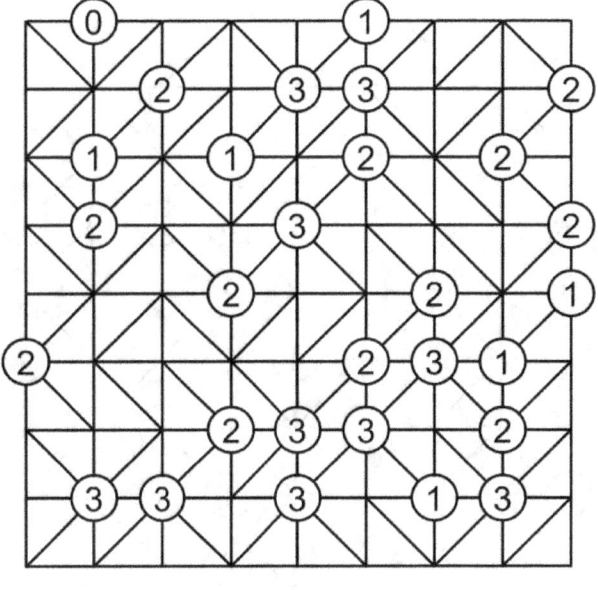

Solution (170)

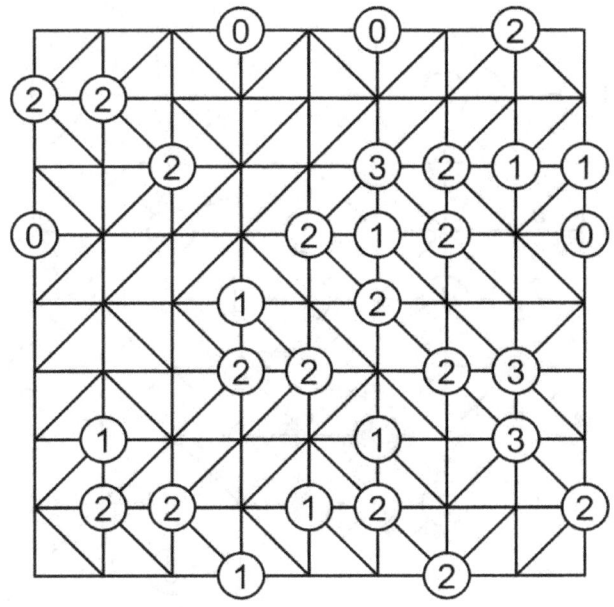

Solution (171)

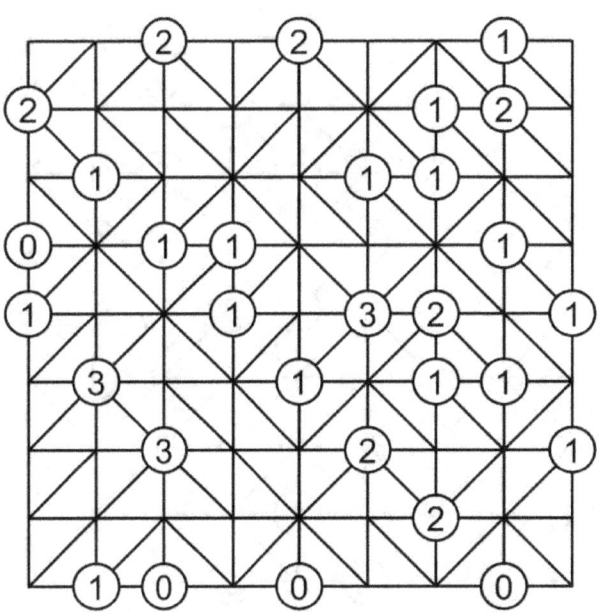

Solution (172)

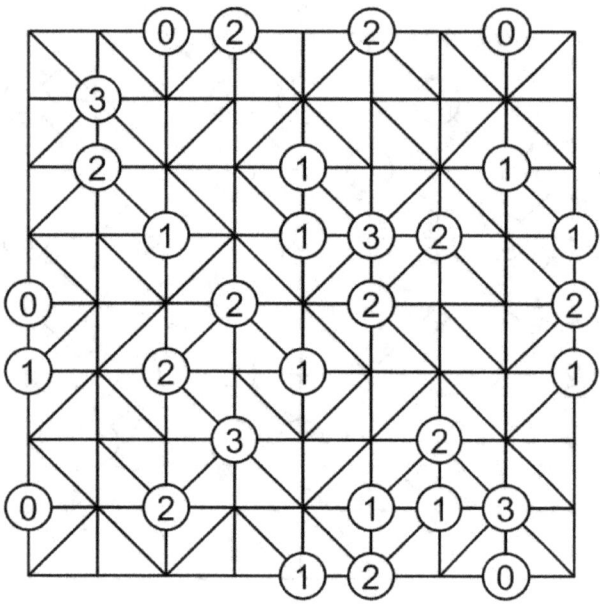

Solution (173)

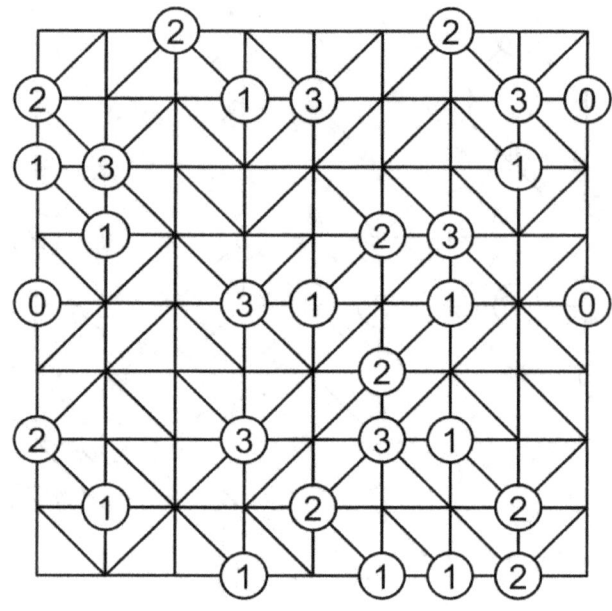

Solution (174)

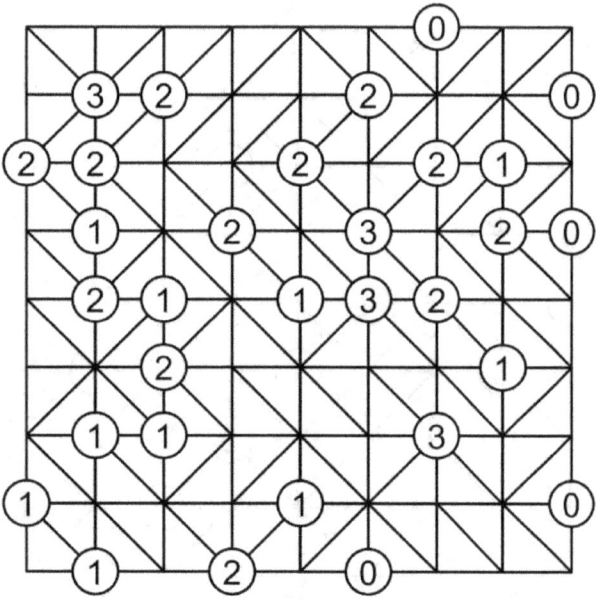

Solution (175)

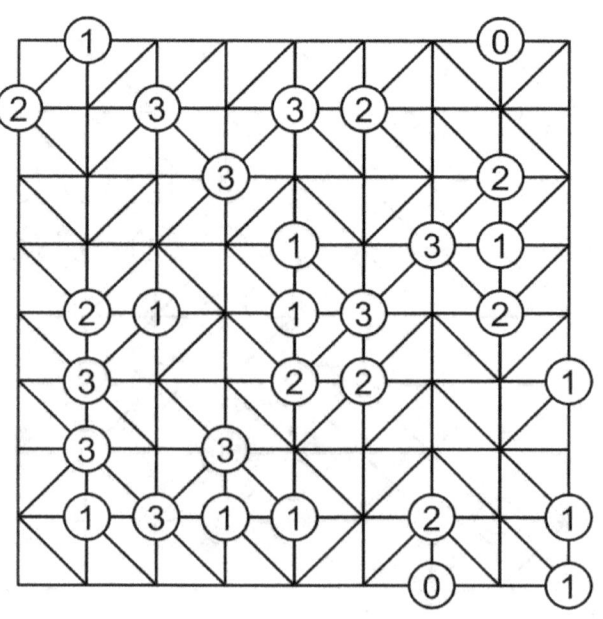

Solution (176)

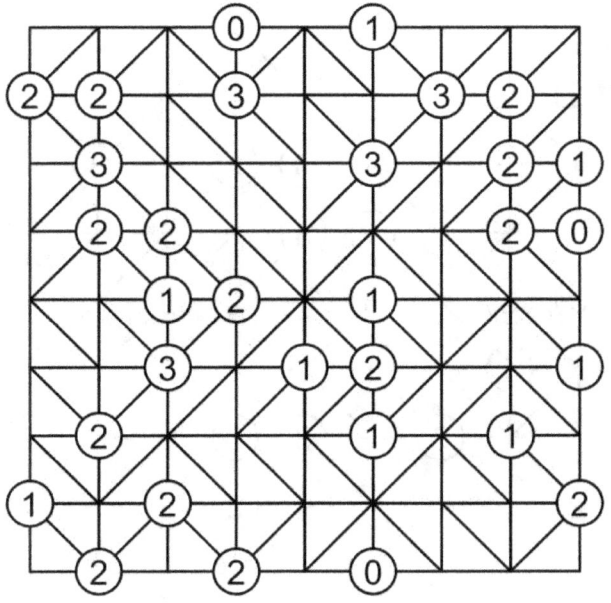

Solution (177)

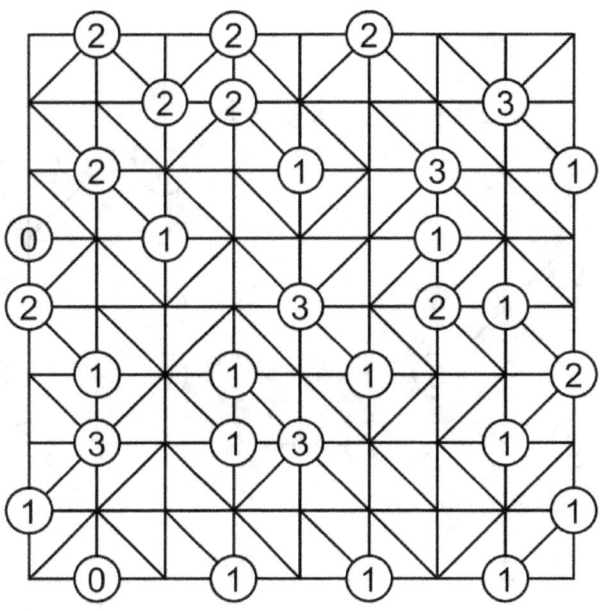

Solution (178)

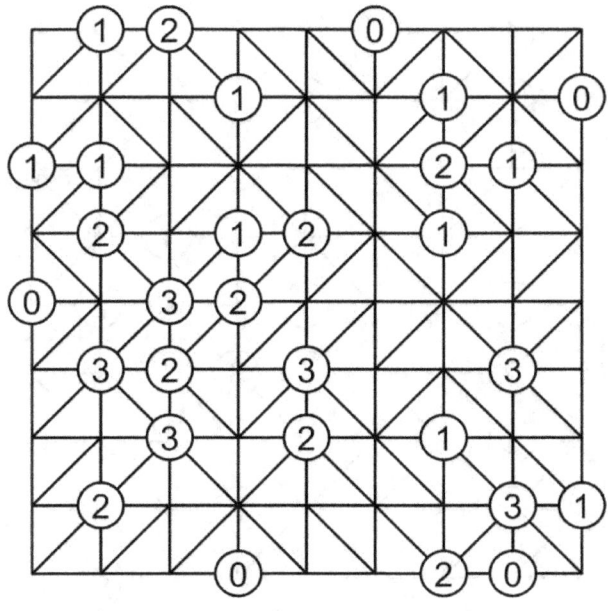

Solution (179)

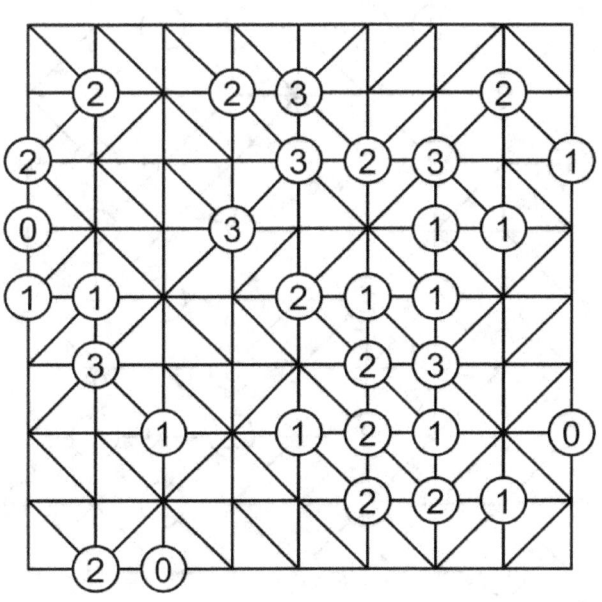

Solution (180)

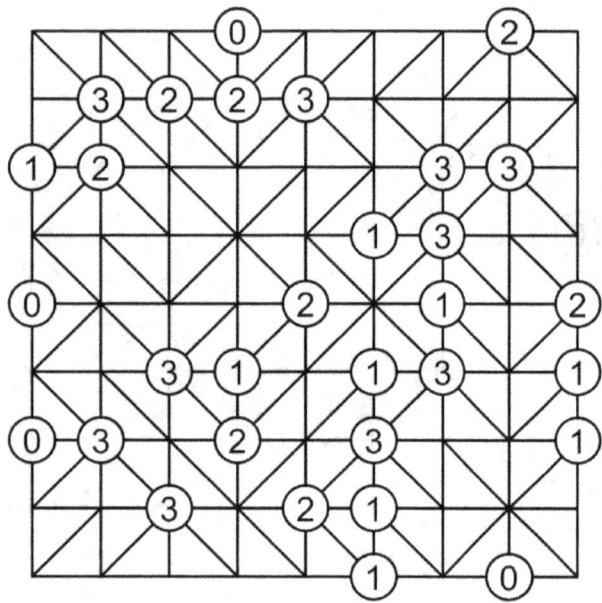

Solution (181)

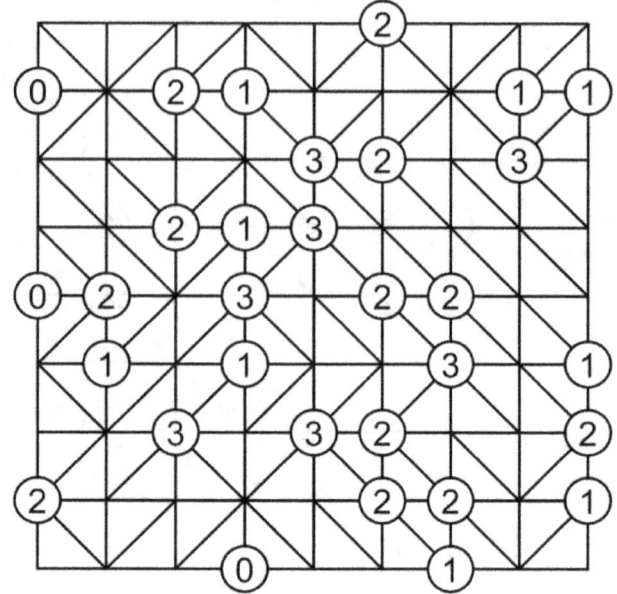

Solution (182)

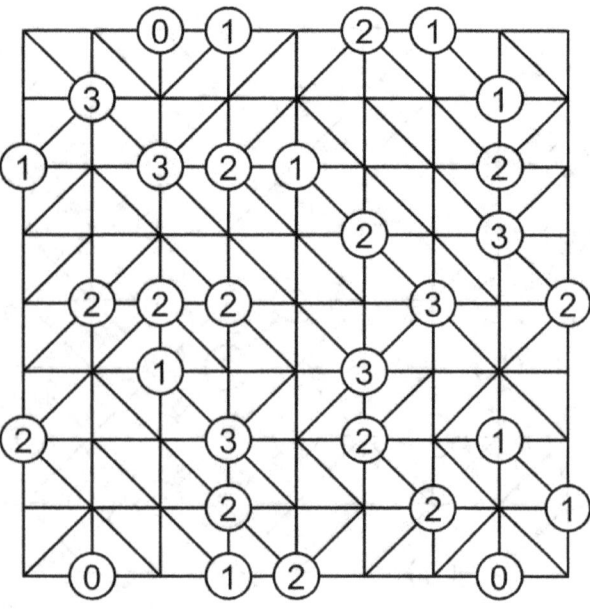

Solution (183)

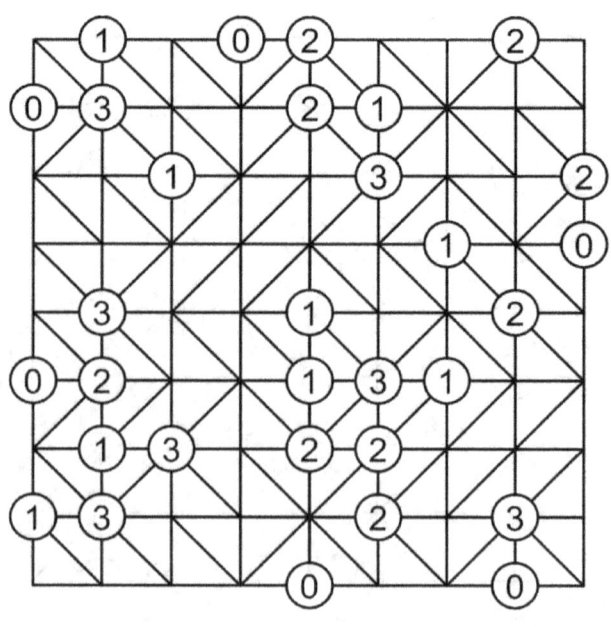

Solution (184)

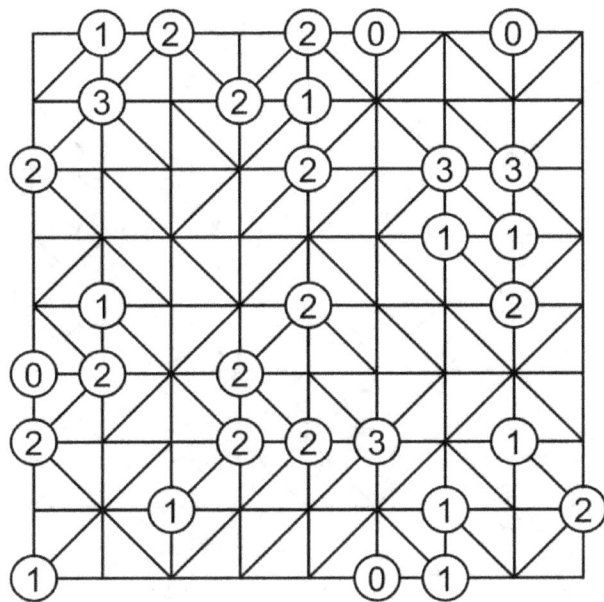

Solution (185)

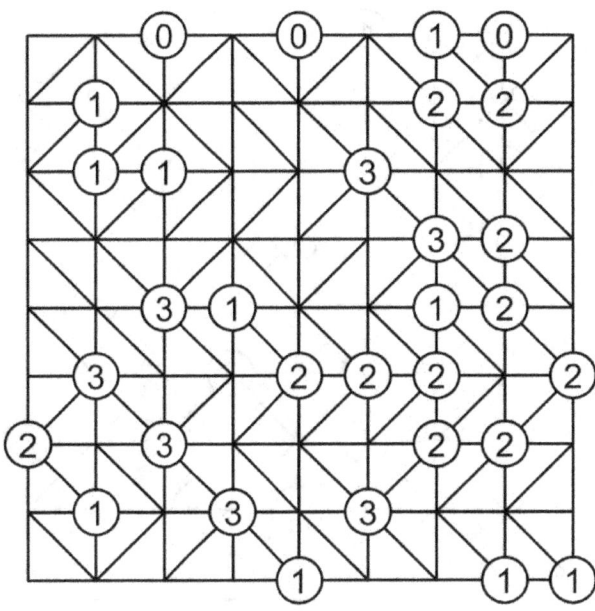

Solution (186)

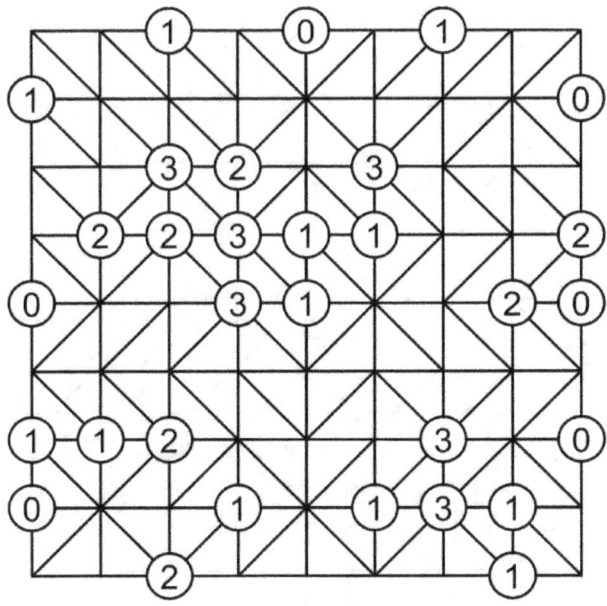

Solution (187)

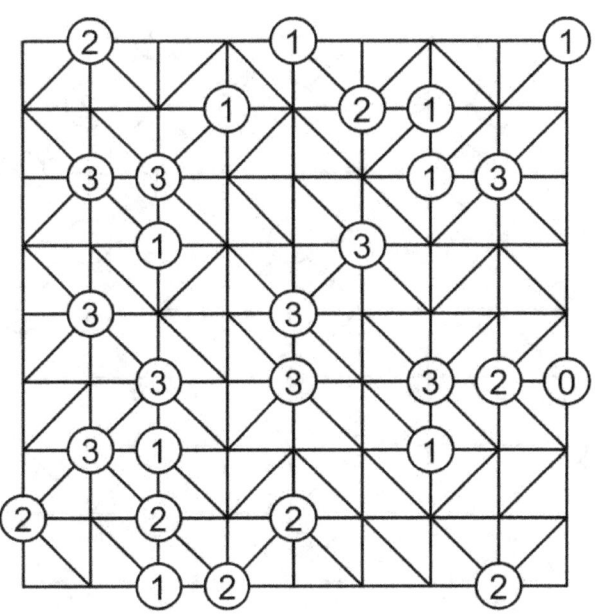

Solution (188)

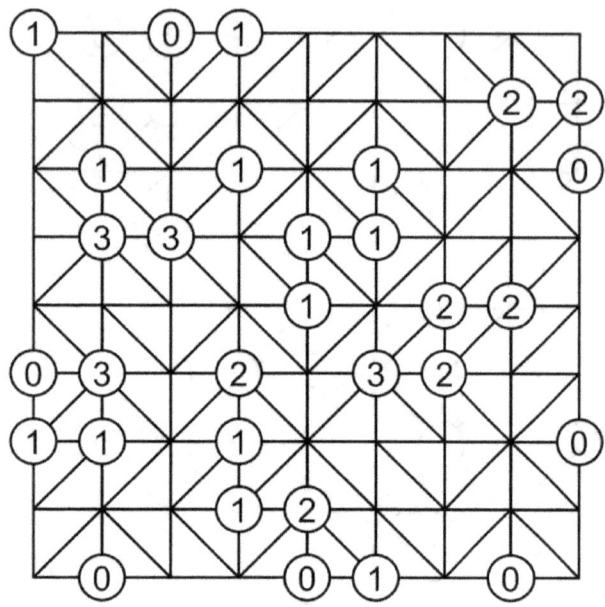

Solution (189)

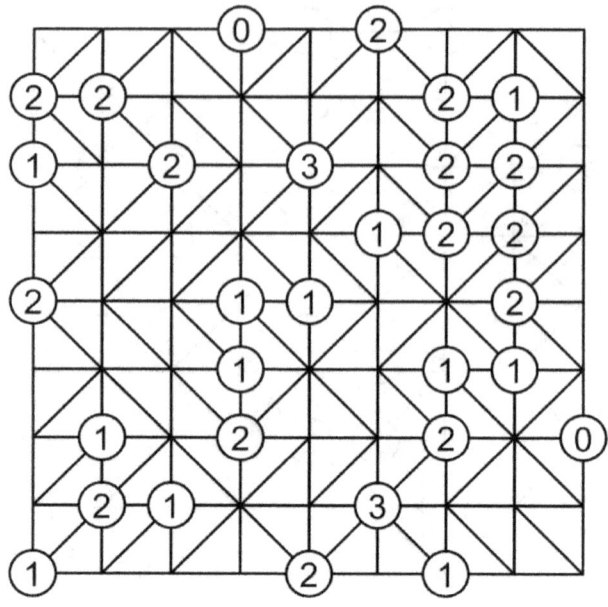

Solution (190)

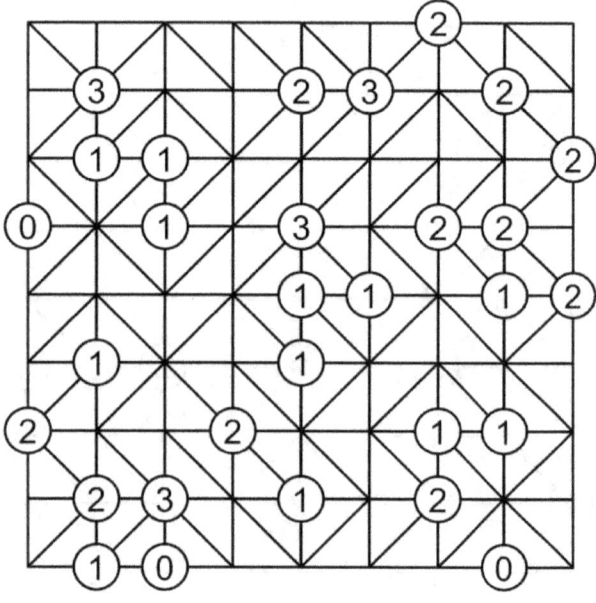

Solution (191)

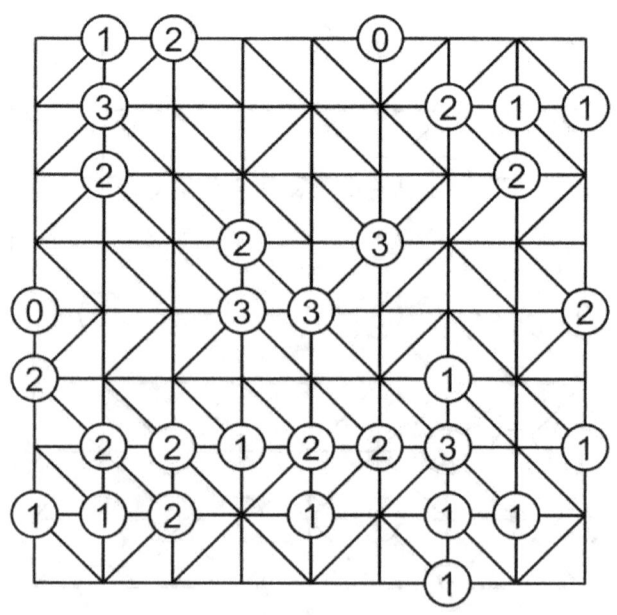

Solution (192)

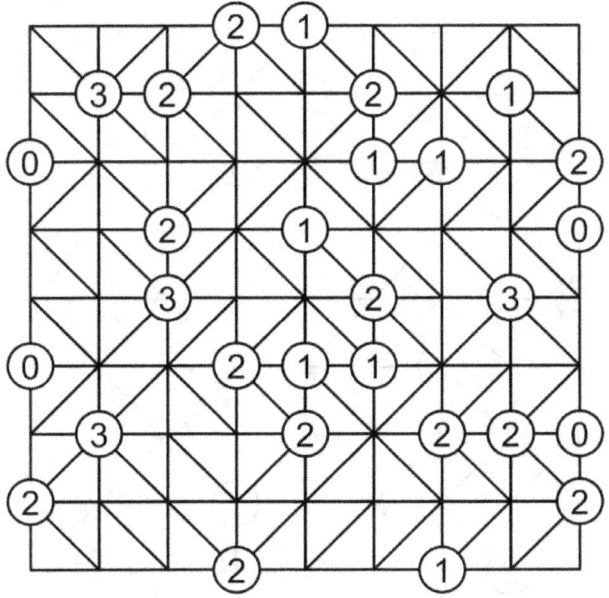

Solution (193)

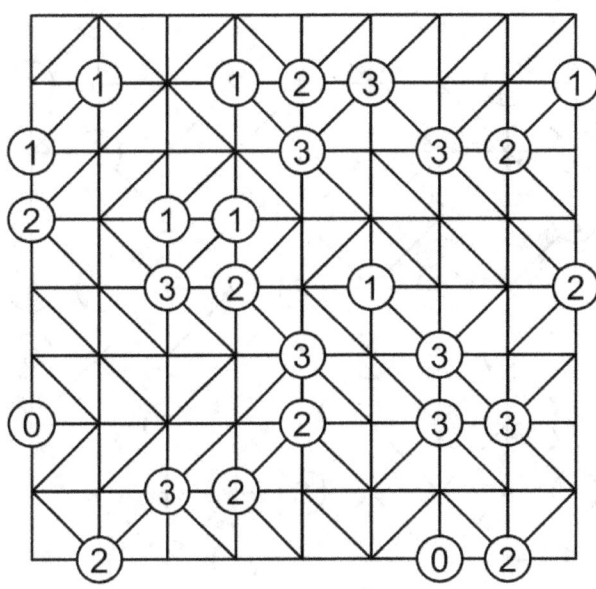

Solution (194)

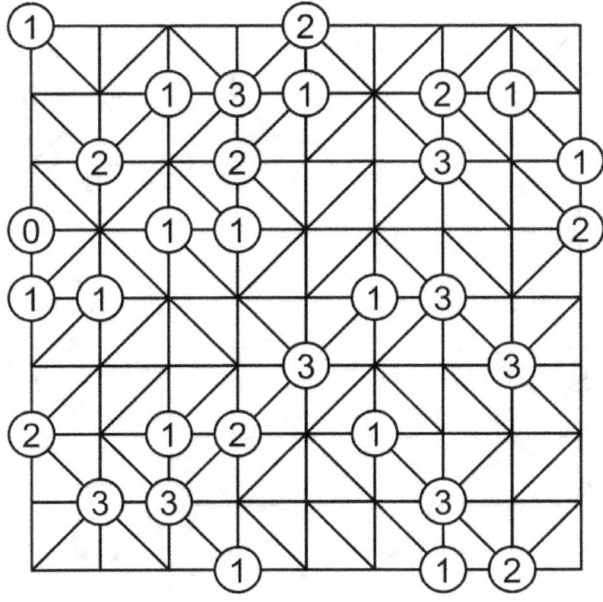

Solution (195)

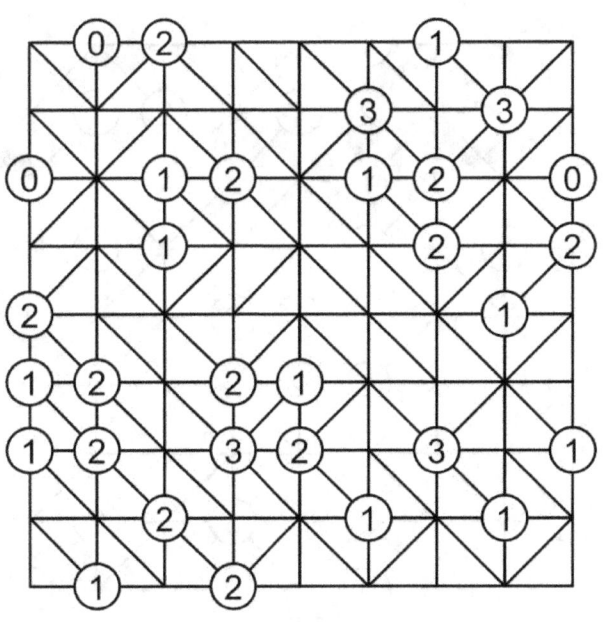

Solution (196)

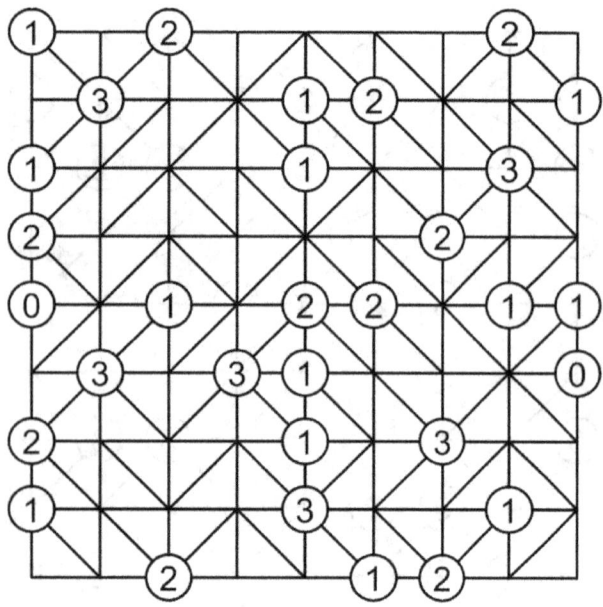

Solution (197)

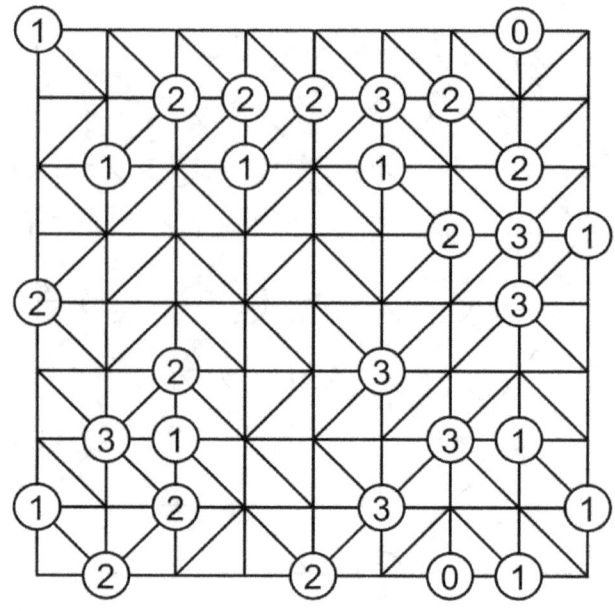

Solution (198)

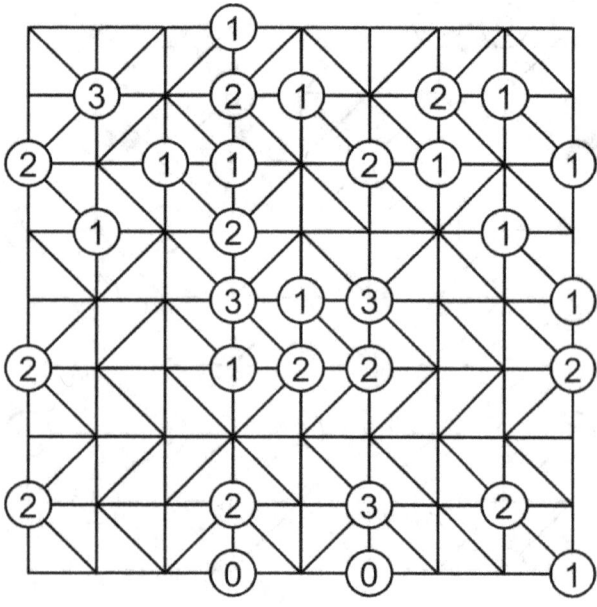

Solution (199)

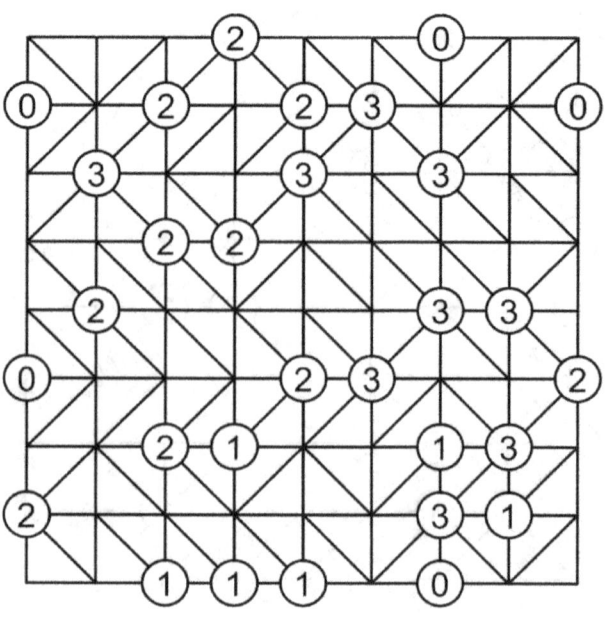

Solution (200)

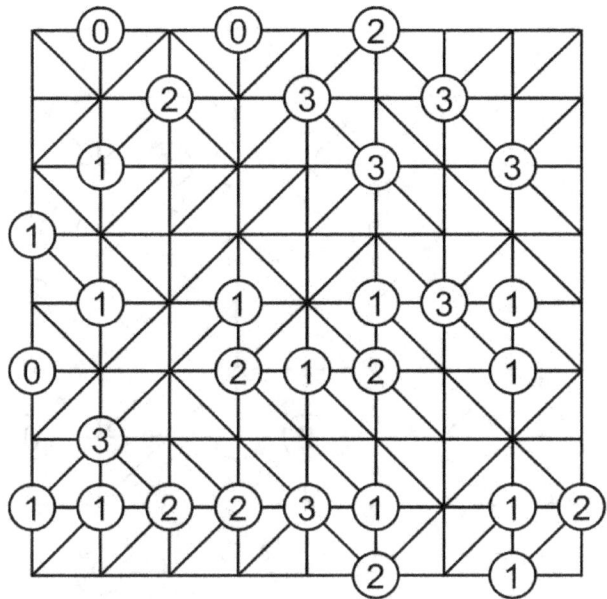

Solution (201)

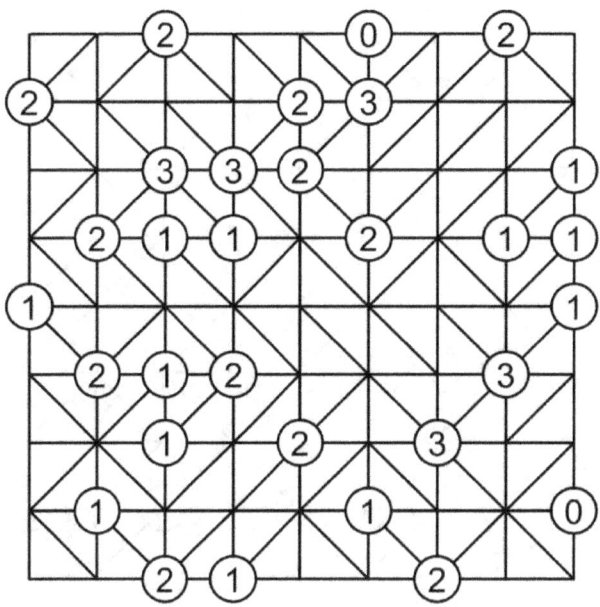

Solution (202)

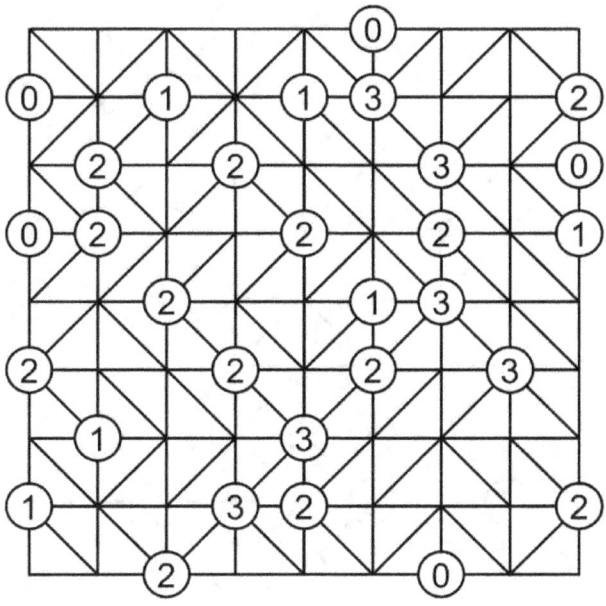

Solution (203)

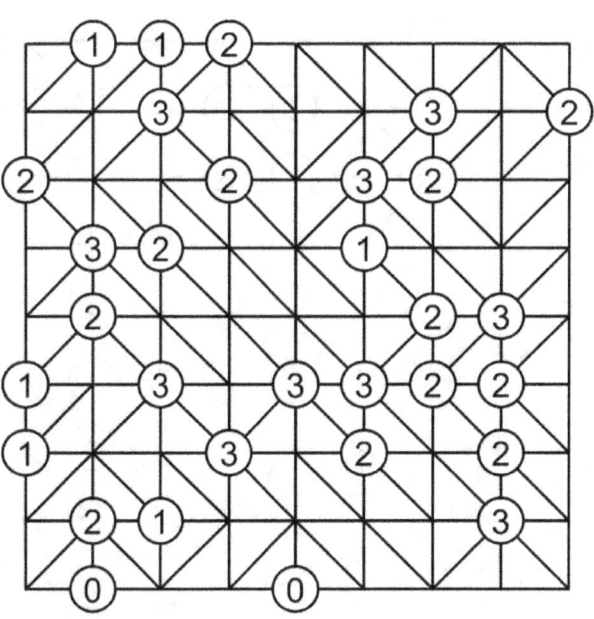

Solution (204)

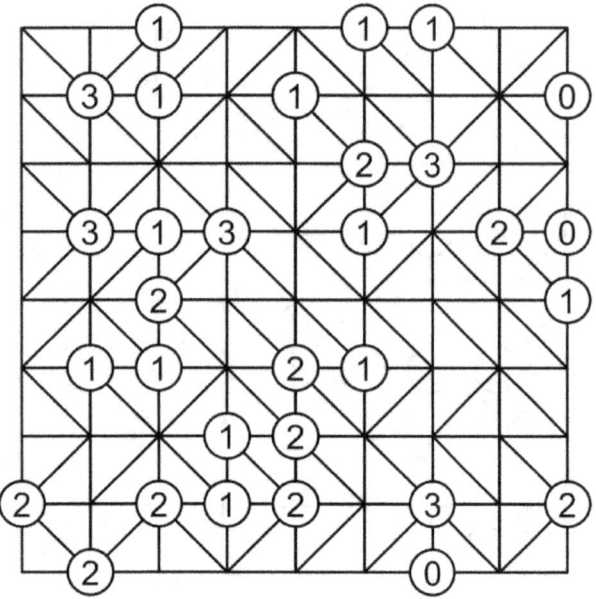

Solution (205)

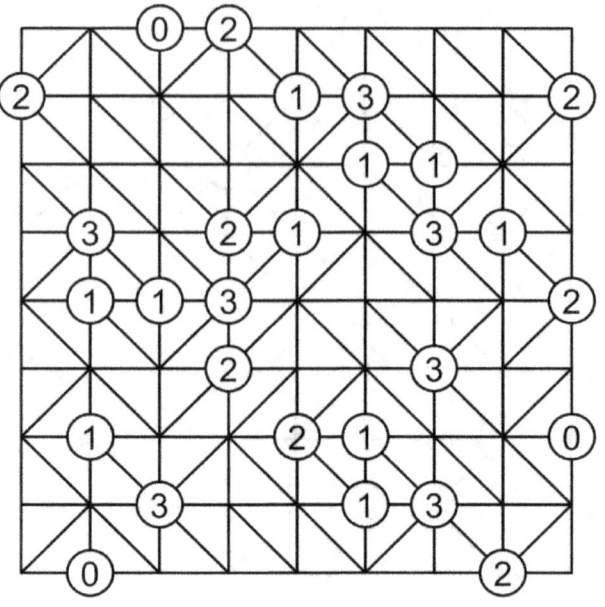

Solution (206)

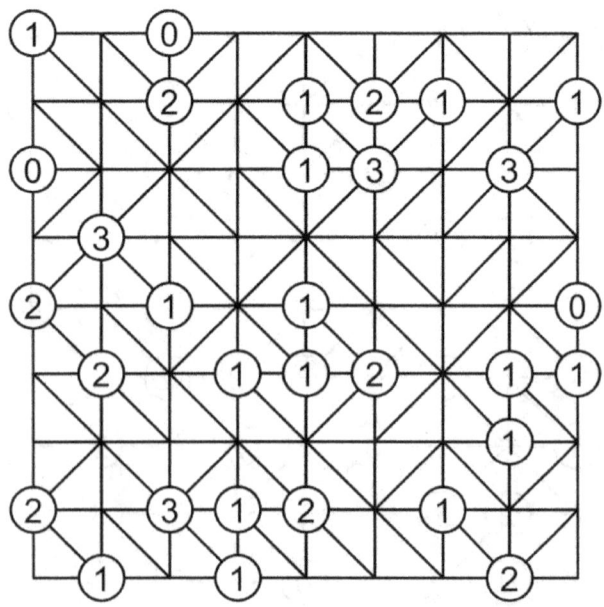

Solution (207)

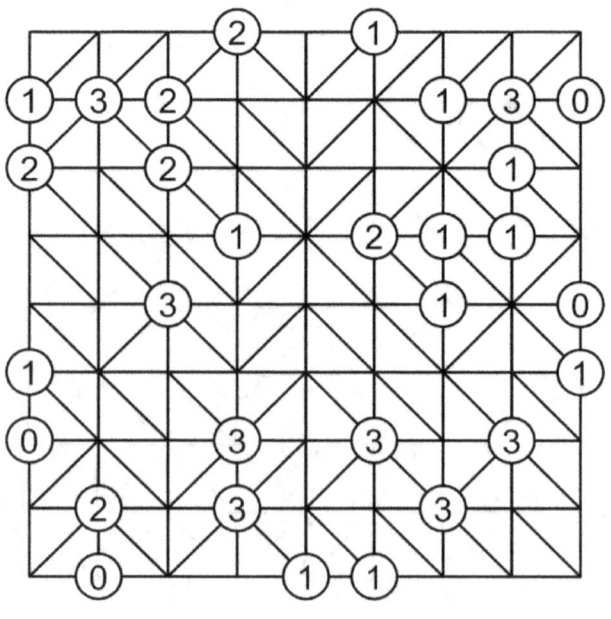

Solution (208)

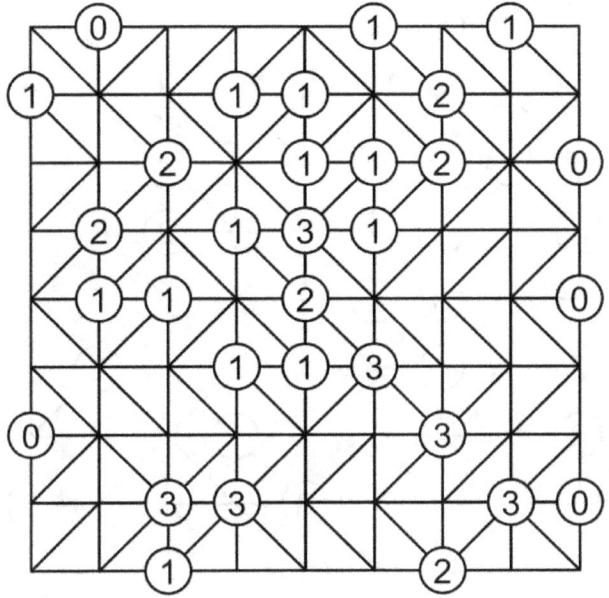

Solution (209)

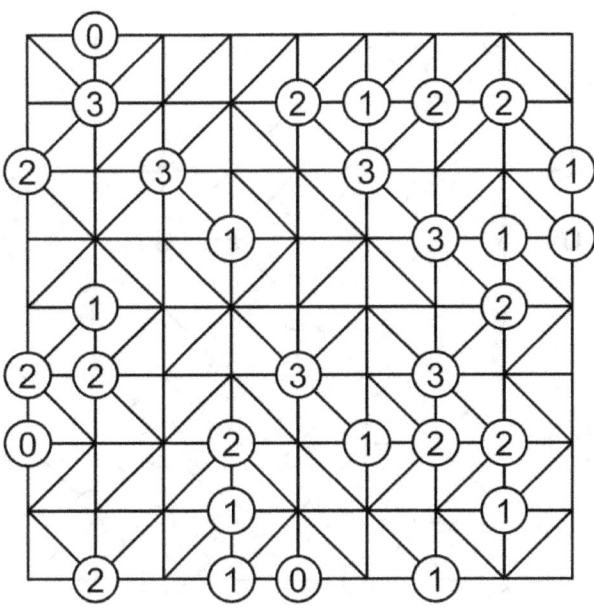

Solution (210)

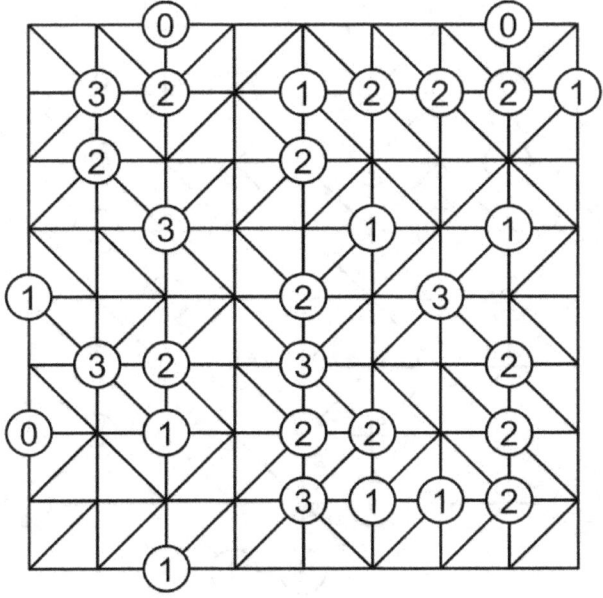

Solution (211)

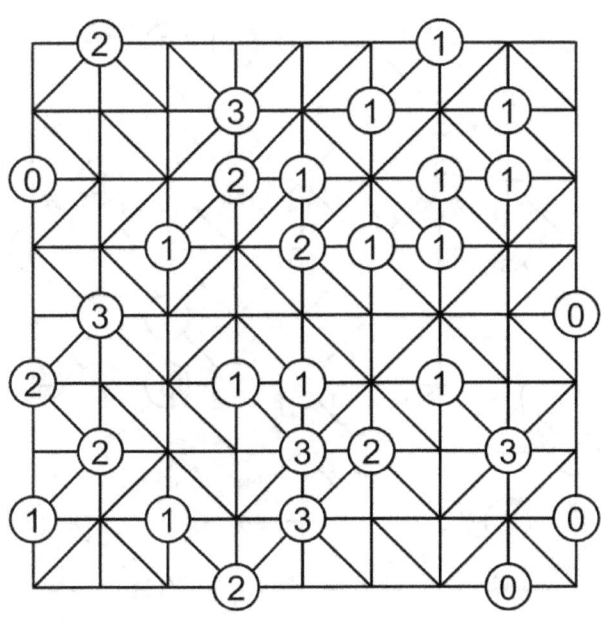

Solution (212)

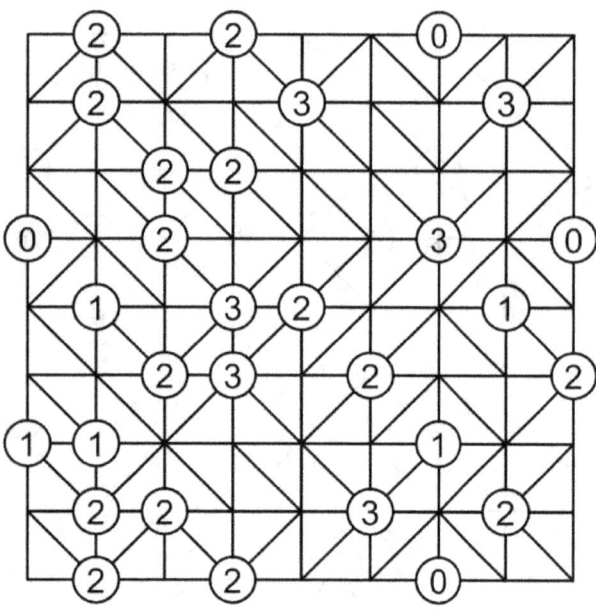

Solution (213)

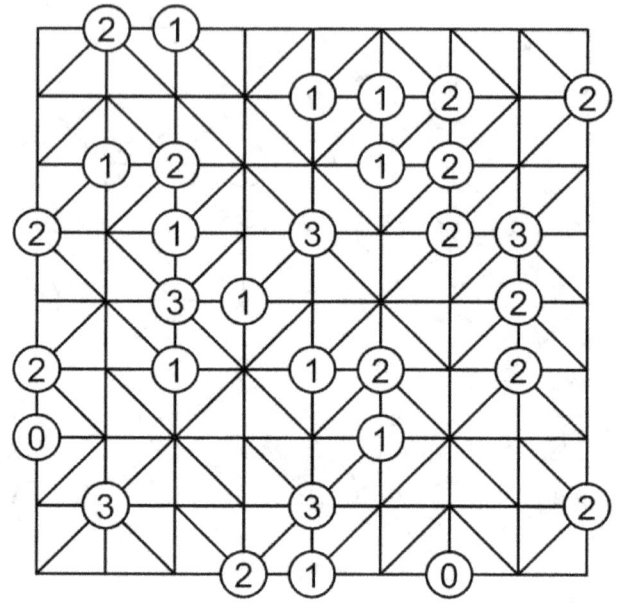

Solution (214)

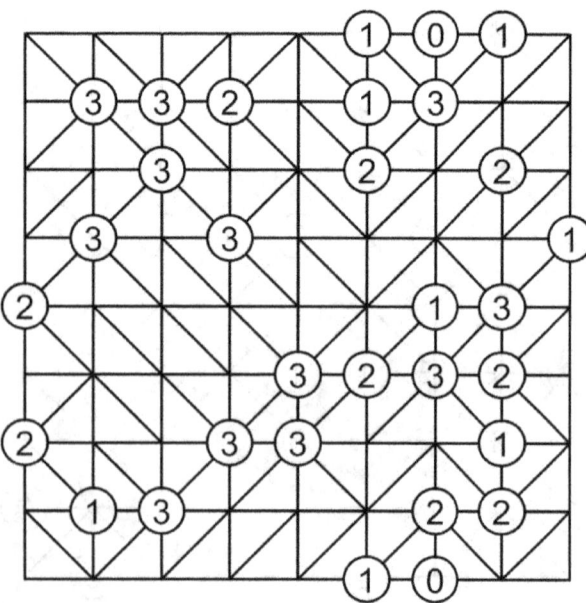

Solution (215)

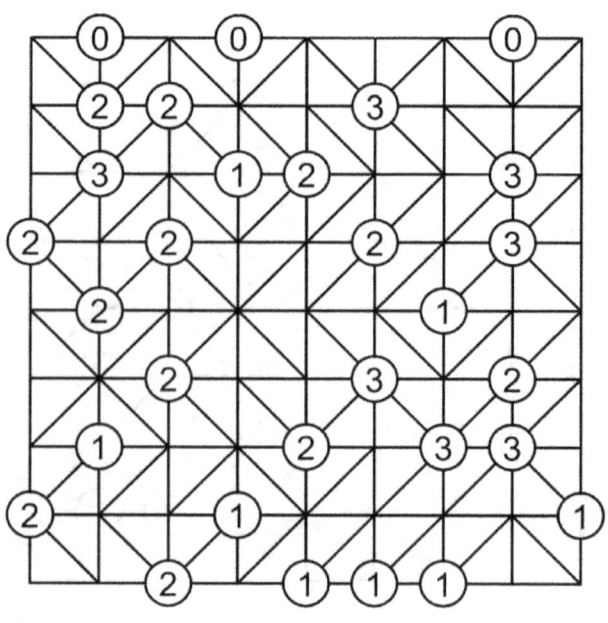

Solution (216)

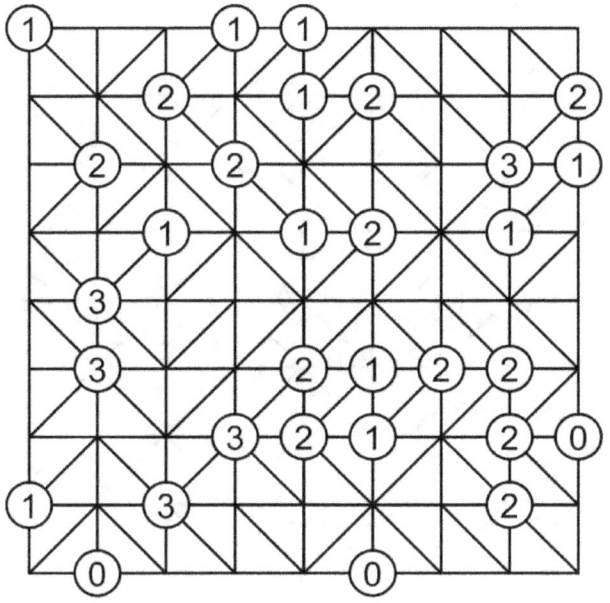

Solution (217)

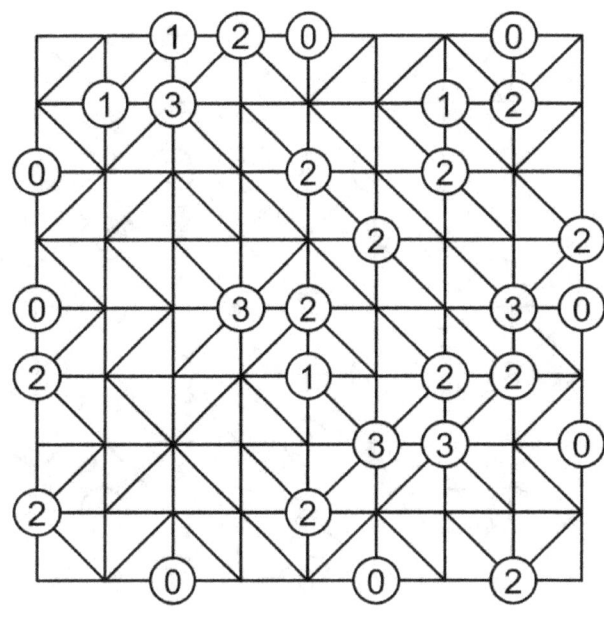

Solution (218)

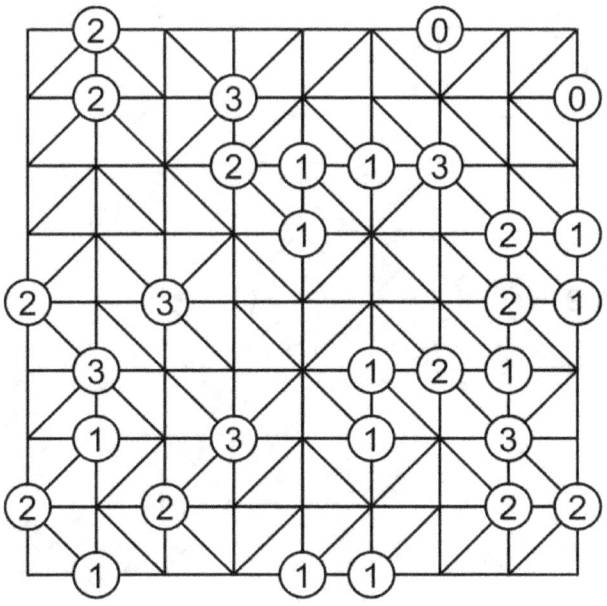

Solution (219)

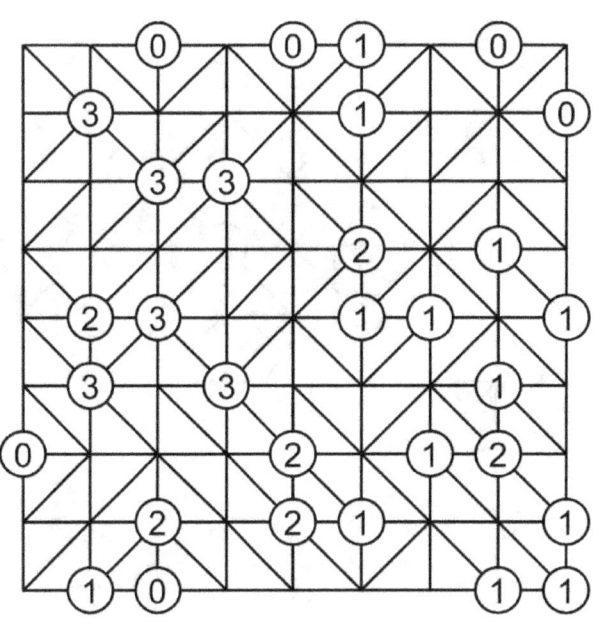

Solution (220)

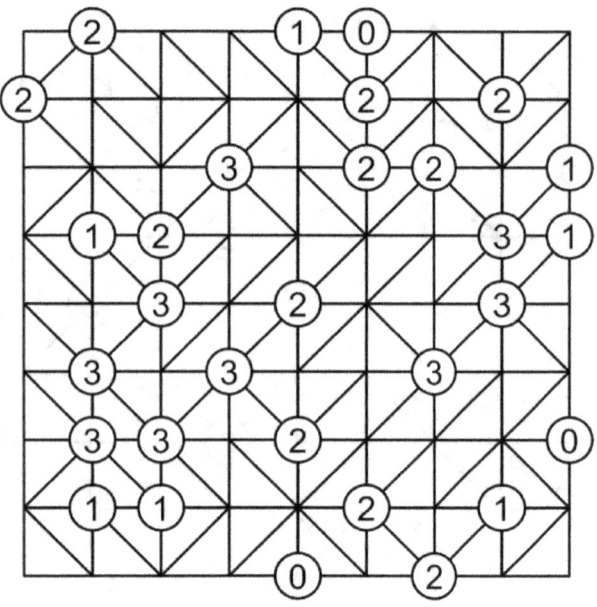

Solution (221)

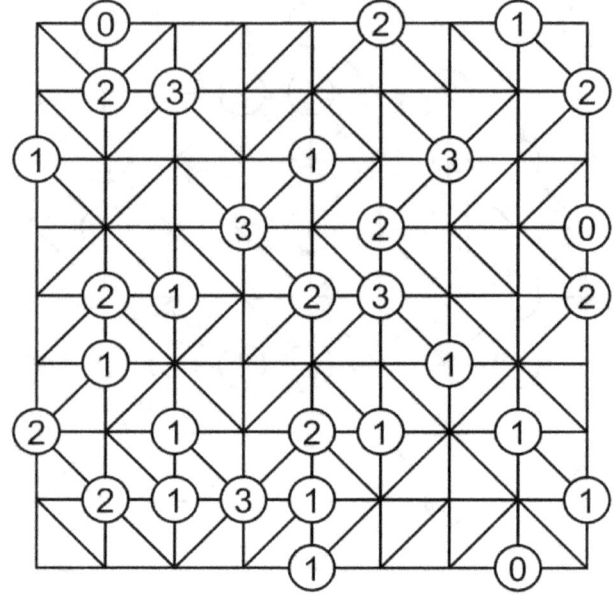

Solution (222)

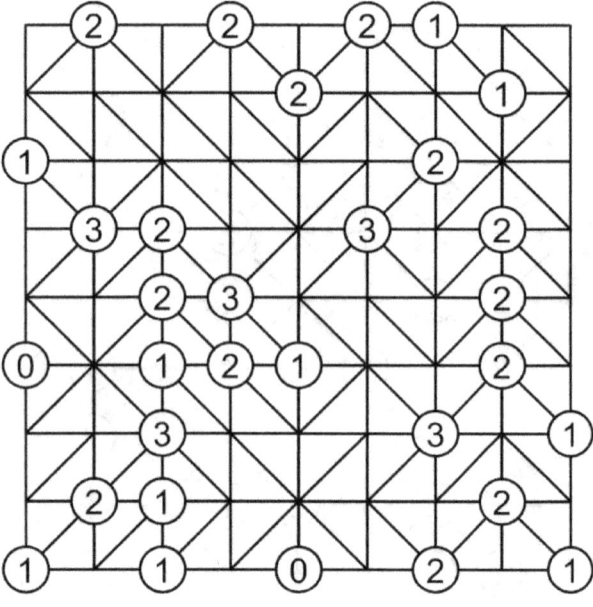

Solution (223)

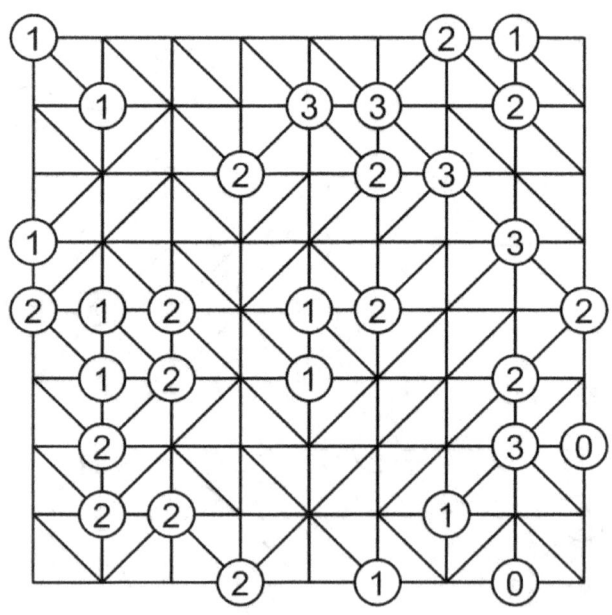

Solution (224)

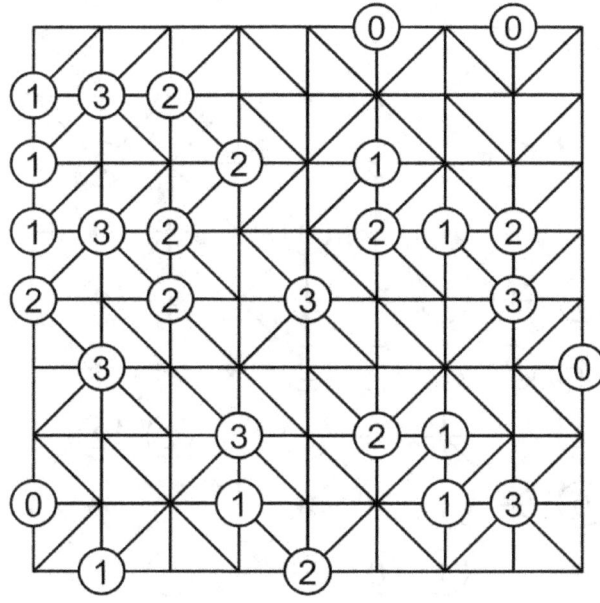

Solution (225)

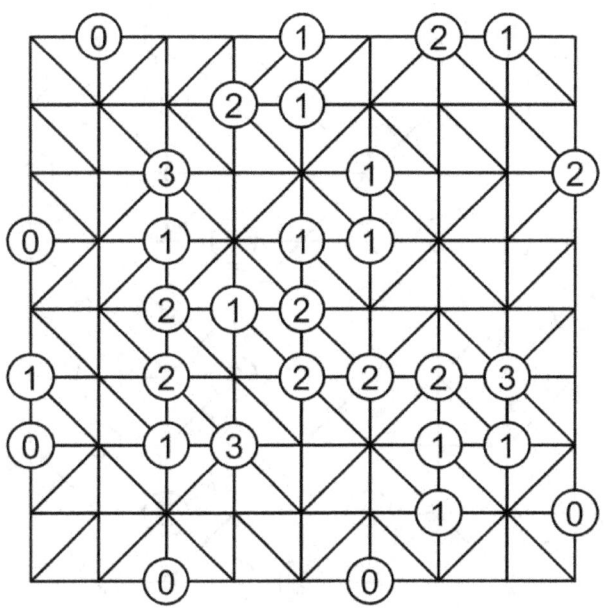

Solution (226)

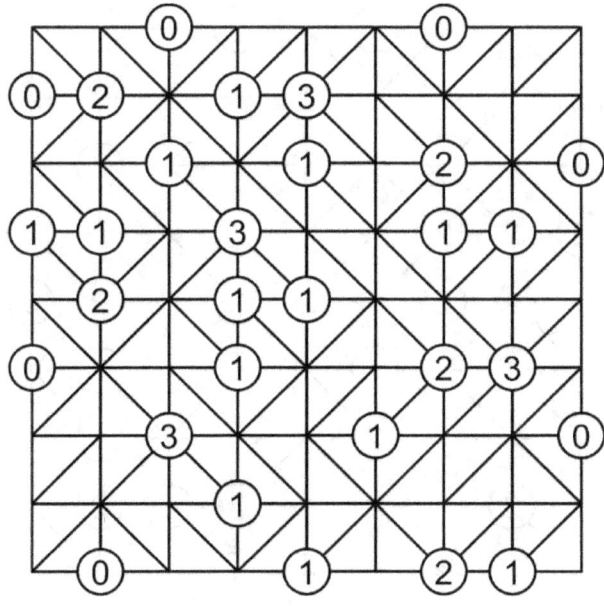

Solution (227)

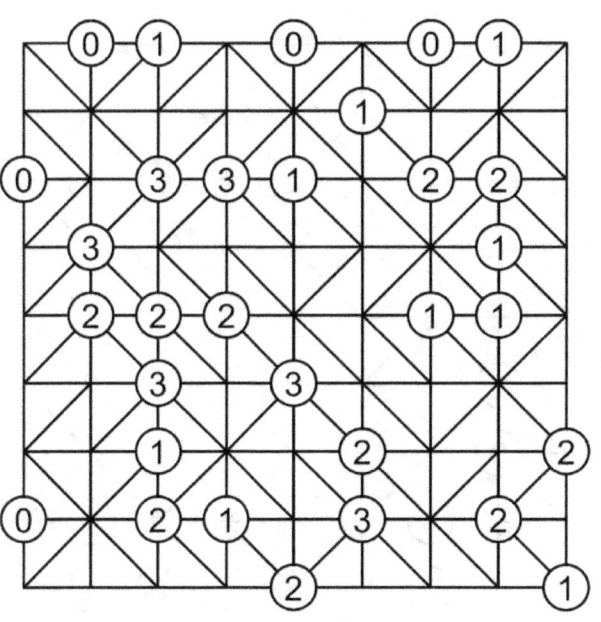

Solution (228)

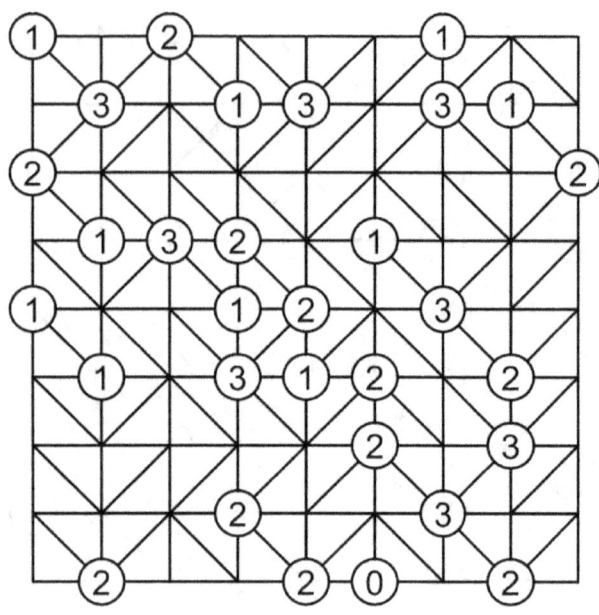

Solution (229)

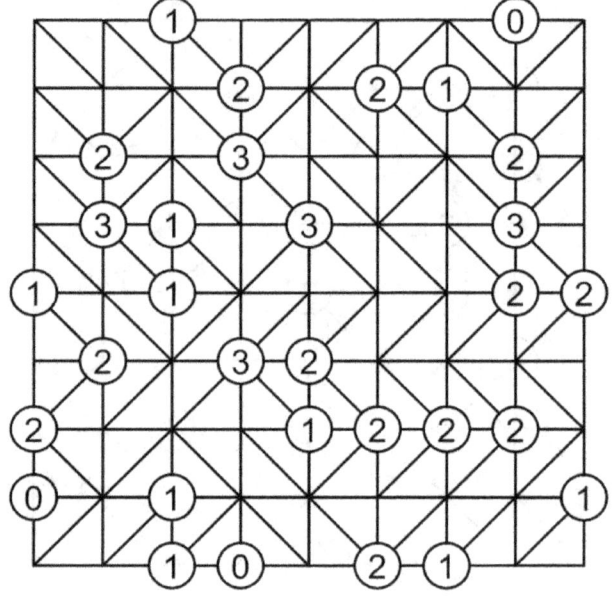

Solution (230)

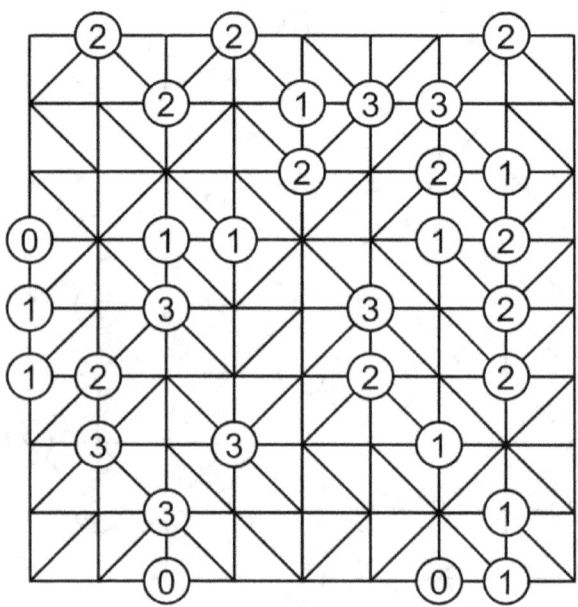

Solution (231)

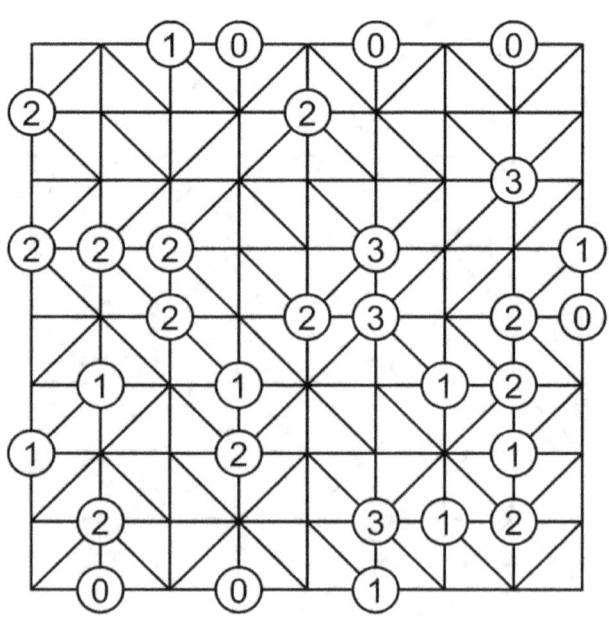

Solution (232)

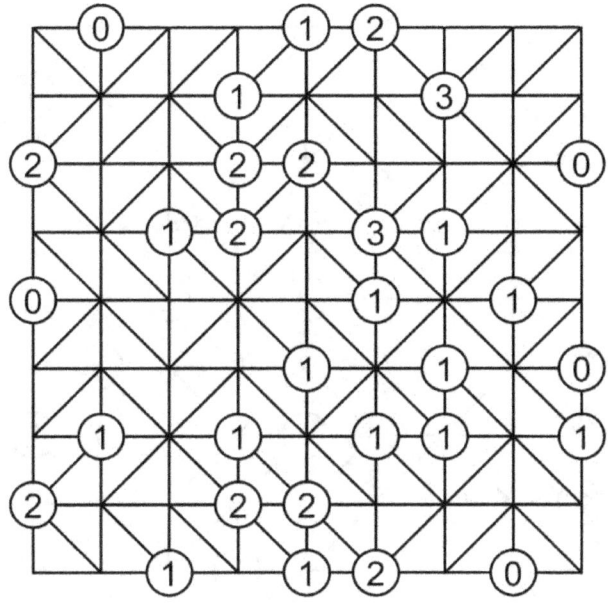

Solution (233)

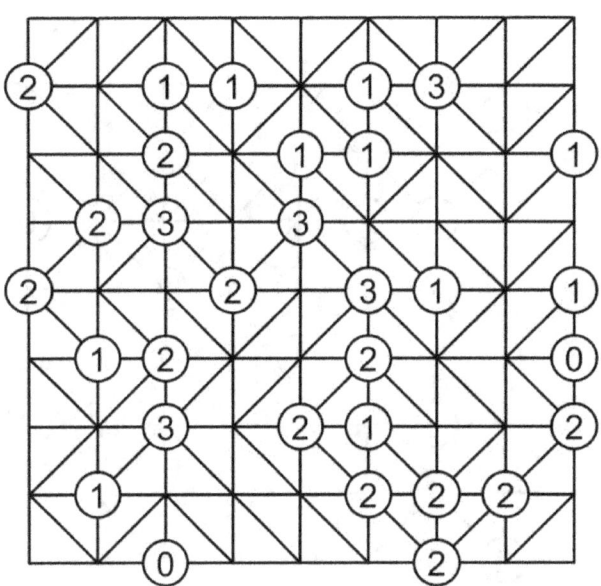

Solution (234)

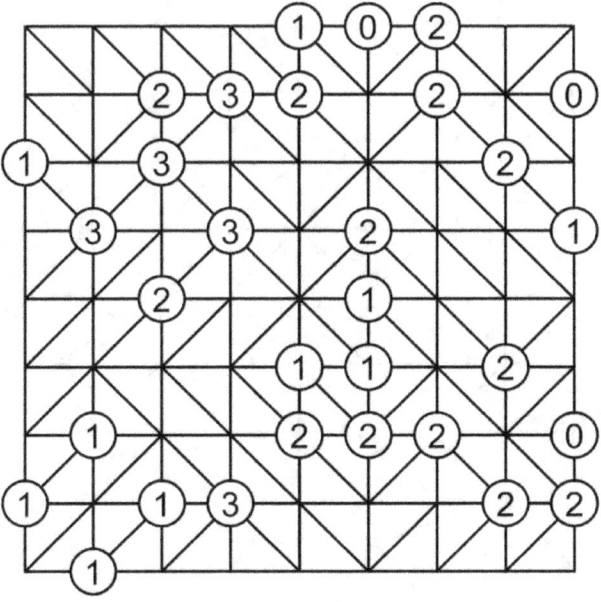

Solution (235)

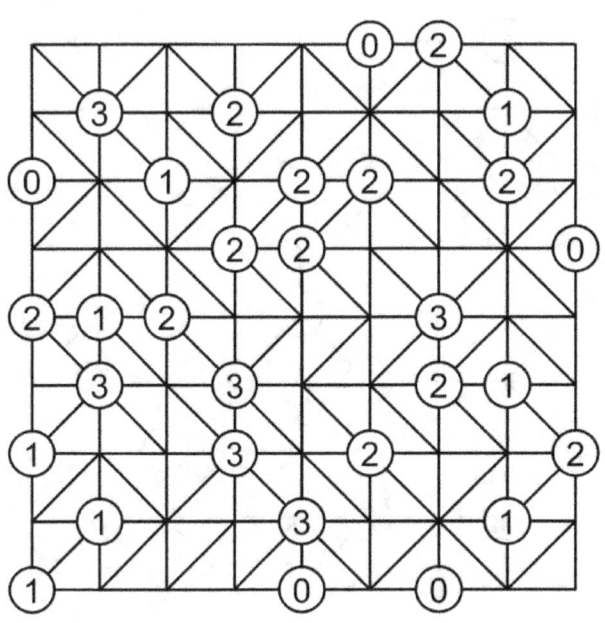

Solution (236)

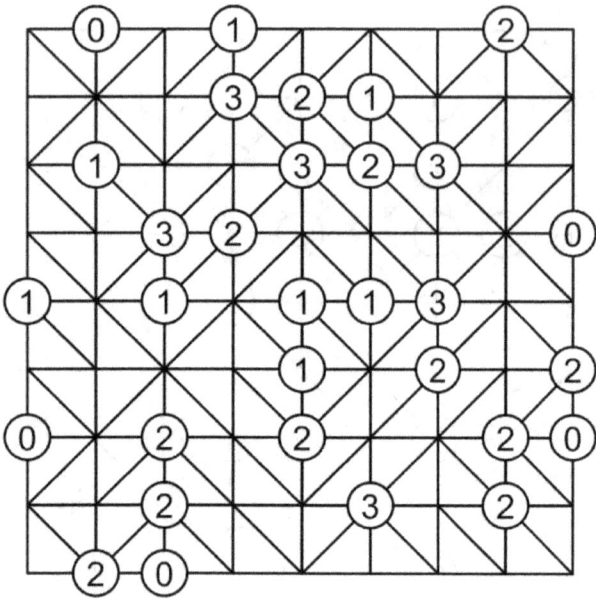

Solution (237)

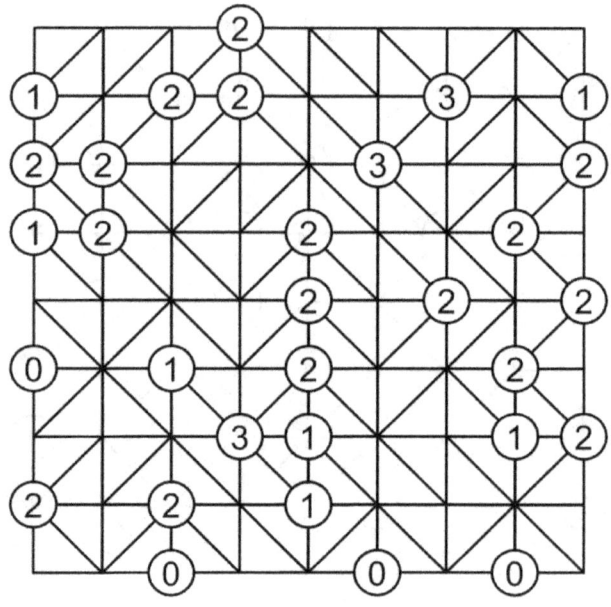

Solution (238)

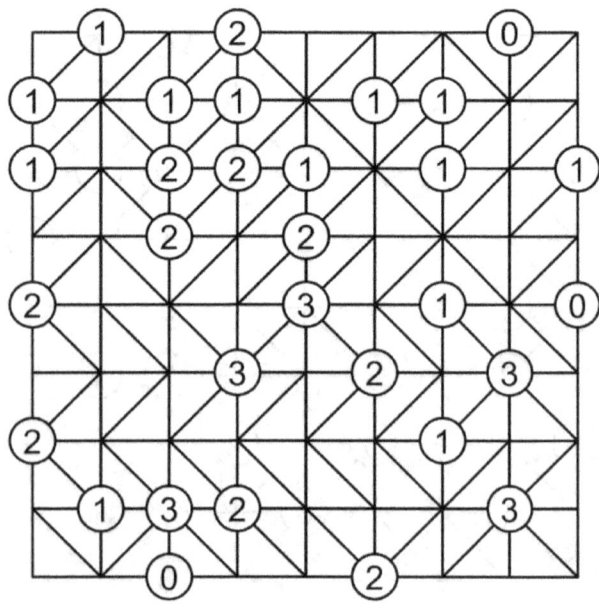

Solution (239)

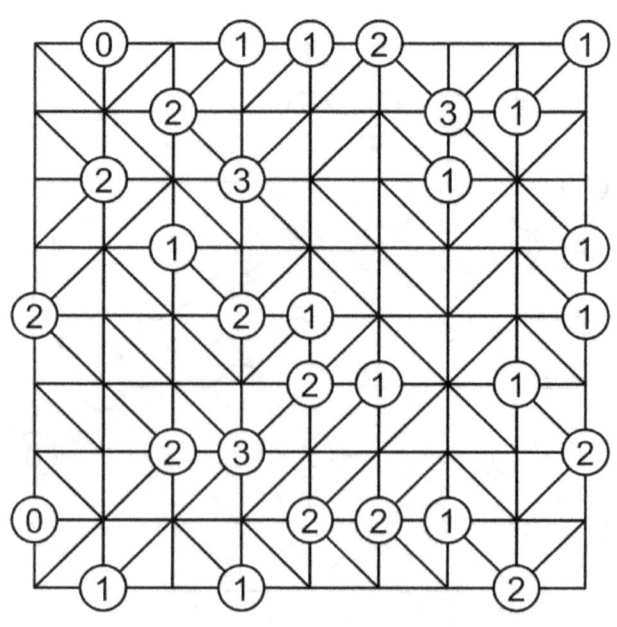

Solution (240)

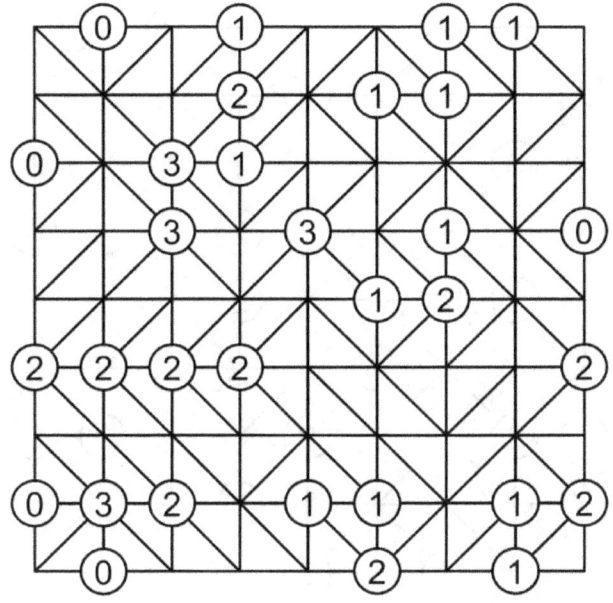

Solution (241)

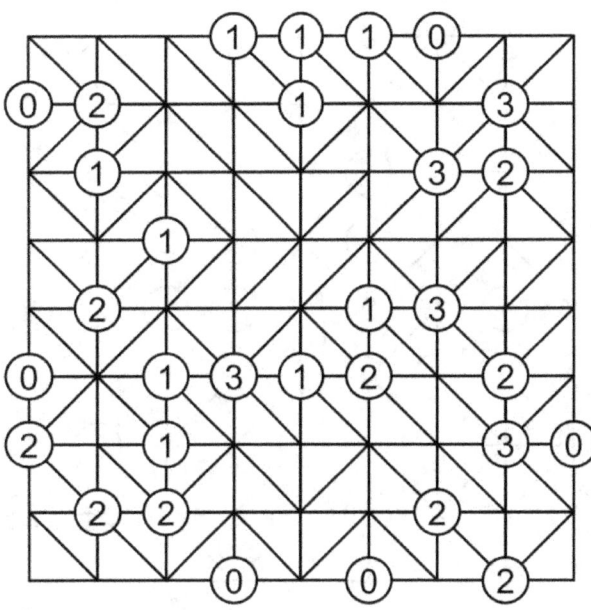

Solution (242)

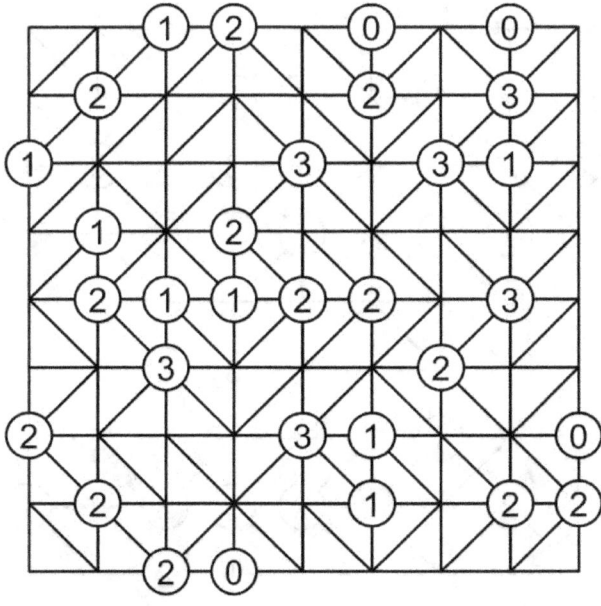

Solution (243)

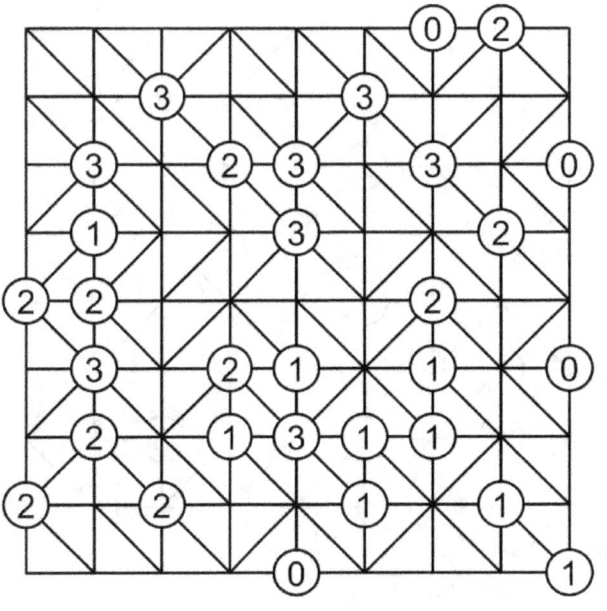

Solution (244)

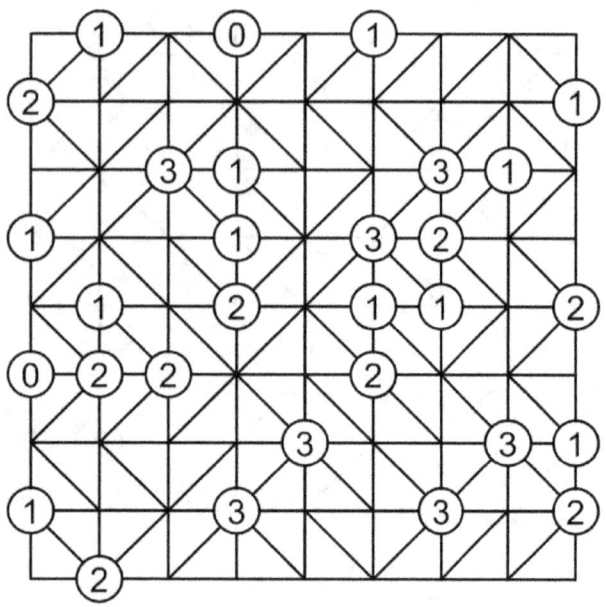

Solution (245)

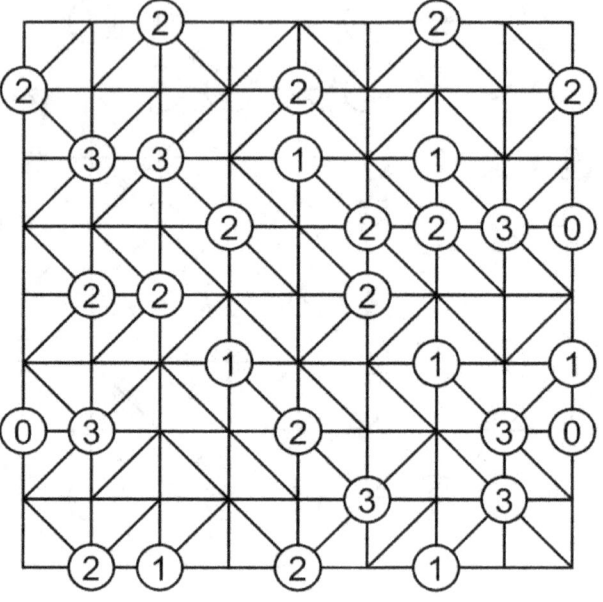

Solution (246)

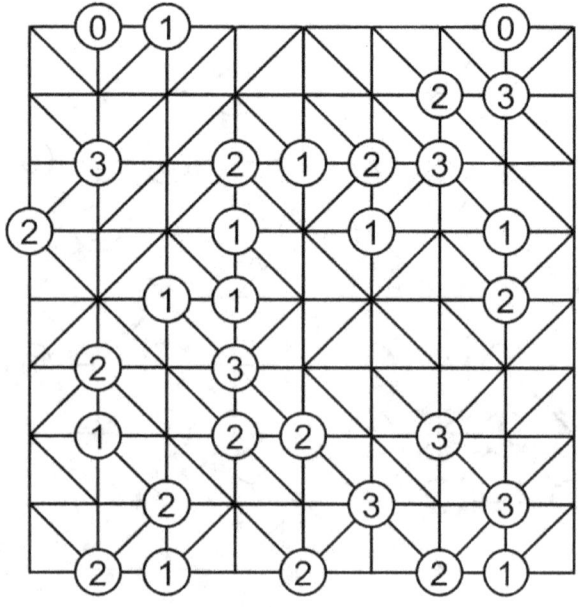

Solution (247)

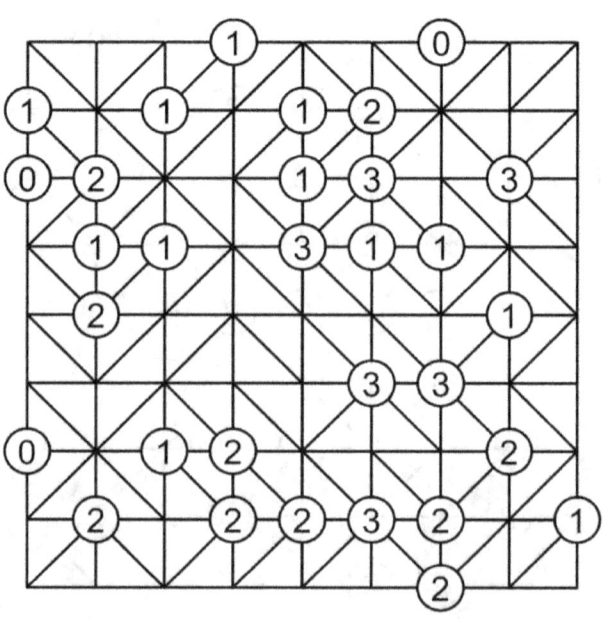

Solution (248)

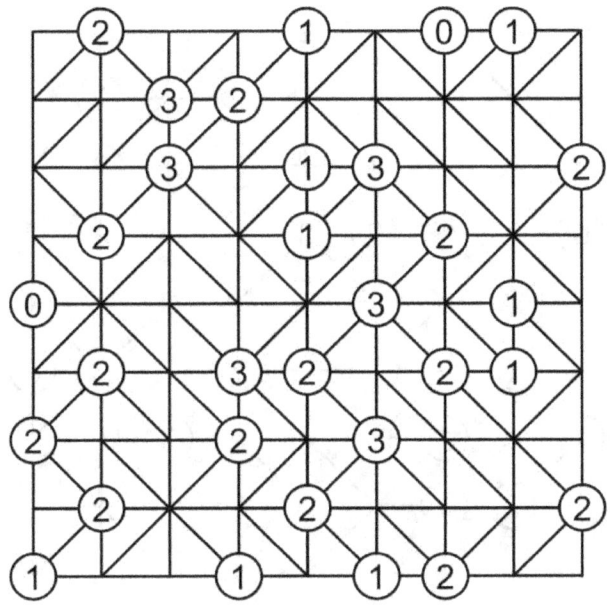

Solution (249)

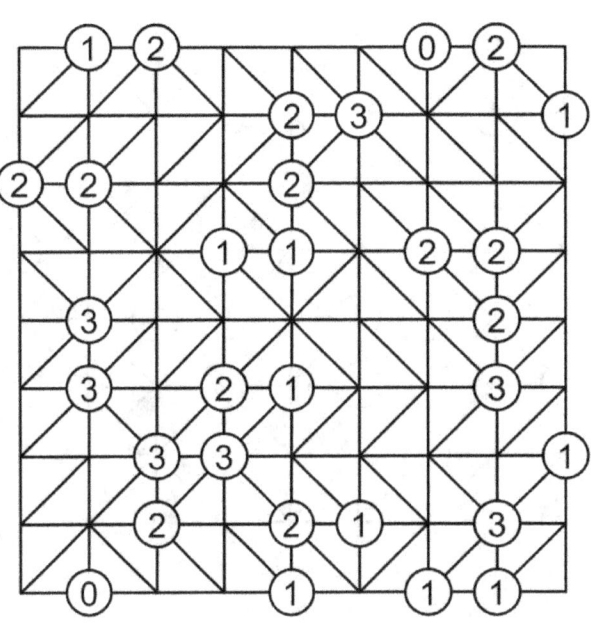

Solution (250)

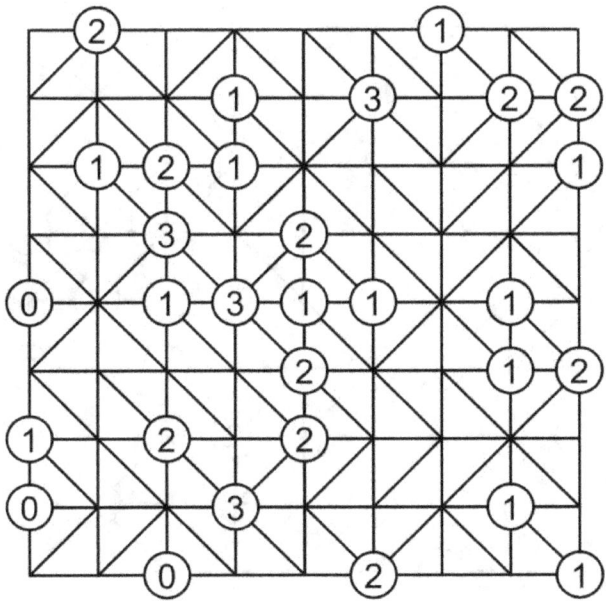

Solution (251)

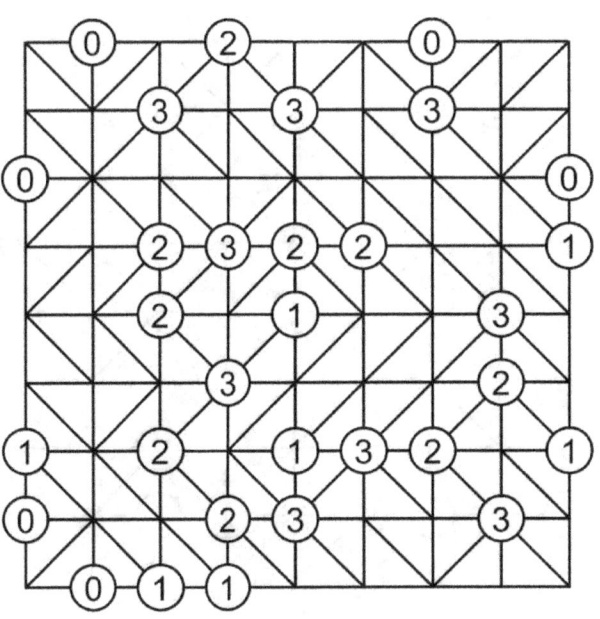

Solution (252)

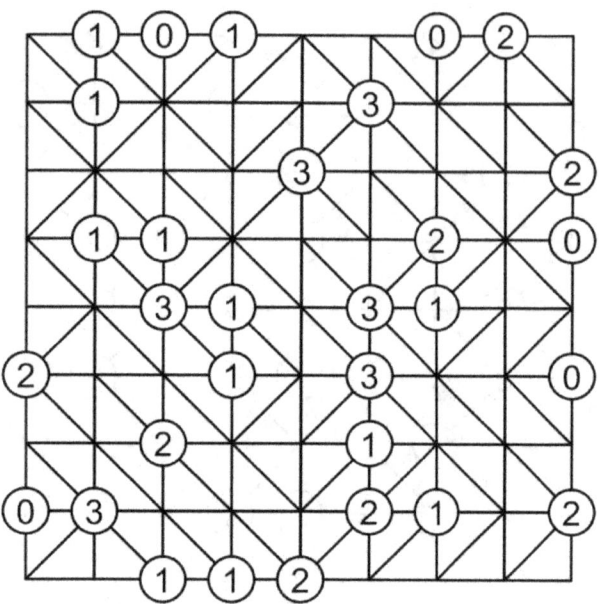

Solution (253)

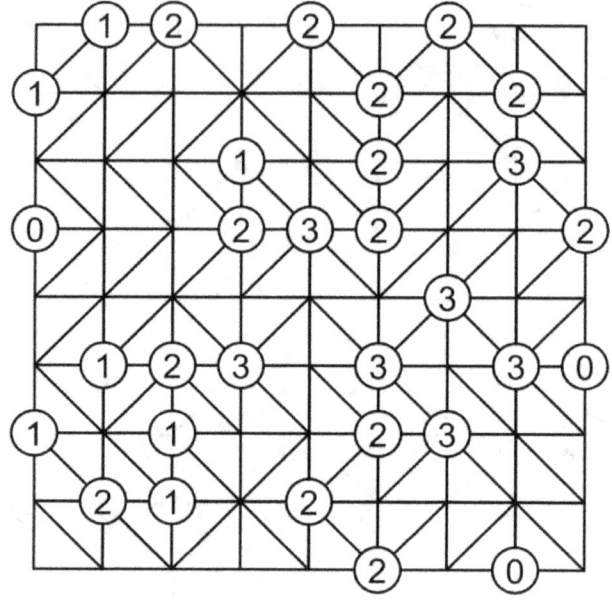

Solution (254)

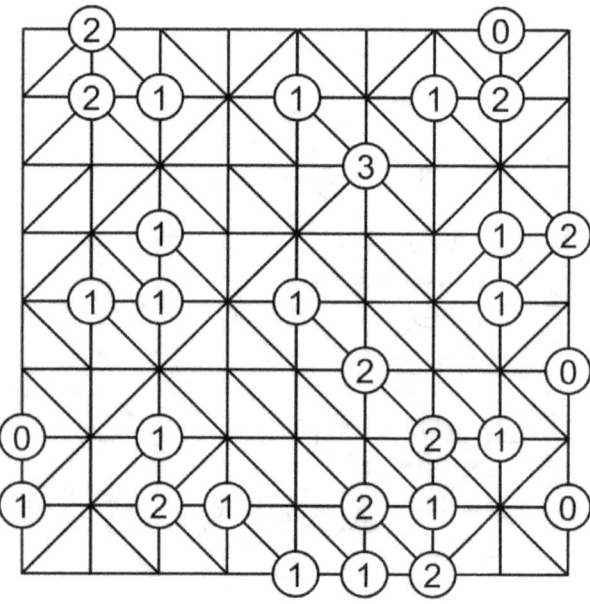

Solution (255)

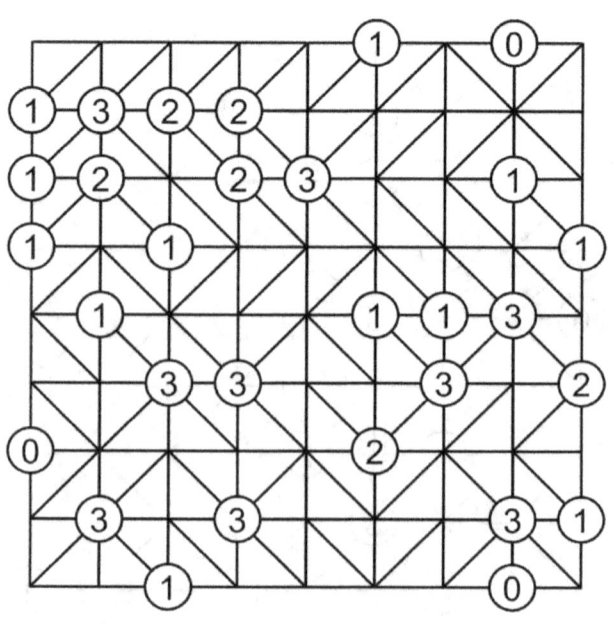

Solution (256)

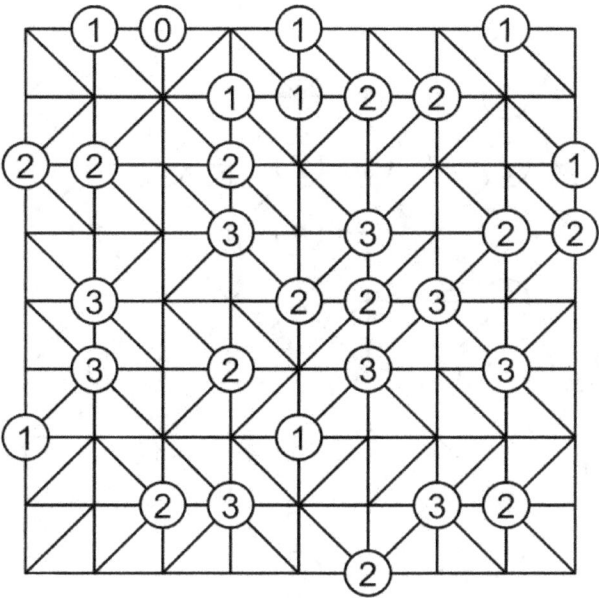

Solution (257)

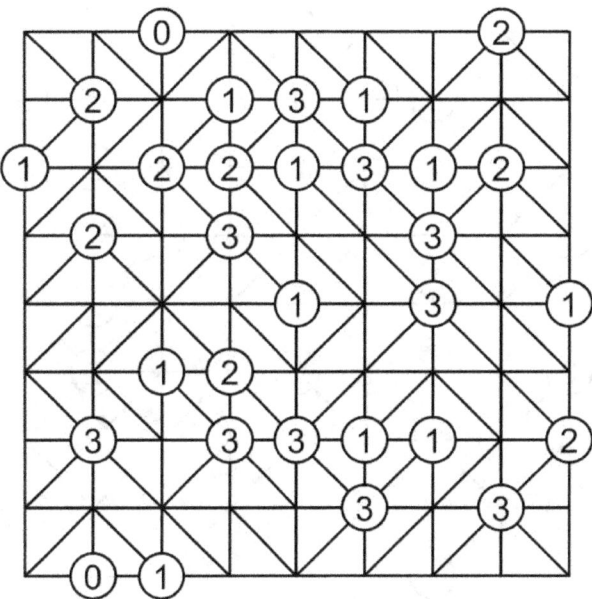

Solution (258)

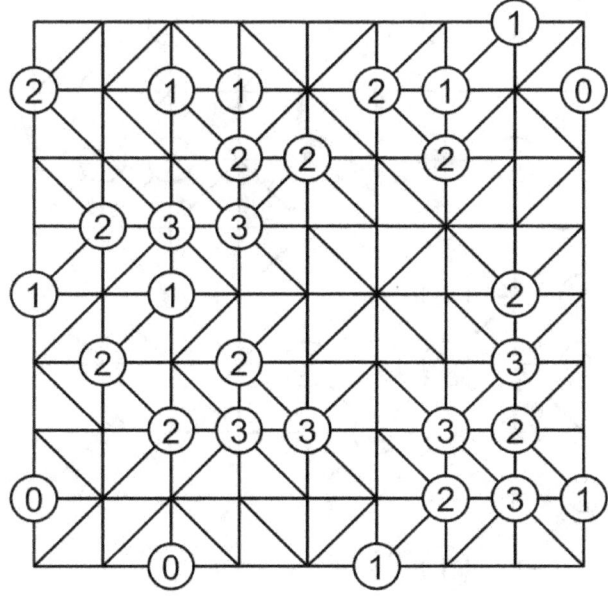

Solution (259)

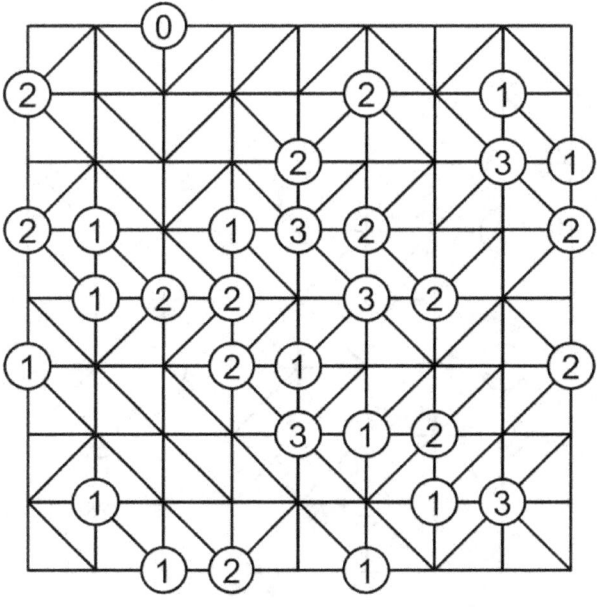

Solution (260)

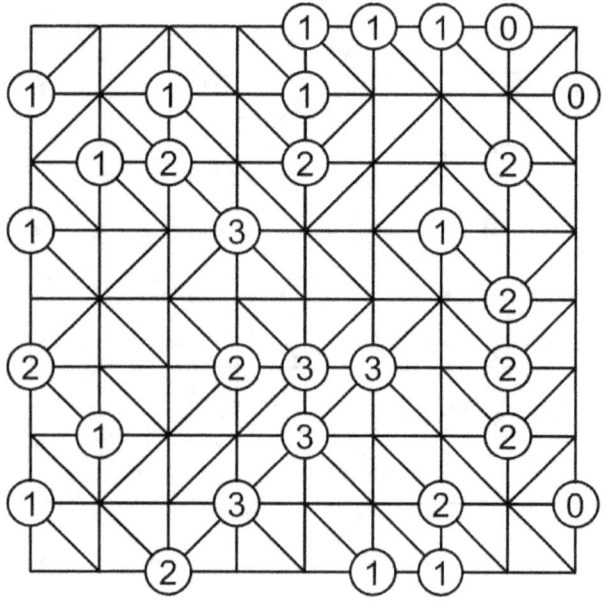

Solution (261)

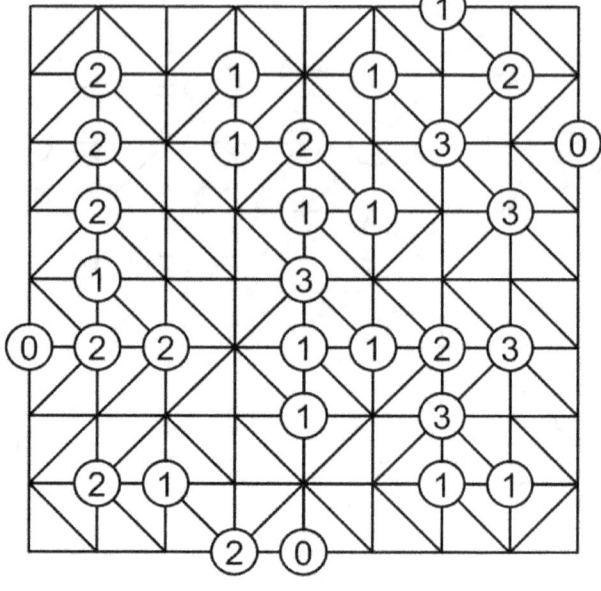

Solution (262)

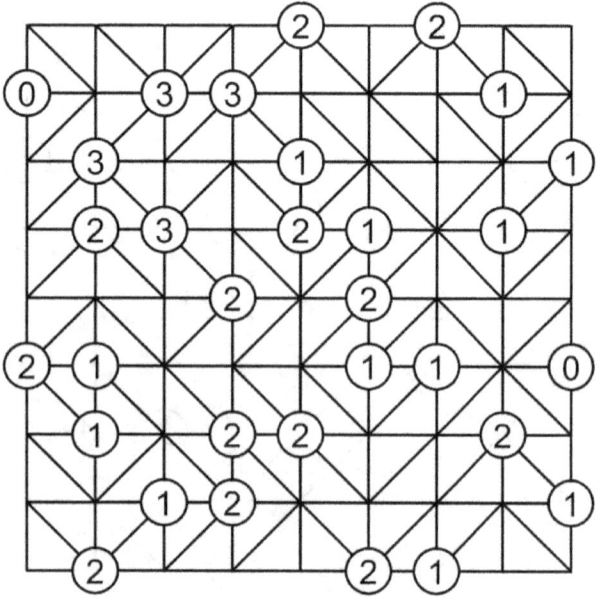

Solution (263)

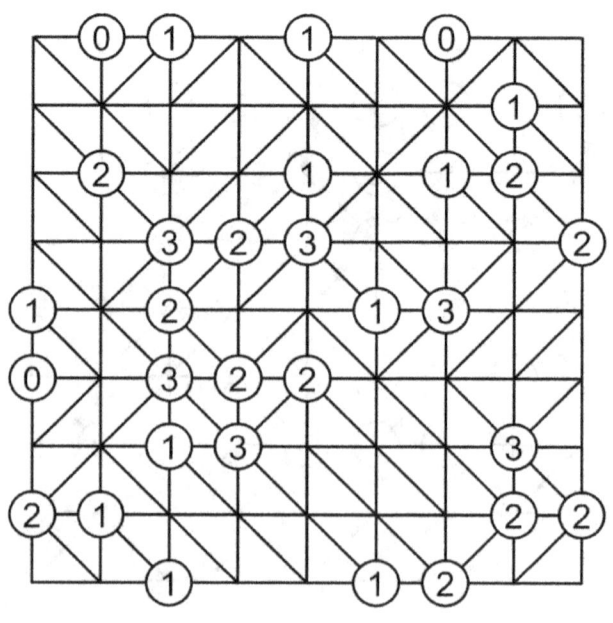

Solution (264)

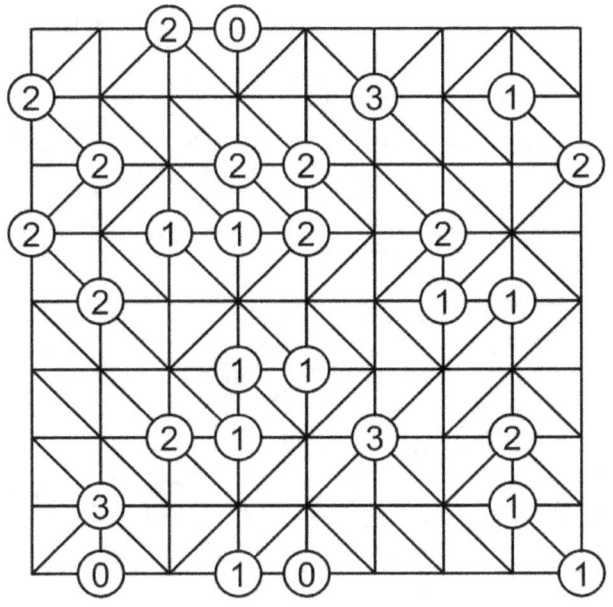

Solution (265)

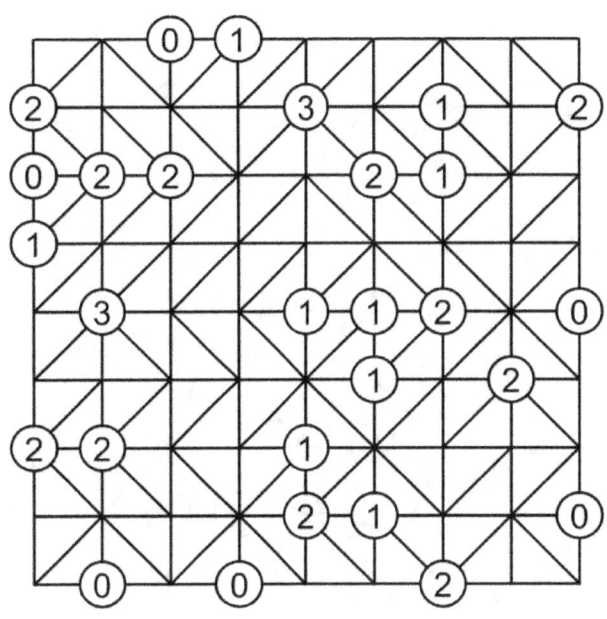

Solution (266)

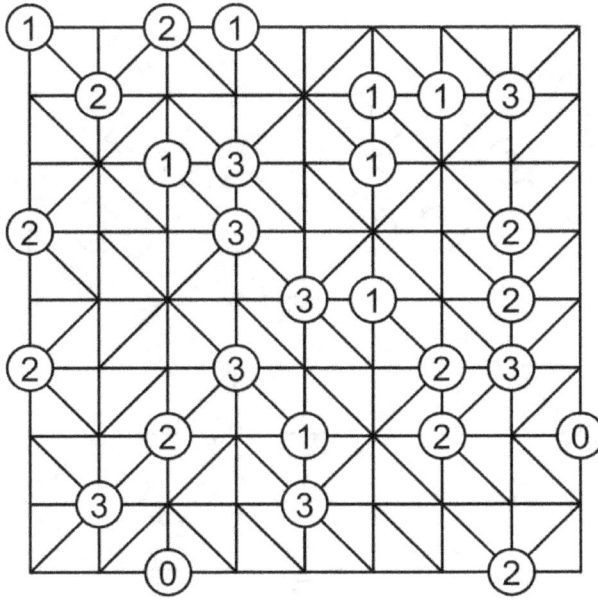

Solution (267)

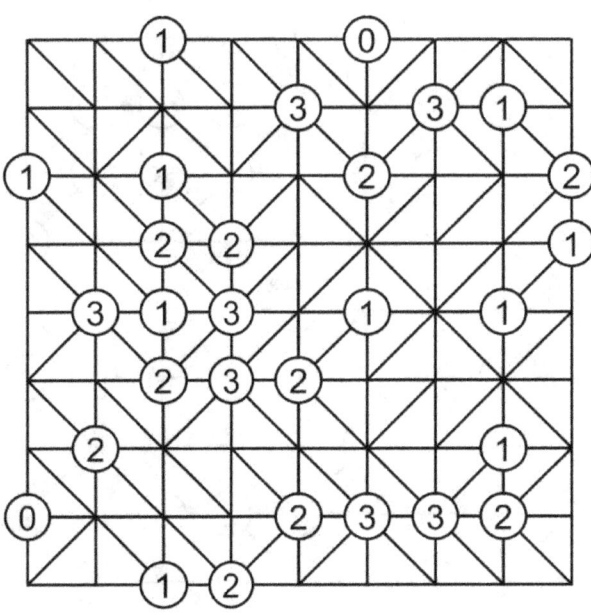

Solution (268)

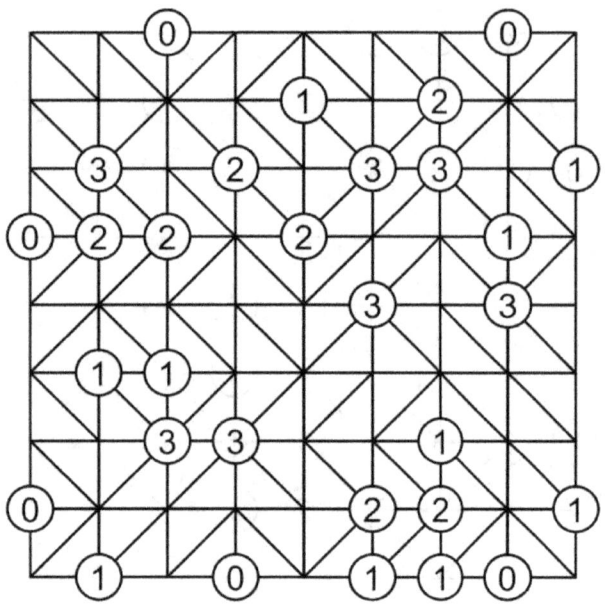

Solution (269)

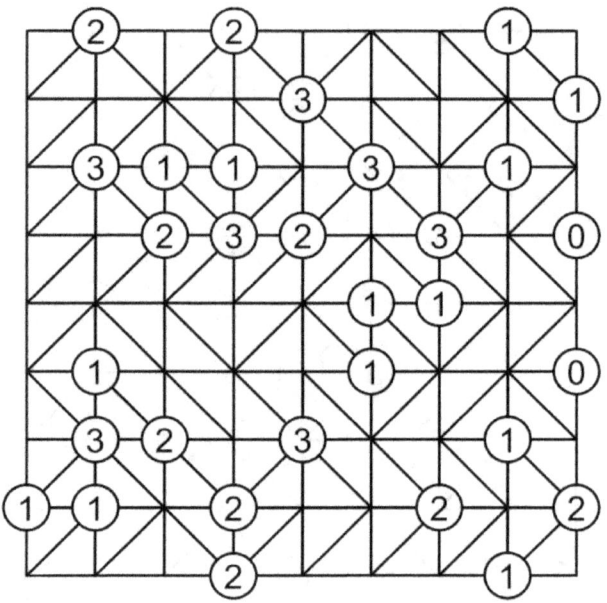

Solution (270)

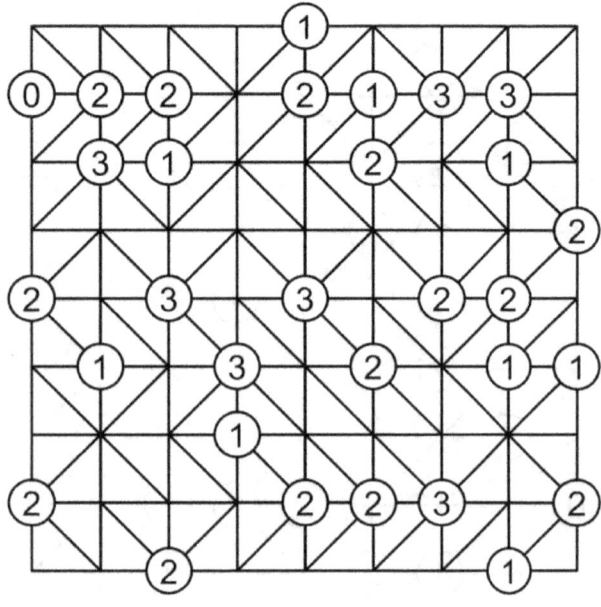

Solution (271)

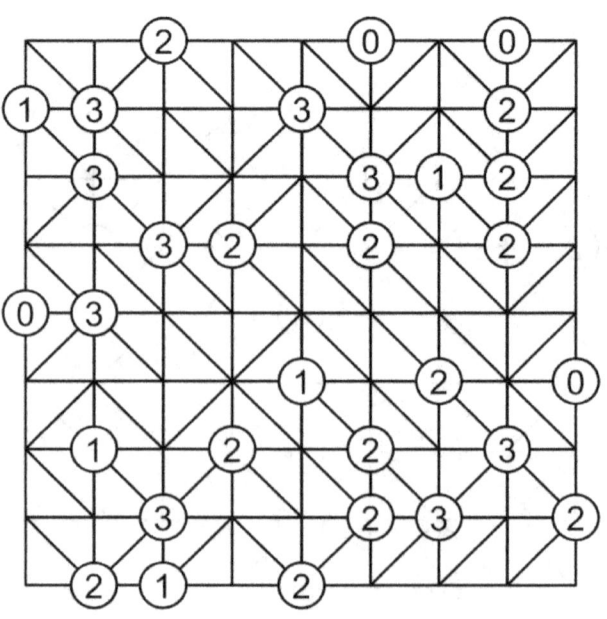

Solution (272)

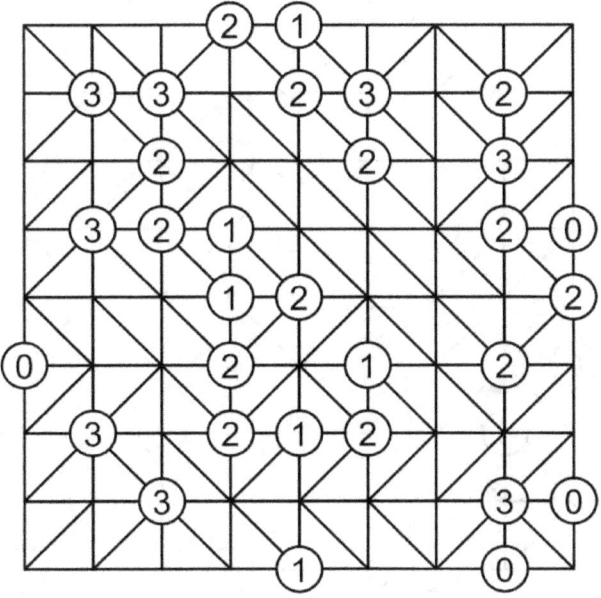

Solution (273)

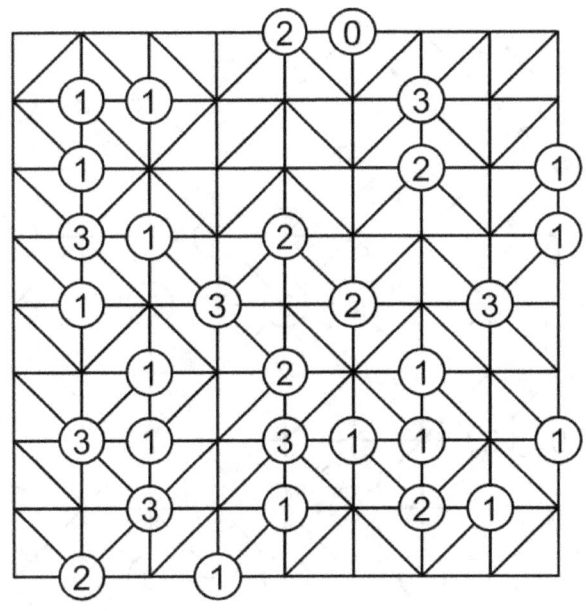

Solution (274)

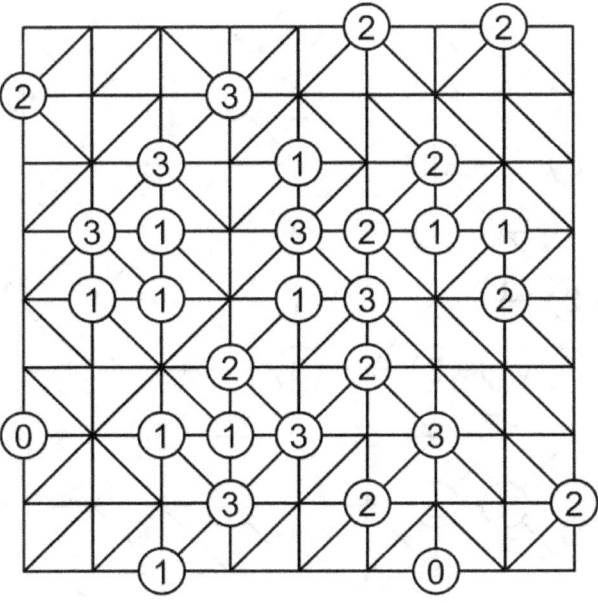

Solution (275)

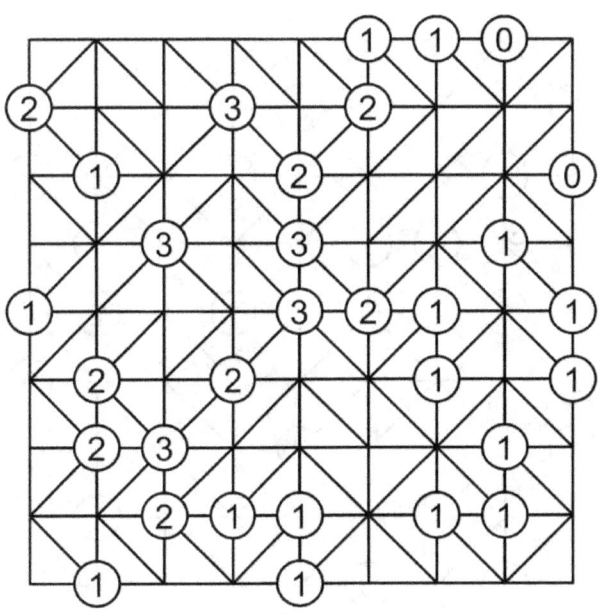

Solution (276)

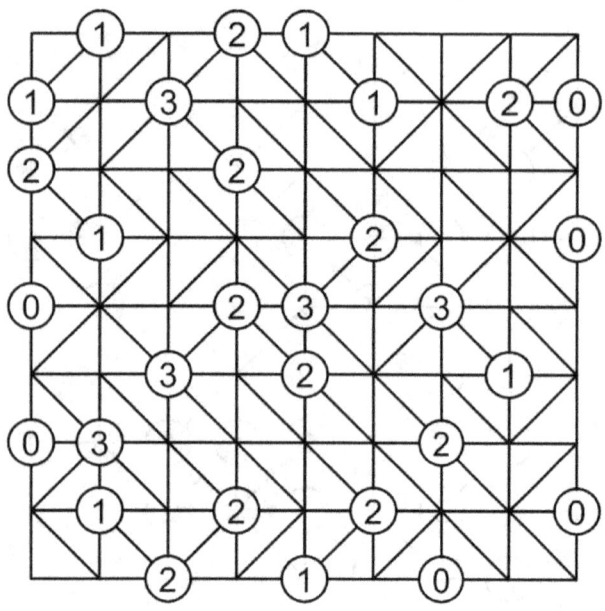

Solution (277)

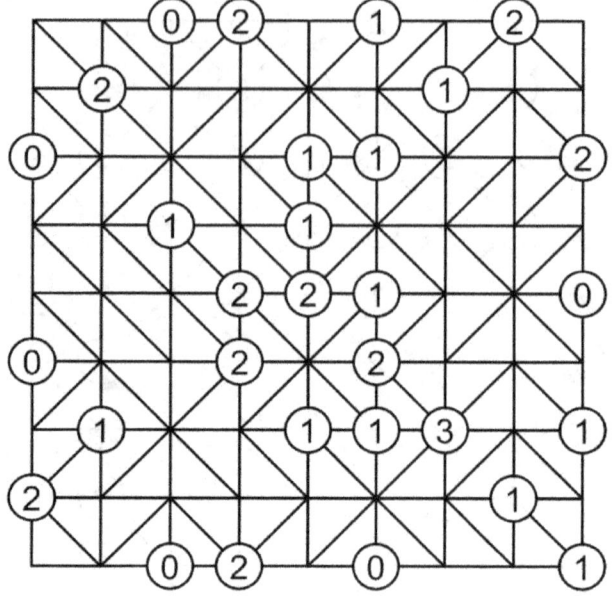

Solution (278)

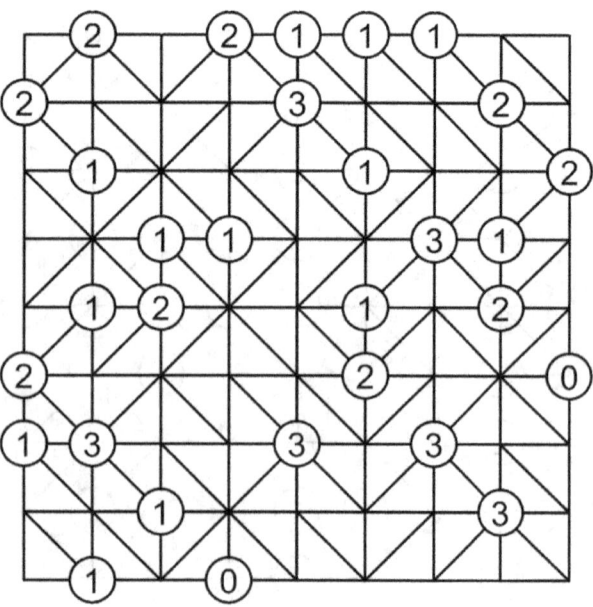

Solution (279)

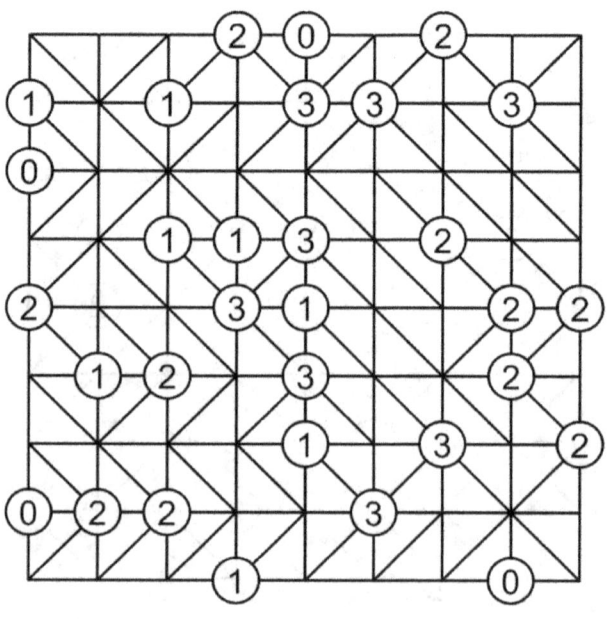

Solution (280)

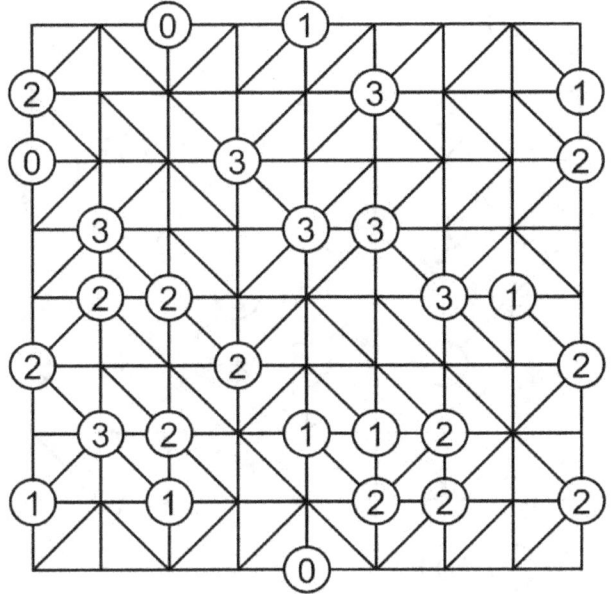

Solution (281)

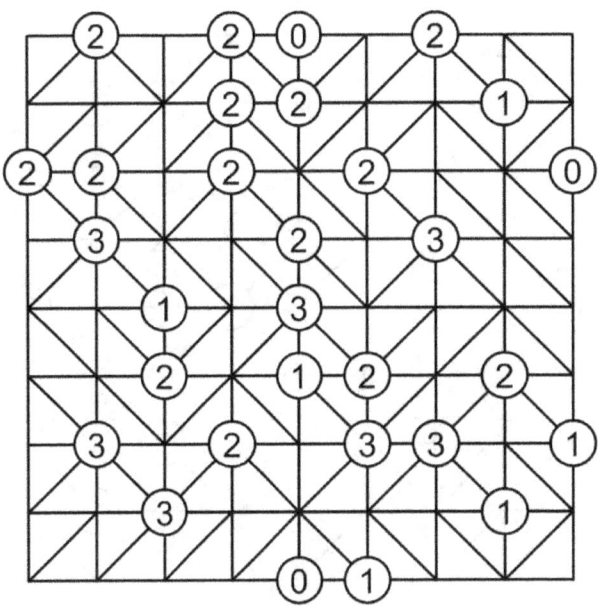

Solution (282)

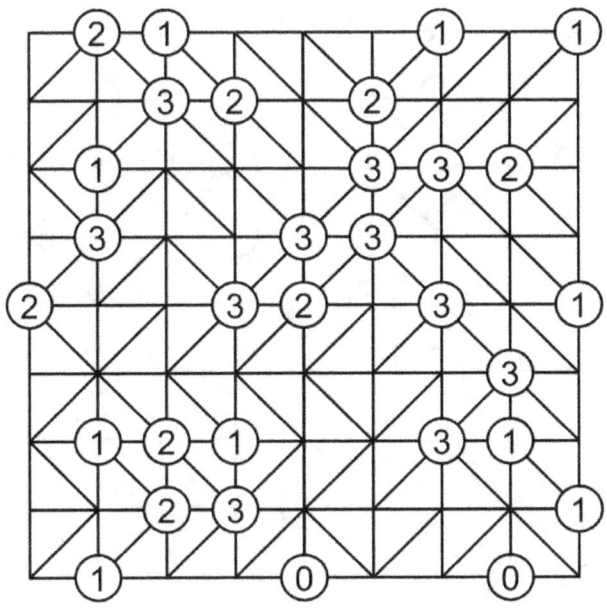

Solution (283)

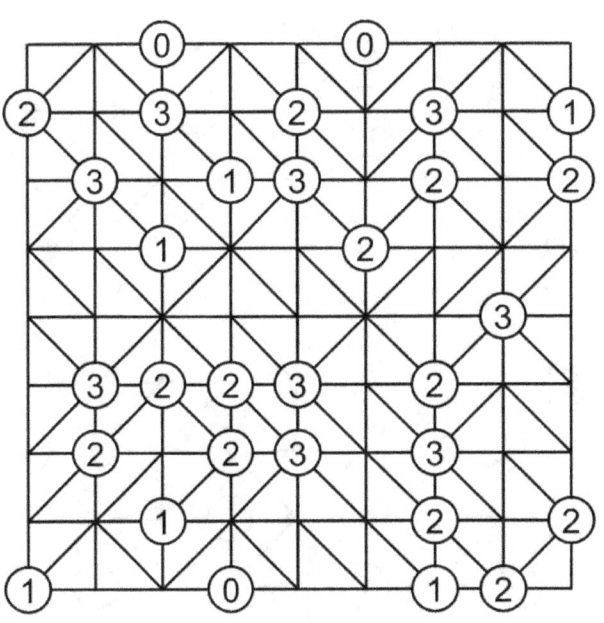

Solution (284)

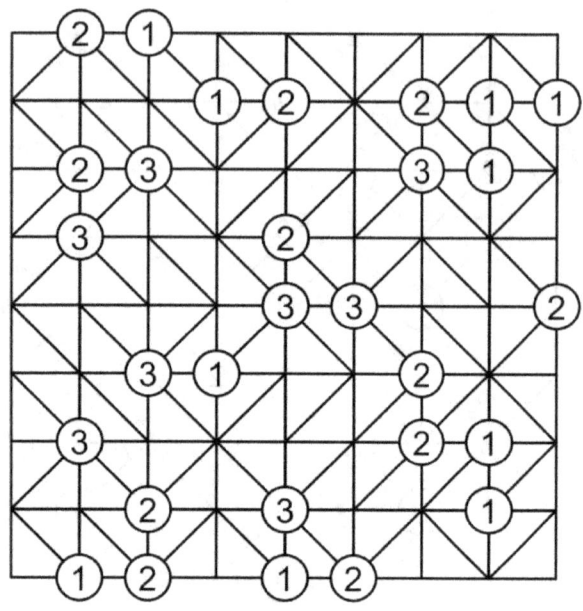

Solution (285)

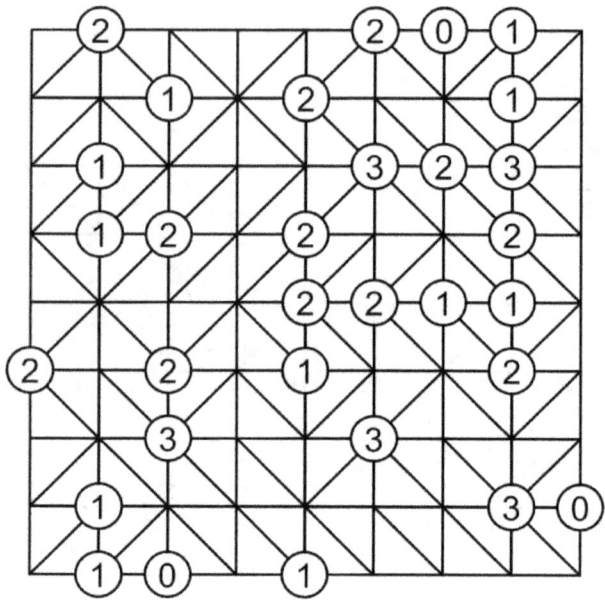

Solution (286)

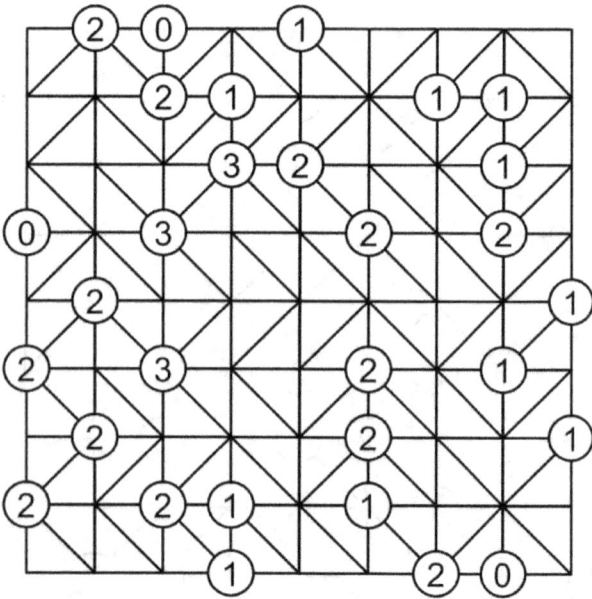

Solution (287)

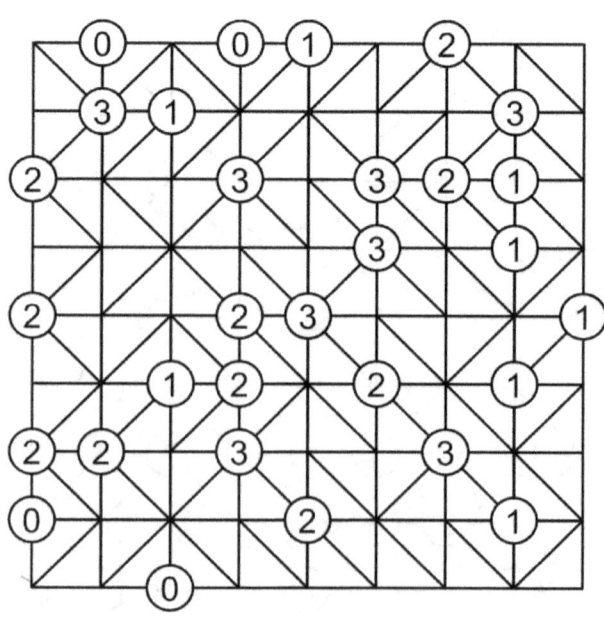

Solution (288)

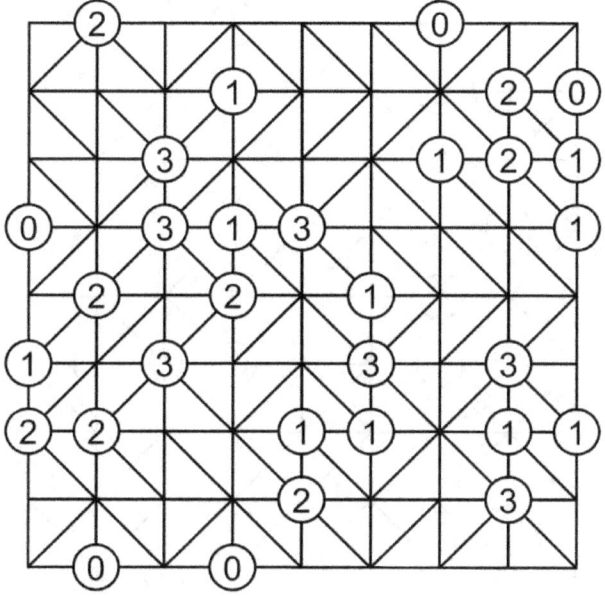

Solution (289)

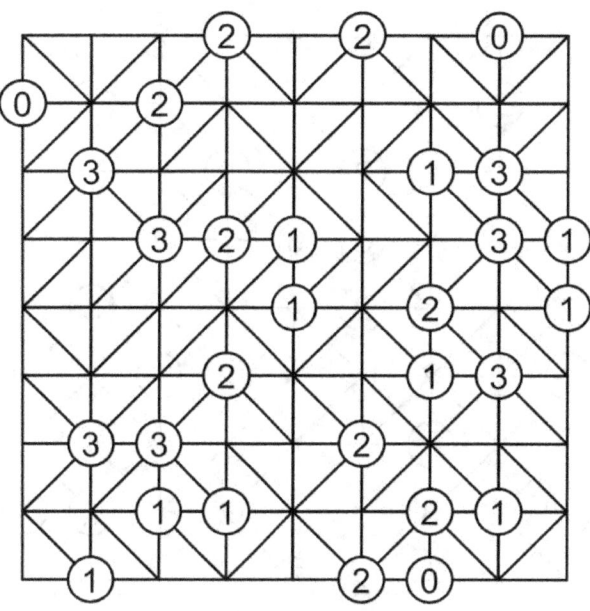

Solution (290)

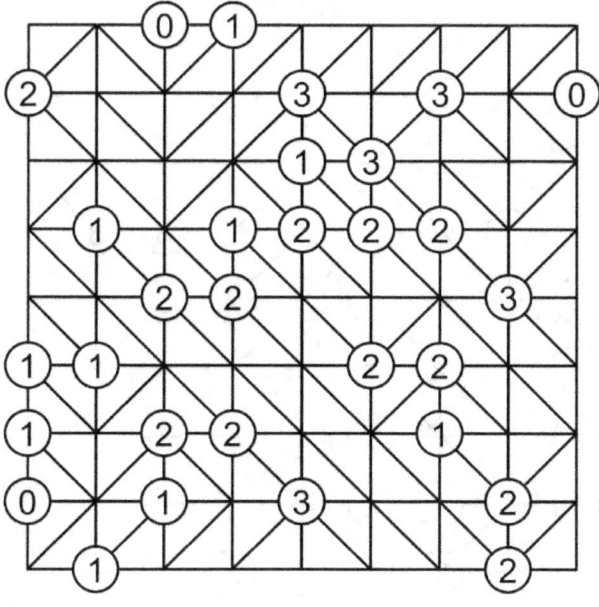

Solution (291)

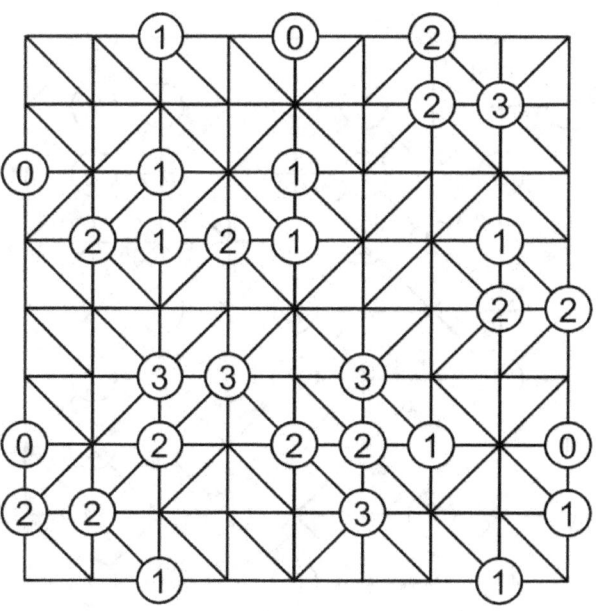

Solution (292)

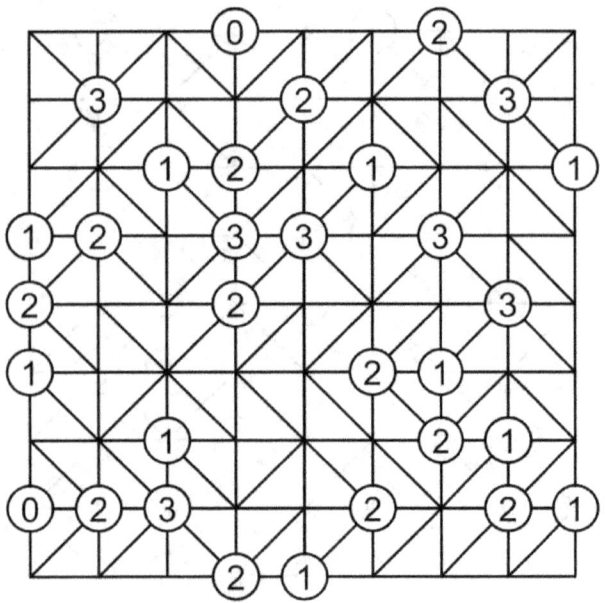

Solution (293)

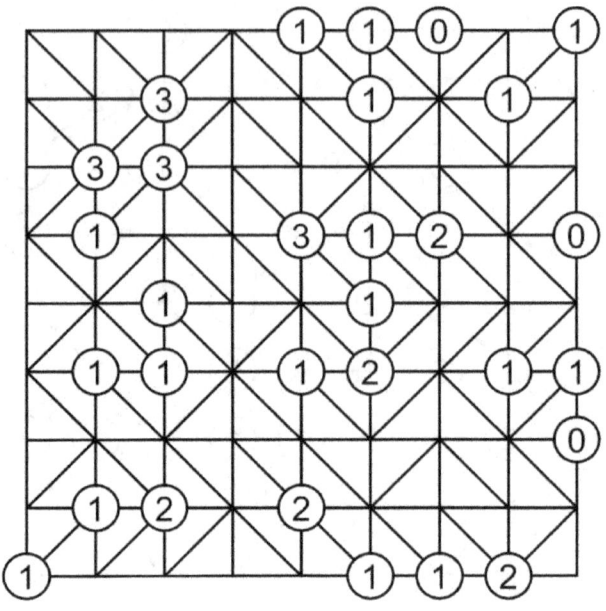

Solution (294)

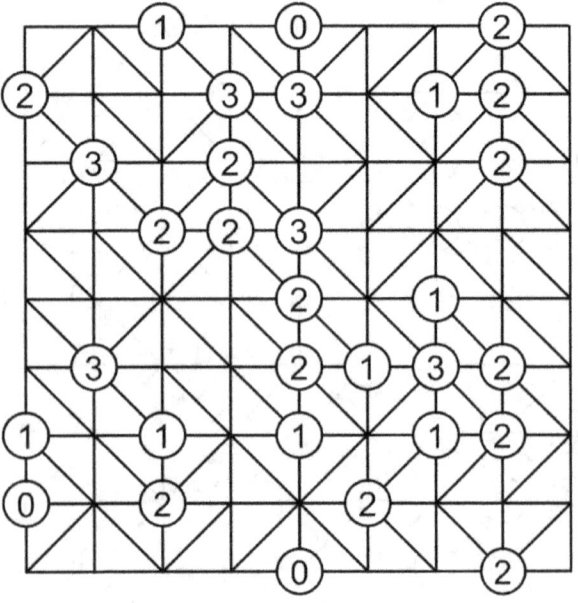

Solution (295)

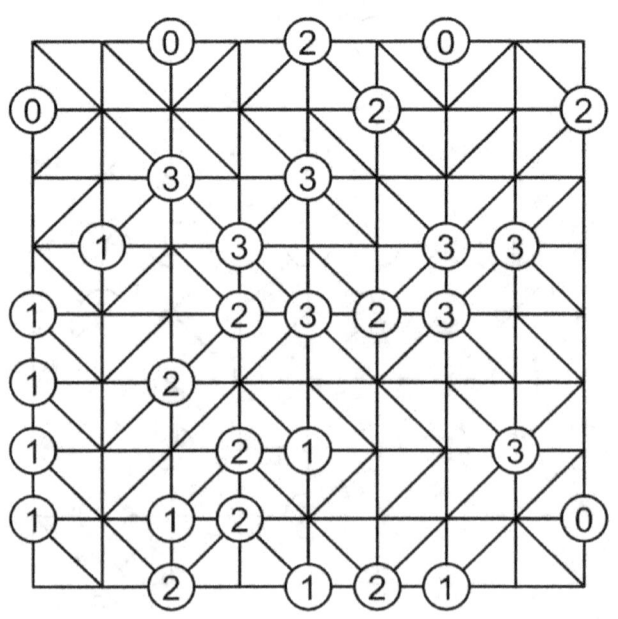

Solution (296)

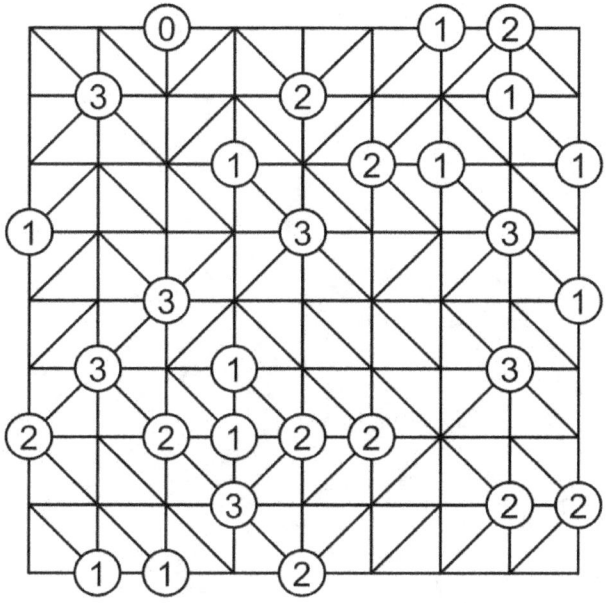

Solution (297)

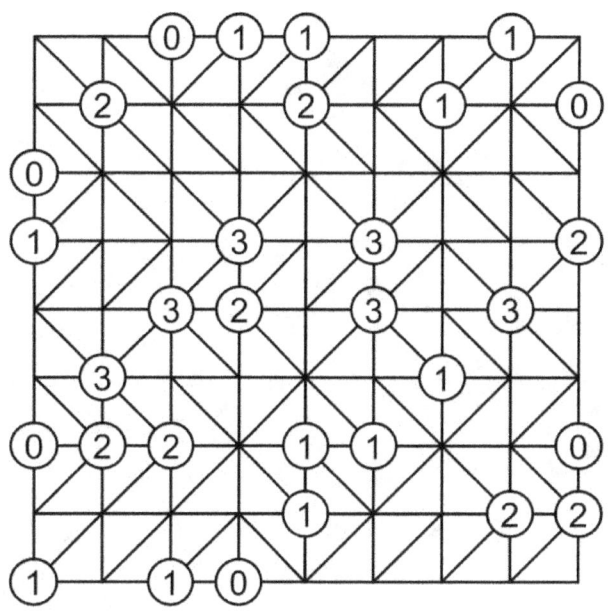

Solution (298)

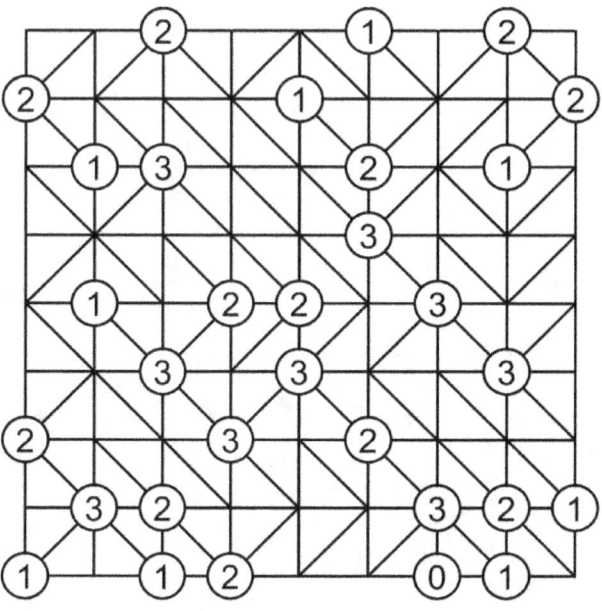

Solution (299)

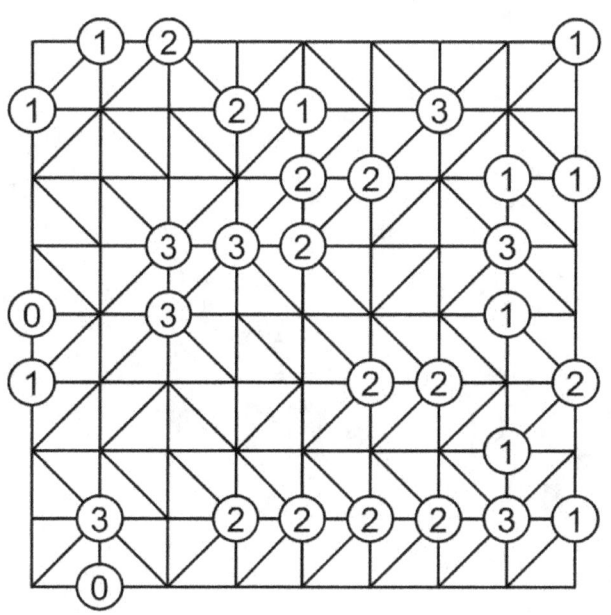

Solution (300)

www.ingramcontent.com/pod-product-compliance
Lightning Source LLC
Chambersburg PA
CBHW080457220526
45465CB00006B/2298